宏大爆破技术丛书

超深竖井快速安全施工技术

黄明健　吴新光　李　群　编著

北　京
冶金工业出版社
2024

内 容 提 要

本书共9章,全面系统地介绍了超深竖井快速安全施工的关键技术及工艺,主要内容包括超深竖井的建设现状、井壁受力及破裂特征、超深竖井的掘砌快速施工技术和工艺、凿井设施机械化配套的选型与应用、快速施工组织与成本管理、安全管理、绿色施工及标准化工地建设、超深竖井新技术及新工艺,以及超深竖井快速安全施工关键技术在矿山建设过程中的应用等。

本书可供采矿、土木等领域的科研、设计、生产、施工人员参考,也可供高等院校采矿工程、土木工程等专业的本科生和研究生阅读。

图书在版编目(CIP)数据

超深竖井快速安全施工技术/黄明健,吴新光,李群编著.—北京:冶金工业出版社,2024.4

(宏大爆破技术丛书)

ISBN 978-7-5024-9828-3

Ⅰ.①超… Ⅱ.①黄… ②吴… ③李… Ⅲ.①超深井—竖井施工—工程施工—安全技术 Ⅳ.①TD262.1

中国国家版本馆 CIP 数据核字(2024)第 071597 号

超深竖井快速安全施工技术

出版发行	冶金工业出版社	电　话	(010)64027926
地　　址	北京市东城区嵩祝院北巷 39 号	邮　编	100009
网　　址	www.mip1953.com	电子信箱	service@ mip1953.com

责任编辑　王梦梦　美术编辑　彭子赫　版式设计　郑小利
责任校对　梁江凤　李　娜　责任印制　禹　蕊
三河市双峰印刷装订有限公司印刷
2024 年 4 月第 1 版, 2024 年 4 月第 1 次印刷
787mm×1092mm　1/16; 19 印张; 460 千字; 290 页
定价 99.00 元

投稿电话　(010)64027932　投稿信箱　tougao@cnmip.com.cn
营销中心电话　(010)64044283
冶金工业出版社天猫旗舰店　yjgycbs.tmall.com
(本书如有印装质量问题,本社营销中心负责退换)

《超深竖井快速安全施工技术》编委会

总　策　划	李萍丰
策　　　划	鲁军纪　刘殿中
编　　　著	黄明健　吴新光　李　群
编委会成员	张志宏　阎黎宏　李　飞　李平原
	蔡生龙　张学成　吴昌华　赵天图
	李继星　杨丙祥　王　行　杨修树

前　言

井筒是矿井的"咽喉"，其施工工期往往占矿山建设总工期的40%以上，其施工的快慢和质量的高低决定了整个矿井是否能正常生产和安全运转。随着矿井开采活动向深部延伸，超深竖井井筒施工已逐渐常态化，但深部地质条件复杂多变使得超深竖井开凿的难度也越来越大，安全事故发生的风险逐渐增加。近年来施工工艺不当、地压灾害防控不力、安全保障措施不到位等因素导致的超深竖井施工事故时有发生，严重威胁着施工人员的生命安全和工程建设的顺利进行。因此，如何安全、快速、高效地完成超深竖井施工已经成为我国凿井技术发展的最大挑战。

目前国内外许多学者都在进行超深竖井施工技术与管理模式等方面的研究。广东宏大控股集团股份有限公司自2010年开始施工非煤矿山千米以上及超深竖井至今，投入了大量的科研经费研究凿井设施机械化配套的选型、新工艺、新技术、劳动生产率及施工组织管理等，对超深竖井快速、安全、高效、保质施工起到了关键性的作用。经过10多年的实践探索，目前已具备同时施工10条千米级以上竖井的装备能力，并先后施工完成千米以上竖井10条，超深竖井4条，施工进度从连续5月掘砌超百米到连续10月掘砌超百米，最高月进超150 m，施工记录创新高，完成了从小井径超深竖井到超大直径超深竖井的经验积累，尤其是在表土段快速施工工艺、超深孔光面爆破的研究、大段高液压钢模支护施工、模块化马头门整体快速支护、竖井探水注浆施工、超深竖井掘进岩爆防治、超深竖井安全快速施工信息化监测监控等方面取得了喜人的成绩，并在超深竖井快速施工过程中形成了独特的安全管理、绿色施工及标准化工地建设体系。

当前国内还没有一本系统介绍超深竖井快速安全施工技术的著作，我们结合多年研究及工程施工工作，总结了自己的经验与教训，结合一些学习与实践的体会写成本书，希望能为行业发展略尽绵薄之力。

参与编撰本书的人员有：黄明健、吴新光、李群、张志宏、阎黎宏、李飞、李平原、蔡生龙、张学成、吴昌华、赵天图、李继星、杨丙祥、王行、杨修树等，黄明健对本书进行了统稿。

在本书编撰过程中，作者参考了大量相关的文献资料，在此谨向这些文献资料的作者致以诚挚的谢意！

由于编者水平所限，书中不足之处，恳请读者批评指正。

作　者
2023 年 6 月

目　　录

1 绪 论

1.1 国内外超深竖井建设现状

1.1.1 超深竖井的定义

近年来，随着我国深部矿产资源的开发，开采深度超过 1000 m 的矿山明显增多，部分矿山开采深度已达 1500 m，而国外矿山开采深度已突破 4000 m[1]。关于超深井开采及超深竖井的定义，各国有不同的划分标准。在南非，深井开采指矿山开采深度超过 2300 m，原岩温度超过 38 ℃的矿山，超深井开采指其开采深度超过 3500 m 的矿山。加拿大定义超深井开采矿山指在 2500 m 以下既能保证人的安全，同时矿业公司又能获得经济效益的矿山[2]。我国煤矿及金属矿山对于超深井开采及超深竖井的划分也有所不同。煤矿方面，2001 年 11 月，我国在第 175 次中国科学院香山科学会议上，就深部开采问题召开了专题会议，将煤矿开采深度界定为 4 个等级：浅矿井，采深小于 400 m；中深矿井，采深 400~800 m；深矿井，采深 800~1500 m；特深矿井，采深大于 1500 m。金属矿山方面，1994—1997 年间，中国矿业大学史天生教授根据凿井施工难易程度和井筒装备程度，提出了 5 个深度等级划分的建议：第 1 等级，浅井，深度小于 400 m；第 2 等级，中深井，深度 400~800 m；第 3 等级，深井，深度 800~1200 m；第 4 等级，超深井，深度 1200~1600 m；第 5 等级，特深井，深度大于 1600 m。《超深竖井施工安全技术规范》（AQ 2062—2018）中指出，超深竖井是指一次掘砌成井深度大于 1200 m 的竖井[3-4]。

1.1.2 国外超深竖井建设现状

目前，世界上开采深度超过 2000 m 的矿山主要集中在南非、加拿大、俄罗斯等国家，其中南非有 14 个矿区开采深度超过 2000 m，部分矿山开采深度超过 3000 m[2]。在 2015 年，南非大约 40%的金矿开采在 3000 m 以下，其中开采较深的矿山是位于南非金山盆地西部金矿田的 Tau Tona 金矿（采深 3900 m）、Savuka 金矿（采深 3900 m）和 Mponeng 金矿（采深 4500 m）3 座姊妹矿，其中 Tau Tona 金矿在 1957 年开始开凿 2000 m 深竖井，于 1962 年投产，其井下原岩温度达到 60 ℃。南非开采深度超过 3500 m 的矿山，主要有 Kloof 金矿、Western Deep Levels 金矿、East Rand Proprietary 金矿（采深 3585 m）和 Driefontein 金矿等[5]。2012 年，南非豪登省的 South Deep 金矿花费 7 年时间，投资 50 亿美元，开凿了世界上最深的竖井（井深 2991.45 m），预估可开采 4.5 亿吨金矿石。在北美，加拿大 Falconbridge 公司的 Kidd Creek 铜金矿开采深度为 3120 m，采用下向深孔和上向水平充填采矿法，日矿石产量约 7000 t；加拿大 Goldcorp 的 Red Lake 矿开凿 2195 m 深竖井；加拿大 Creighton 矿开拓深度达 2550 m，采用下向深孔和上向水平充填采矿法，日产矿石量 3000~3500 t[6]；加拿大 Agnico-Eagles 公司的金矿开采深度 3048 m，其新 4 号竖井井底深度超过 3000 m，是世界上采用下向深孔空场嗣后充填法开采最深的矿山。美国北爱达荷的 Hecla Lucky Friday 铅锌矿，开凿了直径 5.5 m、深达 2900 m 的竖井。北欧开采最深的矿为芬兰的 Pyhäsalmi 矿，其开采深度为 1444 m；俄罗斯开采最深的矿山为 Skalistaja（BCl0）矿，其竖井提升深度为 2100 m；俄罗斯乌拉尔铜矿开凿竖井深度为 1720 m，采用 8 绳落地摩擦式提升系统。在亚洲，印度的 Kolar 金矿区有 3 座金矿井采深超过 2400 m，其中 Champion Reef 金矿开拓 112 个中段，开采深度达到 3260 m，开采诱发了严重的岩爆灾害，致使该矿已停产关闭[7]。在澳大利亚，开采最深的矿山为昆士兰的 Mount Isa 矿，开采深度为 1800 m[8-9]。

从上述统计可以看出，世界上开采深度超过 2000 m 的矿山主要集中在南非和加拿大，在南非主要采用竖井和平巷开拓，采用充填法开采，在加拿大主要采用竖井和斜坡道联合开拓，机械化程度高，主要采用空场嗣后充填采矿方法及下向充填采矿方法。南非主要开采黄金、钻石和铀矿，加拿大主要开采镍、铜、金等贵重金属，且其矿石品位都比较高，开采的矿石量不多，但其开采金属量多，吨矿石开采价值高、成本低[9]。

1.1.3   国内超深竖井建设现状

随着矿产资源浅层开采日趋减少，能够使采矿业继续发展的途径就是转向深部开采。我国大红山铁矿、李家湾锰矿、抚顺红透山铜矿、铜陵冬瓜山铜矿、广东凡口铅锌矿、武钢程潮铁矿等矿山已进入 1000 m 以下开采，掀开了我国矿山深井开采的序幕。竖井是深井矿山开拓最主要的方式，目前，我国施工的千米竖井多为 1200 m 以下，井筒的净直径较少在 8 m 以上。如弓长岭铁矿新主井深 1022 m，程潮铁矿新副井深 1135 m，李家湾锰矿主井深 1121 m，副井深 1071。在国内，目前煤炭行业超过千米的竖井达到 55 条，金属非金属矿山在建和拟建井深超过 1000 m 的达到 45 条[9]。

近年来勘探技术的发展使得地下 1000~1500 m 埋藏的矿床不断得以发现。新发现的埋深在 1500 m 以上的铁矿床矿石储量在 150 亿吨以上，占全国已探明铁矿石储量的近 20%。如矿石储量达到 50 亿吨的本溪大台沟铁矿和 25 亿吨的思山岭铁矿等特大型铁矿床的埋深在 1200~2000 m。由此可见，1200 m 深矿床开采逐渐成为我国铁矿资源开发的主要来源。在深部矿床开采过程中，势必采用竖井开拓方式，为实现深部铁矿床资源的大规模开采需要开凿大断面结构深竖井。因此，深竖井的设计与施工逐渐朝着大断面（井筒直径 10 m）、1200 m 以上深度的趋势发展，但其施工技术与装备，同加拿大、南非等矿业发达国家相比还不成熟，已经成为制约未来我国深部资源开发的瓶颈问题。可见，开凿 1200 m 以上深度的竖井将成为我国矿山建设的重要任务，也是摆在矿山建设者面前的重大难题[10-14]。

目前开采深度超过 1500 m 的矿山主要有抚顺红透山铜矿、本溪思山岭铁矿、本溪大台沟铁矿、鞍山陈台沟铁矿、山东济宁铁矿、云南会泽铅锌矿、山东三山岛金矿西岭矿区、云南大红山铁矿、招金瑞海矿业、中金山东沙岭金矿等。本溪思山岭铁矿矿体埋深在 2000 m 以上，为有效开采深部矿体，其共设计 7 条竖井进行开拓，包含 2 条主井（1505 m）、1 条副井（1503 m）、1 条进风井（1150 m）、1 条措施井（1320 m）、2 条回风井（1 条 1400 m、1 条 1120 m）[15]。辽宁大台沟铁矿在 1 号坑建设了 1250m 深探矿井[16]；

云南会泽铅锌矿建设的探矿 3 号明竖井的井口地平地表标高+2380 m、井底标高+854 m、井深 1526 m、井筒断面直径 6.5 m，井下设 4 个马头门，井口段采用钢筋混凝土支护，厚度 1000 mm，井筒段采用混凝土支护，支护厚度 400 mm，在竖井开凿至 1400 余米时，井壁产生岩爆现象，并出现大量涌水，严重影响井筒施工[17]。抚顺红透山铜矿七系统探矿工程，由−827 m 中段以下新开拓至−1253 m 中段，盲竖井井底深度已达 1600 m，在该盲竖井施工至 1400 余米（−1137 m）深时，井筒围岩产生岩爆现象。三山岛金矿西岭矿区勘探出矿体多赋存于−700 m 以下，在−1800 m 时矿体仍未封闭，其赋存深度达到 2060.5 m，开建了 1915 m 亚洲第一深竖井。中金集团沙岭金矿主井设计深度 1598.5 m，副井设计深度 1633.5 m。我国磁西、万东和史村煤矿煤层埋深 900~1800 m，在磁西 1 号建成了 1320 m 深竖井[18]。

综上分析可以看出，南非在 1952 年开始建设 2000 m 深竖井，国外目前在建的竖井深度主要集中在 2500~3000 m，而当前我国已经完成施工的千米以上竖井深度基本在 1200 m 左右，随着未来勘探技术水平的提高，深部矿体逐步被发现，在未来 15~20 年，我国超深竖井建设深度将主要集中在 1500~2000 m；由此可以看出，在超深竖井建设方面，我国还处于初步发展阶段，与国外相比具有一定的差距。国外深井采矿主要集中在开采黄金、铀矿、镍、铜等贵重有色金属，且其矿石品位高，尽管其开采规模都在 8000 t/d 左右，但其矿山利润高；而我国深井开采主要开采铁矿石、铜矿和黄金等，并且相比国外矿石品位低，需要大功率提升机与大断面井筒、规模化开采来保证矿山企业的经济效益[4]。

1.2 超深竖井施工技术现状

1.2.1 凿岩爆破工作

目前对于金属矿山竖井开凿而言，国内外主要采用全断面控制爆破技术开凿，尽量减少对井壁围岩的破坏。现有 FJD 系列伞形钻架，配 YGZ、YGA 系列回转钻机或者 HYD 型液压凿岩机，炮孔钻凿深度范围为 3.2~5.5 m，钻孔直径为 42 mm、45 mm 两种。由于凿井工作面狭窄、凿岩噪声大（125~130 dB）、雾气大，施工环境恶劣，长时间在井下工作，工人出现耳鸣、头晕，严重可能造成失聪等。深孔爆破技术是井筒机械化混合掘砌施工的重要组成部分，采用爆破设计软件设计爆破炮孔间排距、炮孔数目、掏槽形式、孔深、最小抵抗线等具体爆破技术参数，主要采用深孔微差爆破技术，减少爆破震动对井壁稳定性的影响。对于 5 m 深钻孔，其单循环进尺可以提高 85% 以上[4]。

1.2.2 综合机械化快速凿井技术

竖井施工具有工序繁杂、工作面狭小、工作环境恶劣、安全风险大、通风阻力大等特点。实现竖井快速施工，首先要建设安全的工作平台——吊盘。吊盘是竖井掘进、砌壁和井筒设备安装过程中的重要施工设备，它既作为工作盘为工人提供作业平台，又作为安装盘为各种凿井设备（如卧泵、水箱、混凝土分灰器和中心回转抓岩机等）提供安装基础。在竖井施工过程中，需要通过 4 台稳车共同收放其滚筒上的钢丝绳来升降井筒中的吊盘。

吊盘在升降过程中其盘面应保持水平状态，因为：（1）井筒内空间狭小，井筒中除悬吊吊盘外，还铺设了各种管路、悬吊风筒、吊泵等设备，若吊盘运行中发生倾斜会导致吊盘与管路或悬吊的其他设备发生碰撞而造成设备损坏；（2）吊盘上有作业工人，若吊盘在升降过程中发生倾斜会危及工人人身安全，甚至导致工人坠入井底事故的发生；（3）吊盘在升降过程中若发生倾斜，易被井筒卡住，若稳车继续运行，会拉断钢丝绳，造成重大安全事故。

在建井技术方面，国外深竖井建设主要采用一次成井，即掘、砌、安一次成井。国外深井建设采用永久井架，以及采用多层吊盘作为工作平台，其吊盘层数多达 10 层，吊盘高度最高达 150 m，吊盘悬吊采用 4 个稳车；底部三层吊盘用于凿岩、出碴、井壁衬砌，上部各层吊盘作为罐道及罐道梁井筒装备；且在竖井施工过程中，充分利用深竖井建设多中段、多水平特点，在凿井的同时，在上部开拓水平应用马头门进行上部中段开拓，大大缩短了矿山建设时间，同时可以确保深竖井的快速掘进、安装建设。

目前，我国竖井建设主要采用三层吊盘作为工作平台，底部吊盘用于凿岩、出碴、井壁衬砌，实现掘、砌、支一次成井技术，待竖井掘进到底部拆除吊盘后，再安装永久井架、井筒装备。目前我国凿井还是采取常规的"九悬十八吊"凿井悬吊系统，对于深竖井开凿而言，该悬吊系统复杂，很难满足深竖井建设需求，同时，由于采取"九悬十八吊"凿井悬吊系统，很难实现凿井信息化管理。由于新建矿山竖井断面大，但目前国内凿井吊盘仍为传统的三层吊盘，其每层吊盘承载重量增加；在竖井开凿过程中，如果吊盘结构设计不合理，吊盘重量变化将导致吊盘出现"跳盘"、左右扭转等现象，给凿井施工带来难题；大断面竖井建设吊盘悬吊系统复杂，其建井稳车多达 16 台；吊盘作为凿井工作平台，在凿岩、爆破、装岩、出碴、支护工作循环中，需要频繁上下移动，由于悬吊系统复杂，致使各悬吊钢丝绳受力不均匀，个别应力高的钢丝绳会出现"爆股"现象，如若不及时处理，将严重影响建井施工安全[4]。

国内多使用轻型凿岩装备进行竖井施工，应用凿岩钻架进行竖井施工的仅占总数的33%~50%，采用的吊盘层数一般为 2~4 层（高 4~10 m），致使施工效率低下。伞形钻架配备风动或液压凿岩机进行凿岩，循环段高一般在 3~3.5 m，致使工序转换多，辅助作业时间长，并导致井壁接茬多，影响竖井井壁的整体稳定。采用 HZ4-6 型中心回转式抓岩机装岩，提升采用 3~5 m³ 吊桶、液压脱模金属模板等，初步形成了凿井机械化配套体系。目前的凿井工艺与装备适用于千米级深竖井的施工，现有的井架、金属液压模板、吊盘、凿岩伞钻、稳车等装备，无法满足超深竖井高效安全作业。对于凿井的成本费用以及施工效率而言，竖井施工的工艺及装备水平是十分重要的影响因素。以往的竖井施工中，往往采取简单的凿井工艺与装备改进来加快工程施工进度。传统的施工工艺与装备已不能适应10 m 净直径、1500 m 深度的超大型竖井工程的建设。保障工程施工进度则必须进行施工技术的升级。

1.3 超深竖井施工中的主要难题

竖井是矿山的咽喉，是矿山建设的关键工程，虽然其工程量只占全矿井巷工程量的10%左右，但工期往往占矿山建设总工期的 40%以上[20-21]。对于千米深井，凭借数十年建井经验基本可应对其提升、通风、排水等问题。但随着凿井深度的增加，竖井的施工难度、安全风险均在不断增加。近年来因施工工艺不当、地压灾害防控不力、安全保障措施不到位等因素导致的深竖井施工事故频发[10]，这给超深竖井施工带来了诸多前所未有的难题，主要表现在：

（1）国产凿井提升及悬吊设备能力受限。近年来，大直径凿井提升机、大悬吊能力凿井绞车、大型井架在 1500 m 级以内的深竖井施工中，得到了成功应用，进一步扩大了"超深竖井机械化快速施工方法"的适用范围[19]。就目前国内现有的大型凿井装备而言，是否较为经济的适用于 2000 m 级深竖井施工，尚需要进一步论证；而这些装备更难适应 2000 m 级以上竖井施工[8]。

此外，目前也存在稳绳张紧力不足情况，《建井工程手册》等工具书只给出了井深 1000 m 以内的稳绳张紧力，即约每 100 m 增加 9.81 kN；而井深超过 1000 m 的稳绳张紧力没有确定依据。随着井筒的延伸，井深超过 1000 m 的稳绳刚性系数小于 500 N/m；而稳绳生根在吊盘上，无法随意提高其张紧力。超深竖井施工时，提升容器的摆动情况未知，安全性无法保障[8]。

（2）工作面水患增多及防治难度大。超深竖井施工过程中，受水患影响较大的项目越来越多（如云南会泽铅锌矿探矿 3 号竖井[22]、思山岭铁矿混合井[23]、山东新城金矿新主井、纱岭金矿等），因此超深竖井基岩含水层地面预注浆和工作面预注浆技术得到了一定的发展，地面预注浆深度已达到 1360 m（磁西煤矿 1 号副井），工作面预注浆已应用到了 1500 m 深。工作面预注浆技术因受高地压、高水压、高地温、高角度微裂隙等因素的影响，注浆难度大，主要表现在：1）注浆压力大，但注入量少；2）纵向微裂隙发育，导致浆液扩散范围小；3）裂隙连通性差，存在注浆盲区；4）高压注浆，破坏井壁等[8,24-25]。

（3）地压灾害显现严重。大埋深岩土主动压力增大，围岩压力与流塑变形控制更为困难。井筒施工到 1000 m 以下时，发生地压显现或岩爆的可能性增大，对施工安全造成威胁。国外深井开采矿山面临的核心困难是岩爆等动力灾害、井下高温及采动地压[26-27]。前述印度 Kolar 金矿区的 Champion Reef 金矿开拓 112 个中段，开采深度达到 3260 m，开采诱发产生严重岩爆灾害，致使该矿已停产关闭[8]。我国的抚顺红透山铜矿竖井井筒施工至−1135 m 水平时产生了岩爆灾害；瑞海金矿进风井−1480 m 中段部分地段也有岩爆现象。云南会泽铅锌矿在竖井筒施工至 1400 m 左右时井筒围岩受水平构造应力影响，造成井筒围岩产生岩爆灾害，严重影响了井筒的使用寿命[4]。

（4）作业面环境逐渐恶劣。随着井筒深度不断增加，地温越来越高，多数矿井在井深超过 1200 m 以后，围岩温度将超过 40 ℃；若 1000 m 往下围岩温度以每半米升高 2.2 ℃计，施工到 2000 m 时，围岩温度将升到 50 ℃以上，严重恶化工作面的热环境。南非金山盆地西部金矿田的 3 座金矿中，Tau Tona 金矿采深 3900 m，井下原岩温度达 60 ℃；山东新城金矿新主井井底 1527 m 的井内涌水温度达到 49 ℃；山东三山岛金矿西岭矿区副井井筒勘察孔资料显示，孔深 2000 m 处的地温为 57.39 ℃[8]。思山岭铁矿地质钻孔勘查发现，在其井下 1503 m 处原岩温度达 40.1 ℃[4]；铜陵有色狮子山铜矿 1050 m 深处岩温达到 36 ℃；瑞海矿业有限公司瑞海金矿进风井 1065 m 深处实测岩温达 37 ℃，1488 m 深处实测岩温达 45 ℃。

超深竖井除了有一般竖井及矿建工程的工程复杂性等特点外，还有井筒开挖量增加，工程量增大，工期长，竖井施工对全矿建设影响程度增加等特点。此外，施工装备配套更复杂，租赁费用更高，设备的维护管理及成本控制较以往更复杂。因此，超深竖井施工除了要解决成套凿井装备与工艺等上述难题，还要探索在保障安全的前提下提高超深竖井施工进度的方法，研究一套与工程特点相适应的管理模式，使得工程施工更加安全高效[10]。

2 超深竖井建设需要解决的核心理论

2.1 竖井井壁受力分析

2.1.1 竖井井壁弹性应力分析

假设地层受到三个原始地应力作用，分别为上覆地应力 σ_v、水平最大地应力 σ_H、水平最小主应力 σ_h。以竖井井壁为研究对象，依据材料力学相关概念，当井壁具有一定的厚度（外径与内径的比小于 1.2），可以将其力学模型简化为受均布外压的弹性薄壁圆筒来计算，如图 2-1 所示。在实际建井过程中，井壁周围受力变化较大，其中较大的应力变化会导致井壁失稳。在井周围岩受力推导过程中，做如下基础假设：

（1）该地层是横观各向同性且为线弹性介质；

（2）满足平面应变条件，用于计算井壁周围的应力分布；

（3）为均匀的连续介质。

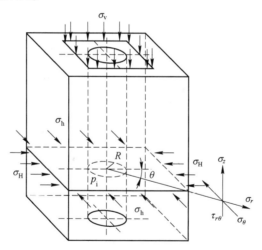

图 2-1　竖井薄壁圆筒力学模型

首先将主地应力在直角坐标系 (x, y, z) 表达转换成极坐标系 (r, θ, z) 表达，将三维受力状态简化为平面应力应变问题，井筒受到内压 p_i（井内液柱压力）作用，半径为 R。根据弹性力学平面问题的极坐标解答，有：

由壁内压力 p_i 引起的应力：

$$\sigma_r = \frac{R^2}{r^2} p_i$$

$$\sigma_\theta = -\frac{R^2}{r^2} p_i$$

$$(2\text{-}1)$$

式中 σ_r——极坐标系下的径向应力；

      σ_θ——极坐标系下的切向应力；

      R——井筒半径；

      r——极坐标半径；

      p_i——井筒所受内压。

由应力 σ_{xx} 引起的井壁围岩应力：

$$\sigma_r = \frac{\sigma_{xx}}{2}\left(1 - \frac{R^2}{r^2}\right) + \frac{\sigma_{xx}}{2}\left(1 + \frac{3R^4}{r^4} - \frac{4R^2}{r^2}\right)\cos2\theta$$

$$\sigma_\theta = \frac{\sigma_{xx}}{2}\left(1 + \frac{R^2}{r^2}\right) - \frac{\sigma_{xx}}{2}\left(1 + \frac{3R^4}{r^4}\right)\cos2\theta \tag{2-2}$$

$$\tau_{r\theta} = -\frac{\sigma_{xx}}{2}\left(1 - \frac{3R^4}{r^4} + \frac{2R^2}{r^2}\right)\sin2\theta$$

由应力 σ_{yy} 引起的井壁围岩应力：

$$\sigma_r = \frac{\sigma_{yy}}{2}\left(1 - \frac{R^2}{r^2}\right) - \frac{\sigma_{yy}}{2}\left(1 + \frac{3R^4}{r^4} - \frac{4R^2}{r^2}\right)\cos2\theta$$

$$\sigma_\theta = \frac{\sigma_{yy}}{2}\left(1 + \frac{R^2}{r^2}\right) + \frac{\sigma_{yy}}{2}\left(1 + \frac{3R^4}{r^4}\right)\cos2\theta \tag{2-3}$$

$$\tau_{r\theta} = -\frac{\sigma_{yy}}{2}\left(1 - \frac{3R^4}{r^4} + \frac{2R^2}{r^2}\right)\sin2\theta$$

由上覆地层压力 σ_{zz} 引起的井壁围岩应力：

$$\sigma_z = \sigma_{zz} - 2v(\sigma_{xx} - \sigma_{yy})\left(\frac{R}{r}\right)^2\cos2\theta \tag{2-4}$$

由地应力分量 τ_{xy} 引起的井壁围岩应力：

$$\sigma_r = \tau_{xy}\left(1 + \frac{3R^4}{r^4} - \frac{4R^2}{r^2}\right)\sin2\theta$$

$$\sigma_\theta = -\tau_{xy}\left(1 + \frac{3R^4}{r^4}\right)\sin2\theta \tag{2-5}$$

$$\tau_{r\theta} = \tau_{xy}\left(1 - \frac{3R^4}{r^4} + \frac{2R^2}{r^2}\right)\cos2\theta$$

由地应力分量 τ_{yz} 引起的井壁围岩应力：

$$\tau_{rz} = \tau_{yz}\left(1 - \frac{R^2}{r^2}\right)\sin\theta$$

$$\tau_{\theta z} = \tau_{yz}\left(1 + \frac{R^2}{r^2}\right)\cos\theta \tag{2-6}$$

由地应力分量 τ_{zx} 引起的井壁围岩应力：

$$\tau_{rz} = \tau_{zx}\left(1 - \frac{R^2}{r^2}\right)\cos\theta$$

$$\tau_{\theta z} = -\tau_{zx}\left(1 + \frac{R^2}{r^2}\right)\sin\theta \tag{2-7}$$

经过线性叠加，可得到井壁围岩应力分布的解析式，在竖井工程中，有 $\sigma_{xx}=\sigma_H$，$\sigma_{yy}=\sigma_h$，$\sigma_{zz}=\sigma_v$，$\tau_{xy}=\tau_{yz}=\tau_{zx}=0$，代入可得竖井井壁围岩应力分布解释式如下：

$$\sigma_r = \frac{R^2}{r^2}p_i + \frac{\sigma_H+\sigma_h}{2}\left(1-\frac{R^2}{r^2}\right) + \frac{\sigma_H-\sigma_h}{2}\left(1+\frac{3R^4}{r^4}-\frac{4R^2}{r^2}\right)\cos2\theta$$

$$\sigma_\theta = -\frac{R^2}{r^2}p_i + \frac{\sigma_H+\sigma_h}{2}\left(1+\frac{R^2}{r^2}\right) - \frac{\sigma_H-\sigma_h}{2}\left(1+\frac{3R^4}{r^4}\right)\cos2\theta$$

$$\sigma_z = \sigma_v - 2v(\sigma_H-\sigma_h)\left(\frac{R}{r}\right)^2\cos2\theta \tag{2-8}$$

$$\tau_{r\theta} = -\frac{\sigma_H-\sigma_h}{2}\left(1-\frac{3R^4}{r^4}+\frac{2R^2}{r^2}\right)\sin2\theta$$

$$\tau_{\theta z}=\tau_{rz}=0$$

在井壁上，即在 $r=R$ 处，竖井井壁应力分布解释式为：

$$\sigma_r = p_i$$

$$\sigma_\theta = -p_i + \sigma_H + \sigma_h - 2(\sigma_H-\sigma_h)\cos2\theta$$

$$\sigma_z = \sigma_v - 2v(\sigma_H-\sigma_h)\cos2\theta \tag{2-9}$$

$$\tau_{\theta z}=\tau_{rz}=\tau_{r\theta}=0$$

从式（2-9）可以看出，井壁切向应力存在极大值和极小值。当 $\theta=0$ 或 π 时，即在水平最大主应力 σ_H 方位，σ_θ 取得极小值。

$$\sigma_\theta = 3\sigma_h - \sigma_H - p_i \tag{2-10}$$

当 $\theta=\pi$ 或 3π 时，即在水平最小主应力 σ 方位，σ 取得极大值。

$$\sigma_\theta = 3\sigma_H - \sigma_h - p_i \tag{2-11}$$

当井壁具有一定的厚度（外径与内径的比大于1.2），需将力学模型简化成外受均匀压力的弹性厚壁圆筒来计算，如图2-2所示。其基础假设与薄壁模型分析时一致。

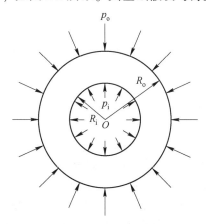

图2-2 竖井厚壁圆筒力学模型

模型中井壁内半径为 R_i，外半径为 R_o，受到的内压为 p_i，外压为 p_o。在弹性厚壁圆筒中相距 dr 的两个同心圆柱面，互成 $d\theta$ 角的两个相邻纵截面及相距 dz 的两个水平面截取一个微小扇形六面微元体，如图 2-3 所示。由于井眼的形成打破地层原始地应力的平衡状态，假设井壁地层受到切向应力 σ_θ、径向应力 σ_r、垂向应力 σ_z 作用，在三向应力下建立平衡方程如下：

$\sum F_r = 0$ 时，有：

$$\left(\sigma_r + \frac{\partial \sigma_r}{\partial r}dr\right)(r+dr)d\theta dz - \sigma_r r d\theta dz - 2\sigma_\theta dr dz \sin\frac{d\theta}{2} +$$

$$\left(\tau_{zr} + \frac{\partial \tau_{zr}}{\partial z}dz\right)r dr d\theta - \tau_{zr} r dr d\theta + K_r r dr d\theta dz = 0 \tag{2-12}$$

$\sum F_z = 0$ 时，有：

$$\left(\sigma_z + \frac{\partial \sigma_z}{\partial z}dz\right)r d\theta dr - \sigma_z r d\theta dr + \left(\tau_{rz} + \frac{\partial \tau_{rz}}{\partial r}dr\right)(r+dr)d\theta dz - \tau_{rz} r d\theta dz + K_z r dr d\theta dz = 0$$

$$\tag{2-13}$$

因为 $d\theta$ 值很小，可取 $\sin\dfrac{d\theta}{2} \approx \dfrac{d\theta}{2}$，化简并略去高阶微量，得：

$$\frac{\partial \sigma_r}{\partial r} + \frac{\partial \tau_{zr}}{\partial z} + \frac{\sigma_r - \sigma_\theta}{r} + K_r = 0$$

$$\tag{2-14}$$

$$\frac{\partial \sigma_z}{\partial z} + \frac{\partial \tau_{rz}}{\partial r} + \frac{\tau_{rz}}{r} + K_z = 0$$

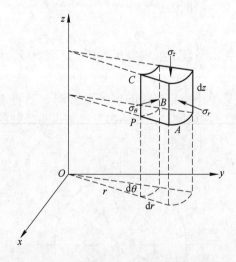

图 2-3 厚壁微元体受力模型

在研究井筒稳定性时，将三维受力状态简化为平面应力应变问题。根据弹性力学平面问题的柱坐标解答，如图 2-4 所示，在 r–z 平面内，沿 r 和 z 方向取微小长度 $PA = dr$，$PC = dz$。假设变形后 P、A、C 分别移动到 P'、A'、C'。在 r–θ 的平面内（见图 2-5），沿 r 和 θ 方向取微元线段 $PA = dr$，$PB = rd\theta$，变形后，P、A、B 分别移动到 P'、A'、B'。

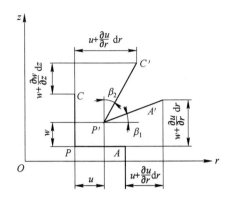

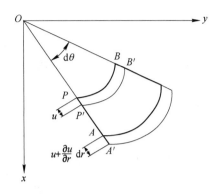

图 2-4　柱坐标系中 r-z 平面　　　　　图 2-5　柱坐标系中 r-θ 平面

由于对称性，P 点和 B 点移到 P' 点和 B' 的位移分量均为 u。可求得线段 PA、PC 的正应变 ε_r、ε_θ、ε_z 及 PA、PC 间的剪应变 γ_{rz}，建立几何方程如下：

$$\varepsilon_r = \frac{\partial u}{\partial r}$$

$$\varepsilon_z = \frac{\partial w}{\partial z}$$

$$\varepsilon_\theta = \frac{u}{r} \tag{2-15}$$

$$\gamma_{rz} = \frac{\partial w}{\partial r} + \frac{\partial u}{\partial z}$$

建立物理方程为：

$$\sigma_r = \frac{E}{1+\mu}\left(\varepsilon_r + \frac{\mu}{1-2\mu}e\right)$$

$$\sigma_\theta = \frac{E}{1+\mu}\left(\varepsilon_\theta + \frac{\mu}{1-2\mu}e\right)$$

$$\sigma_z = \frac{E}{1+\mu}\left(\varepsilon_z + \frac{\mu}{1-2\mu}e\right) \tag{2-16}$$

$$\tau_{zr} = \frac{E}{2(1+\mu)}\gamma_{zr}$$

对于承受均匀压力的厚壁圆筒，若筒体的几何形状、载荷、支承情况沿 z 轴没有变化，所有垂直于轴线的横截面在变形后仍保持为平面，即有 $\tau_{zr}=0$，$\gamma_{zr}=0$。建立变形协调方程如下：

$$\frac{d\varepsilon_\theta}{dr} = \frac{1}{r}\left(\frac{du}{dr} - \frac{u}{r}\right) = \frac{1}{r}(\varepsilon_r - \varepsilon_\theta) \tag{2-17}$$

采用位移法求解在均匀压力作用下的厚壁圆筒。将几何方程式代入物理方程式，得出用位移分量表示的物理方程。

$$\sigma_r = \frac{E}{1+\mu}\left(\frac{\mathrm{d}u}{\mathrm{d}r} + \frac{\mu}{1-2\mu}\mathrm{e}\right)$$

$$\sigma_\theta = \frac{E}{1+\mu}\left(\frac{u}{r} + \frac{\mu}{1-2\mu}\mathrm{e}\right) \qquad (2\text{-}18)$$

$$\sigma_z = \frac{E}{1+\mu}\left(\frac{\mathrm{d}w}{\mathrm{d}z} + \frac{\mu}{1-2\mu}\mathrm{e}\right)$$

将式 (2-18) 代入平衡方程，可求得弹性状态下主井井壁的应力和位移解析解，引入径比 K（外径与内径之比 $K=R_o/R_i$），解析解可写为：

$$\sigma_r = \frac{1}{K^2-1}\left[p_i\left(1-\frac{R_o^2}{r^2}\right) - p_o\left(K^2-\frac{R_o^2}{r^2}\right)\right]$$

$$\sigma_\theta = \frac{1}{K^2-1}\left[p_i\left(1+\frac{R_o^2}{r^2}\right) - p_o\left(K^2+\frac{R_o^2}{r^2}\right)\right] \qquad (2\text{-}19)$$

$$\sigma_z = \frac{1}{K^2-1}(p_i - K^2 p_o)$$

$$u = \frac{1}{Er(K^2-1)}\left[(1-2\mu)(p_i - K^2 p_o)r^2 + (1+\mu)(p_i - p_o)\right]R_o^2$$

竖井井壁所受的三向应力中，切向应力 σ_θ 为拉应力，径向应力 σ_r 为压应力，且沿壁厚非均匀分布；而轴向应力 σ_z 介于 σ_θ 和 σ_r 之间，有 $\sigma_z = (\sigma_\theta + \sigma_r)/2$，且沿壁厚均匀分布。

2.1.2　井壁围岩与支护相互作用弹性分析

竖井应力变形的显现特征与支护工艺和方法等密切相关，在井壁围岩与支护层紧密贴合的支护条件下，围岩与支护将形成共同承载体，它们相互依存和影响，共同承载地应力和位移变形。井壁支护层可视作弹性理论中外壁受压的厚壁圆筒。

在竖井井壁弹性力学分析的基础上，将受支护的力学模型简化为受均布外压 p_o 的圆形厚井筒，其内半径为 R_o，外半径为 R_b。竖井支护弹性分析模型如图 2-6 所示。

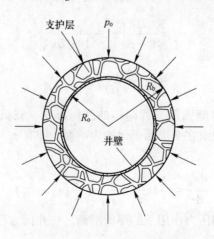

图 2-6　竖井支护弹性分析模型

用弹性理论解轴对称平面应变问题，可得受均布外压条件下井筒的径向和切向应力解，并设待定常数为 A、B：

$$\sigma_r = A - \frac{B}{r^2}$$

$$\sigma_\theta = A + \frac{B}{r^2}$$

(2-20)

代入其边界条件为：$r=R_b$，$\sigma_r=-p_o$；$r=R_o$，$\sigma_r=0$，最终化简得到应力表达式为：

$$\sigma_r = \frac{p_o R_b^2}{R_b^2 - R_o^2}\left(1 - \frac{R_o^2}{r^2}\right)$$

$$\sigma_\theta = \frac{p_o R_b^2}{R_b^2 - R_o^2}\left(1 + \frac{R_o^2}{r^2}\right)$$

(2-21)

将式（2-21）应力分量代入以下物理方程计算：

$$\varepsilon_r = \frac{1-\mu_c^2}{E_c}\left(\sigma_r - \frac{\mu_c}{1-\mu_c}\sigma_\theta\right)$$

(2-22)

并对变量 r 在区间 $[0, R_b]$ 内积分，得出井壁径向位移表达式为：

$$u_{R_b} = \int_0^{R_b}\varepsilon_r \mathrm{d}r = \frac{(1-\mu_c^2)p_o R_b}{E_c}\left(\frac{R_b^2 + R_o^2}{R_b^2 - R_o^2} - \frac{\mu_c}{1-\mu_c}\right)$$

(2-23)

式中　u_{R_b}——径向位移，m；

　　　p_o——外压，kPa；

　　　R_b——外半径，m；

　　　ε_r——径向应变，m；

　　　E_c——支护材料的弹性模量，Pa；

　　　μ_c——支护材料的泊松比。

式（2-23）表示支护的径向位移 u_{R_b} 与所受均布外压 p_o 成正比，其特征曲线为一直线。由支护层内应力状态，可知当内压达到支护层的某一极限压力时，井壁开始屈服。假设支护层材料屈服时应力符合岩土材料屈服适用的 Mohr-Coulomb（摩尔-库仑）准则，满足材料抗压强度表示的屈服条件：

$$\sigma_1 - \sigma_3 \tan^2\theta = \sigma_c$$

(2-24)

令 $\sigma_1 = \sigma_\theta$，$\sigma_3 = \sigma_r$，当支护破坏时，$r=R_b$，$p_o=-p_{emax}$。代入式（2-21）和式（2-24）有：

$$p_{emax}\left(\tan^2\theta - \frac{R_b^2 + R_o^2}{R_b^2 - R_o^2}\right) = \sigma_c$$

(2-25)

则支护层能承受的（即最大支护承载力）弹性极限压力 p_{emax} 为：

$$p_{emax} = \sigma_c \left/ \left(\tan^2\theta - \frac{R_b^2 + R_o^2}{R_b^2 - R_o^2}\right)\right.$$

(2-26)

式中　p_{emax}——弹性极限压力，kPa；

　　　σ_c——支护材料抗压强度，MPa；

θ——剪切破裂角，$\theta = \dfrac{\pi}{4} + \dfrac{\pi}{2}$，（°）；

R_b——外半径，m；

R_o——内半径，m。

2.1.3　竖井井壁弹塑性应力分析

在实际竖井施工过程中，围岩不可能一直处于弹性范围内。随着深度的增加，凿井后井帮的应力集中使该岩层内出现非弹性变形区，非弹性变形区内的破裂岩石或者塑性流动岩石将对井壁施加压力，并且随深度不断加大。竖井井壁随开挖深度的增加会呈现两种应力状态：弹性状态和弹塑性状态，如图 2-7 所示。而实际情况甚至更为复杂，为利于本节分析，作基础假设：（1）地层为各向同性均质材料；（2）塑性状态的围岩材料体积不可压缩。

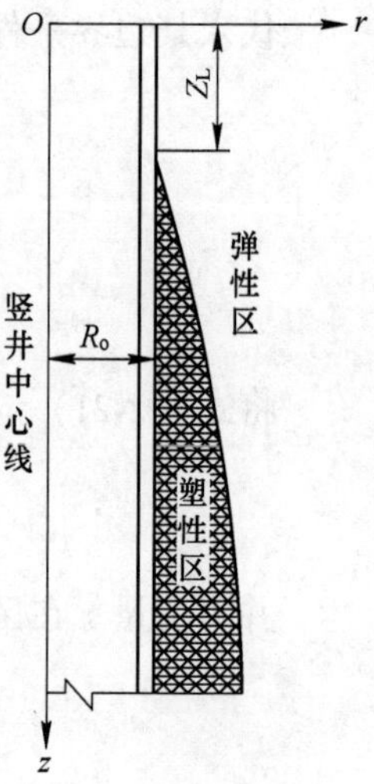

图 2-7　竖井围岩
应力状态图

根据井壁围岩所处的不同性状，分别计算如下：

（1）井壁围岩为弹性状态。依照竖井井壁弹性应力分析，可得到弹性应力状态下竖井井壁仅受外压作用的应力：

$$\sigma_r = -\frac{p_o}{K^2 - 1}\left(K^2 - \frac{R_o^2}{r^2}\right)$$
$$\sigma_\theta = -\frac{p_o}{K^2 - 1}\left(K^2 + \frac{R_o^2}{r^2}\right) \tag{2-27}$$

依据岩石或土层的塑性条件，采用 Mohr-Coulomb 公式：

$$\sigma_\theta - \sigma_r = (\sigma_\theta + \sigma_r)\sin\varphi + 2c\cos\varphi \tag{2-28}$$

式中　c——内聚力，kPa；

φ——内摩擦角，（°）。

竖井井壁外压主要为地层中的侧向压力，令 $p_o = \lambda\gamma Z$，Z 为井壁距离地表的深度，m。将式（2-27）代入式（2-28），可求得当 σ_r、σ_θ 满足塑性条件时，井帮进入塑性状态的临界深度。

$$Z_L = \frac{(K^2 - 1)c\cos\varphi + p_i(\sin\varphi - 1)}{(K^2\sin\varphi - 1)\lambda\gamma} \tag{2-29}$$

式中　Z_L——井帮进入塑性状态的临界深度，m；

λ——侧压力系数。

由式（2-29）可知，当 $c = 0$ 时，$Z_L = 0$；即在无内聚力的岩层中施工时，从一开始地层便进入弹塑性状态。当围岩为弹性状态时，井帮处的位移可由式（2-19）计算得：

$$u_e = \frac{R_o(p_o - p_i)}{2G} \tag{2-30}$$

式中　G——地层的剪切模量，Pa。

（2）井壁围岩为弹塑性状态。当 $Z > Z_L$ 时，围岩由弹性状态进入弹塑性状态，需用弹塑性力学方法求解，弹塑性区竖井围岩简化模型图如图 2-8 所示。依据理想弹塑性体的应力应变曲线，岩石进入塑性区后，应力不再随应变的增加而增加。竖井周围围岩应力超过其弹性极限后则转化为塑性状态。塑性区以外是弹性应力升高区，然后才是弹性原岩应力区。

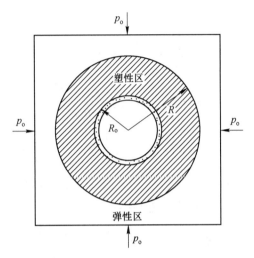

图 2-8　弹塑性区竖井围岩简化模型图

在塑性区（$R_o < r < R$，R 为塑性区半径）内，假设弹性区与塑性区的应力及变形均为 r 的函数，与 θ 无关。井周围岩的本构方程为：

$$\varepsilon_r = \frac{1+v}{E}\big[(1+v)\sigma_r - v\sigma_\theta\big]$$
$$\varepsilon_\theta = \frac{1+v}{E}\big[(1+v)\sigma_\theta - v\sigma_r\big] \tag{2-31}$$

变形方程为：

$$\varepsilon_r = \frac{\partial u}{\partial r}$$
$$\varepsilon_r = \frac{\partial v}{r\partial\theta} + \frac{u}{r} \tag{2-32}$$

式中　u——r 方向的位移，m；
　　　v——θ 方向的位移，m。

平衡方程为：

$$\frac{\partial\sigma_r}{\partial r} + \frac{\sigma_r - \sigma_\theta}{r} = 0 \tag{2-33}$$

径向应力和切向应力可以表示为：

$$\sigma_r = \sigma + A/r^2$$
$$\sigma_\theta = \sigma - A/r^2 \tag{2-34}$$

当岩石进入塑性阶段后，应该满足摩尔-库仑准则：

$$\frac{\sigma_\theta^p + c\cot\varphi}{\sigma_r^p + c\cot\varphi} = \frac{1 + \sin\varphi}{1 - \sin\varphi} \tag{2-35}$$

式中　c——内聚力，kPa；

　　　φ——内摩擦角，(°)；

　　　σ_θ^p——塑性区的切向应力，MPa；

　　　σ_r^p——塑性区的径向应力，MPa。

由式（2-33）和式（2-35）可推导得出具体表达式：

$$\sigma_r^p = -c\cot\varphi + (p_o + c\cot\varphi)\left(\frac{r}{R}\right)^{\frac{2\sin\varphi}{1-\sin\varphi}}$$

$$\sigma_\theta^p = -c\cot\varphi + (p_o + c\cot\varphi)\frac{1 + \sin\varphi}{1 - \sin\varphi}\left(\frac{r}{R}\right)^{\frac{2\sin\varphi}{1-\sin\varphi}} \tag{2-36}$$

由于在弹性区与塑性区交界处（$r = R$），径向应力与切向应力相等，因此通过式（2-34）和式（2-36）可求出塑性区半径关系式为：

$$R = R_o\Big/\left[(1 - \sin\varphi)\frac{\sigma + c\cot\varphi}{p_o + c\cot\varphi}\right]^{\frac{1-\sin\varphi}{2\sin\varphi}} \tag{2-37}$$

在弹性区（$r>R$）范围内，应力分布如下：

$$\sigma_r^e = \sigma - \frac{a^2}{r^2}(S_2\sin\varphi + c\cos\varphi)\left[(1 - \sin\varphi)\frac{S_2 + c\cot\varphi}{p_o + c\cot\varphi}\right]^{\frac{1-\sin\varphi}{2\sin\varphi}}$$

$$\sigma_\theta^e = \sigma + \frac{a^2}{r^2}(S_2\sin\varphi + c\cos\varphi)\left[(1 - \sin\varphi)\frac{S_2 + c\cot\varphi}{p_o + c\cot\varphi}\right]^{\frac{1-\sin\varphi}{2\sin\varphi}} \tag{2-38}$$

式中　σ_θ^e——弹性区的切向应力，MPa；

　　　σ_r^e——弹性区的径向应力，MPa。

在基础假设中塑性状态的围岩材料体积不可压缩条件下，可得到塑性区围岩位移量为：

$$u_p = \frac{(p_o\sin\varphi + c\cos\varphi)R^2}{2Gr} \tag{2-39}$$

式中　u_p——井壁塑性区位移，m；

　　　G——地层的剪切模量，Pa。

2.1.4　井壁围岩与支护相互作用弹塑性分析

竖井开挖后无支护时，围岩产生挤向竖井内的变形。对竖井施加支护后，由于支护的支顶作用约束了围岩的变形，使围岩与井壁一起共同承受围岩挤向井壁的变形压力。当井壁结构所提供的支护阻力与围岩的挤压力处于平衡状态时，井筒才处于稳定状态。在弹塑性应力状态下，井壁支护的作用在于阻止围岩塑性变形的扩展或一开始就阻止产生塑性变形。

围岩与支护共同作用时，会产生具有相关的压力-位移曲线（见图2-9）。

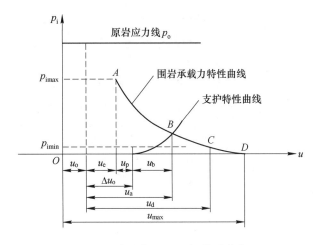

图 2-9　支护作用下压力-位移曲线

u_o—开挖前地层的压缩变形量；u_e，u_p—支护前围岩的弹性和塑性位移；Δu_o—支护前围岩的弹塑性位移；

u_b—支护衬砌的位移；u_a—开挖后井筒的周边位移；u_d—围岩许可的最大位移；

u_{max}—理想情况下围岩的最大位移

围岩承载力特性曲线表示了围岩位移与支护承载力的关系，支护给井壁围岩提供的承载力越小，井壁围岩的位移越大。支护特性曲线则表示了支护所受载荷与受压位移之间的函数关系。支护所受载荷越大，井壁围岩的压缩位移越大。有：

$$u = f(p_i) \tag{2-40}$$

两曲线的交点 B 为围岩与支护的共同作用点，围岩承载力特性曲线上的起点 A 与终点 D 反映了两种极端情况：A 点处的围岩压力为 p_{imax}（同时也为支护所能提供的最大承载力），开挖后只发生瞬时弹性位移而未发生塑性位移；D 点表示开挖后围岩不经支护而让其充分位移变形，最终支护承载力趋近于零，并且达到最大位移 u_{max} 后趋于稳定的理想状态，此时围岩承载所有的地应力。C 点称为围岩垮落点，它表示岩体发生很大的塑性位移而垮落，此时围岩地压由变形地压向松散体地压过渡。该点处的围岩压力达到最小 p_{imin}，所对应的位移 u_d 称为许可最大位移。

为使竖井井壁尽可能安全，通过以上分析可知，应该尽可能提高支护所能提供的最大承载力 p_{imax}。由于围岩与支护将形成共同承载体，在竖井井壁弹性力学分析的基础上，将受支护的力学模型简化为受均布外压 p_o 的厚壁圆筒，其井壁外半径为 R_o，支护层外半径为 R_b，塑性区半径为 R。弹塑性条件下竖井支护弹塑性分析模型图如图2-10所示。

由对井壁的弹塑性应力分析可知，当 $R_o < r < R$，材料处于塑性状态，且推导出塑性区应力表达式为式（2-36）。

假设支护层材料塑性变形时符合岩土材料屈服适用的 Mohr-Coulomb 准则，满足材料抗压强度表示的屈服条件：

$$\sigma_1 - \sigma_3 \tan^2\theta = \sigma_c \tag{2-41}$$

令 $\sigma_1 = \sigma_\theta^p$，$\sigma_3 = \sigma_r^p$，当支护破坏时，$r = R_b$，$p_o = -p_{eqmax}$。代入式（2-36）和式（2-41）得：

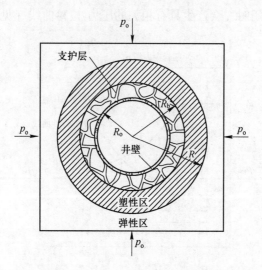

图 2-10　竖井支护弹塑性分析模型

$$c\cot\varphi\tan^2\theta - c\cot\varphi + (c\cot\varphi - p_{eqmax})\frac{1 + \sin\varphi}{1 - \sin\varphi}\left(\frac{R_b}{R}\right)^{\frac{2\sin\varphi}{1-\sin\varphi}} -$$

$$(p_{eqmax} + c\cot\varphi)\left(\frac{R_b}{R}\right)^{\frac{2\sin\varphi}{1-\sin\varphi}}\tan^2\theta = \sigma_c \tag{2-42}$$

令 $M = \dfrac{1 + \sin\varphi}{1 - \sin\varphi}$, $N = \left(\dfrac{R_b}{R}\right)^{\frac{2\sin\varphi}{1-\sin\varphi}}$, R 为塑性区半径，m，则支护层能承受的（即最大支护承载力）弹塑性极限压力 p_{eqmax} 为：

$$p_{eqmax} = \frac{c\cot\varphi\left[\tan^2\theta - N\tan^2\theta + MN - 1\right]}{N(M + \tan^2\theta)} - \sigma_c \tag{2-43}$$

式中　σ_c——支护材料抗压强度，MPa；

　　　θ——剪切破裂角，$\theta = \dfrac{\pi}{4} + \dfrac{\pi}{2}$，（°）。

2.2　竖井井壁破裂特征分析

2.2.1　竖井井壁破裂外部显现特征分析

竖井井壁破裂失稳主要是指建井过程中井壁坍塌、井眼缩颈和地层破裂。在不同时期、地点、施工方法下竖井井壁破裂具有不同外部显现。经整理得出的竖井井壁破裂的外部显现特征有以下几点规律：

（1）破裂时间比较集中。按 20 世纪分为三个阶段：第一阶段为 60—70 年代，竖井破坏事故很少也鲜有报道；第二阶段为 80 年代，在兖州、淮北矿区等华东地区竖井变形破坏屡屡发生；第三阶段为 90 年代，竖井破坏事故规模和次数均小于 80 年代。按一年四季划分，竖井井壁破坏每年夏秋季 4—9 月均有发生，多集中在秋季 7—9 月。

按建井时间划分，从 7—8 个月到 30 年均有发生，一般集中在 3~4 年。

（2）破裂位置集中。第四系土层地层主要由松散未胶结砂岩、中强风化土组成，属冲洪积松散地层。井壁破坏多集中在该土层的中上部，而非全层。竖井井壁破裂位置也与地层埋深、与不同性质岩层过渡面相关。

（3）地下排水量大，地表下沉。由于地下水从破坏的井壁排出引起上部表土层的疏干，容易造成地表工业场地 250~500 mm 范围的沉降。

（4）破裂形态相似性。竖井井壁多为压裂状态，井壁失稳多表现为压缩剪切破坏，其次是拉伸破坏。内井壁破坏形态多为混凝土被压碎、掉落，破裂处较潮湿，含水量大的地区会出现渗水，甚至涌水现象。破裂带为水平环状分布，内壁环向钢筋间距减小，纵向钢筋沿井壁内外凸出变曲。

（5）采用冻结法施工时，多发生在双层井壁，内外壁结合较紧。

（6）容易重复破裂。发生过破裂的井筒，经加固后有时并不能长期有效地防止井壁变形。在破裂处容易出现二次或多次破裂，如淮北临涣矿、徐州张双楼煤矿、兖州兴隆庄煤矿主副井。

2.2.2　竖井井壁破裂力学特征分析

钻井过程中井壁围岩失稳主要表现为剪切破坏和拉伸破坏两种情况。从力学角度分析，主要是由井壁受力状态的不同而决定。从前面对井壁的力学分析可知，井壁地层主要受到切向应力 σ_θ、径向应力 σ_r、垂向应力 σ_z 作用。在不考虑孔隙压力与渗流的情况下，假设井壁为线弹性，分别对压剪破坏和拉伸破坏进行力学分析。

2.2.2.1　剪切破坏规律

依据前面对井壁的弹性应力分析，由式（2-9）可得井壁应力表达式为：

$$
\begin{aligned}
\sigma_r &= p_i - \frac{B}{r^2} \\
\sigma_\theta &= -p_i + \sigma_H + \sigma_h - 2(\sigma_H - \sigma_h)\cos 2\theta \\
\sigma_z &= \sigma_v - 2v(\sigma_H - \sigma_h)\cos 2\theta
\end{aligned}
\tag{2-44}
$$

对于线弹性材料，井壁破坏符合摩尔-库仑准则，其有效应力表达式如下：

$$
\sigma_1 = \sigma_3 \cot^2\left(\frac{\pi}{4} - \frac{\varphi}{2}\right) + 2c\cot\left(\frac{\pi}{4} - \frac{\varphi}{2}\right)
\tag{2-45}
$$

式中　σ_1——最大主应力，MPa；

　　　σ_3——最小主应力，MPa；

　　　c——黏聚力，kPa；

　　　φ——内摩擦角，（°）。

由式（2-45）可知，井壁主应力排列不同，其破坏形态也有差异。从前面分析可知，当 $\theta = \dfrac{\pi}{2}$ 或 $\dfrac{3\pi}{2}$ 时，在水平最小主应力 σ_h 方位，切向应力 σ_θ 取得极大值。

$$\sigma_\theta = 3\sigma_H - \sigma_h - p_i$$
$$\sigma_z = \sigma_v + 2v(\sigma_H - \sigma_h) \tag{2-46}$$

此时井壁以发生剪切破坏为主。分别对两种情况进行分析，当 $\sigma_\theta > \sigma_r > \sigma_z$ 时，竖井井壁破坏主要由切向应力和径向应力所引起，将会形成环状破坏面，如图 2-11 所示。井壁主要受切向应力和径向应力作用，井壁破裂面将沿井壁内外方向倾斜发展，如图 2-12 所示。

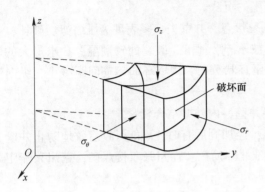

图 2-11　切向应力和径向应力引起的破坏面

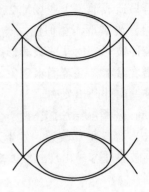

图 2-12　竖井井壁破裂面发展形态

将井壁坍塌处的最大和最小主应力代入摩尔-库仑条件式（2-45），可求得使井壁破裂的临界压力：

$$p_{\theta r} = \frac{3\sigma_H - \sigma_h - 2c\cot\left(\dfrac{\pi}{4} - \dfrac{\varphi}{2}\right)}{\cot\left(\dfrac{\pi}{4} - \dfrac{\varphi}{2}\right)^2 + 1} \tag{2-47}$$

当垂向地应力大于水平最大地应力时，井壁主应力可能会出现 $\sigma_z > \sigma_\theta > \sigma_r$，竖井井壁破坏主要由垂向应力和径向应力引起，也会形成环状破坏面，如图 2-13 所示。井壁主要受垂向应力和径向应力作用，井壁破裂面将沿井壁上下方向倾斜发展，如图 2-14 所示。

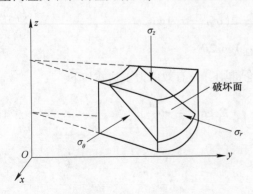

图 2-13　垂向应力和径向应力引起的破坏面

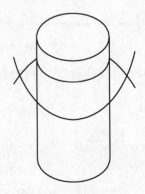

图 2-14　竖井井壁破裂面发展形态

将式（2-46）和式（2-44）代入式（2-45）可得由垂向应力和径向应力引起的剪切破坏的临界压力：

$$p_{zr} = \frac{\sigma_{v} + 2v(\sigma_{H} + \sigma_{h}) - 2c\cot\left(\dfrac{\pi}{4} - \dfrac{\varphi}{2}\right)}{\cot\left(\dfrac{\pi}{4} - \dfrac{\varphi}{2}\right)^{2}} \qquad (2\text{-}48)$$

当垂向地应力大于水平最大地应力时，随着壁内压力的增大，井壁主应力可能会出现 $\sigma_z > \sigma_r > \sigma_\theta$，竖井井壁破坏主要由垂向应力和切向应力引起，形成螺旋状破坏面，如图 2-15 所示。井壁主要受垂向应力和切向应力作用，井壁破裂面将沿井壁呈径向螺旋状发展，如图 2-16 所示。

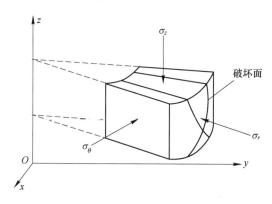

图 2-15　垂向应力和切向应力引起的破坏面

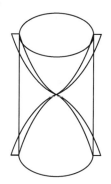

图 2-16　竖井井壁破裂面发展形态

将式（2-46）代入式（2-45）可得由垂向应力和切向应力引起的剪切破坏的临界压力：

$$p_{z\theta} = \frac{\left[3\cot\left(\dfrac{\pi}{4} - \dfrac{\varphi}{2}\right)^{2} - 2v\right](\sigma_{H} - \sigma_{h}) - \sigma_{v} + 2c\cot\left(\dfrac{\pi}{4} - \dfrac{\varphi}{2}\right)}{\cot\left(\dfrac{\pi}{4} - \dfrac{\varphi}{2}\right)^{2}} \qquad (2\text{-}49)$$

2.2.2.2　拉伸破坏规律

随着壁内压力的增大，当井壁 $\theta = 0$ 或 π 时，在水平最大主应力 σ_H 方位，切向应力 σ_θ 取得极小值。

$$\sigma_{\theta} = 3\sigma_{h} - \sigma_{H} - p_{i} \qquad (2\text{-}50)$$

此时井壁以发生拉伸破坏为主，竖井井壁可能会产生垂直裂隙。其破坏形态如图 2-17 所示。

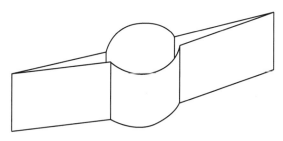

图 2-17　拉伸破坏形态

当壁内压力增加至足够大，岩石井壁的切应力超过其抗拉强度 σ_t 时，井壁地层将会发生拉伸破坏。即

$$\sigma_\theta \geq -\sigma_t \tag{2-51}$$

将井壁破裂处的最大主应力代入拉伸强度条件式（2-51），即可求得井壁的破裂压力：

$$p_t = 3\sigma_h - \sigma_H + \sigma_t \tag{2-52}$$

当地层埋深较浅时，可能出现另一种情况：随着壁内压力增大出现大于地层垂向应力，地层沿井轴横截面形成水平裂缝。发生水平开裂的临界条件为

$$p_i = \sigma_z' + \sigma_t^h \tag{2-53}$$

式中　σ_t^h ——岩石水平开裂对应的抗拉强度，MPa；

　　　σ_z' ——垂向有效应力，MPa。

在水平最大主应力 σ_H 方位，σ_z 取极小值。

$$\sigma_z = \sigma_v - 2v(\sigma_H - \sigma_h) \tag{2-54}$$

其破裂应力为

$$p_t = \sigma_v - 2v(\sigma_H - \sigma_h) + \sigma_t \tag{2-55}$$

3 超深竖井掘砌快速施工技术和工艺

3.1 表土段快速施工技术

3.1.1 井口锁口段快速施工工艺

井口锁口段快速施工工艺包括：

（1）井筒锁口段开挖；

（2）平底、混凝土铺底；

（3）外壁双层钢筋绑扎；

（4）吊装外壁钢模，钢模组装，钢模稳模调模；

（5）采用混凝土泵车输送，浇筑混凝土；

（6）在混凝土上部采用红砖砌临时锁口（厚0.8 m、高0.7 m），预留井口封口盘梁窝及回风口，并粉墙；

（7）井口四周场地硬化；

（8）井筒锁口完成。

3.1.2 表土段主要施工方法

表土段主要施工方法如下。

（1）掘进。

1）用白石灰画好井筒和地沟槽开挖轮廓线，并用水准仪测定开挖深度；

2）采用300型挖机由井筒四周开挖，同时将开挖砂土用20 t自卸式汽车外运，如图3-1（a）所示；

3）在井筒中间挖深0.2~0.3 m，便于存放多余砂土；

4）井筒放线，标定井筒中心位置，打好井筒中心桩；重测标高，控制底板水平位置；

5）画好井筒和地沟槽开挖轮廓线，按井中标高，人工整平；

6）做好铺底各项准备工作。

（2）钢筋绑扎并预留梁窝。待铺底混凝土及地沟槽内外墙砌筑完成后，开始绑扎钢筋。先用电钻在内壁打孔埋设固定钢筋，竖筋采用等强直螺纹接头连接；环筋环向搭接用金属扎丝绑扎，每股扎丝不得少于3道，按规范要求保证搭接长度，接茬不在同一方位。钢筋保护层外层厚70 mm，内层厚50 mm（以环筋中心线为准）。钢筋绑扎要求横平竖直，预留4根锁混凝土钢丝绳，防止上部锁口混凝土下沉、变形等，对锁口混凝土进行加固。

（3）立模测量找线。钢筋绑扎完毕后，必须埋实钢筋接头以便下模连接，找平工作面，然后吊装钢模、稳模。利用测设的井筒中心线，将钢模找正；再用水准仪将钢模找正。将钢模固定好后，准备浇筑混凝土。

（4）混凝土浇筑。商品混凝土由混凝土罐车送至工地，混凝土泵车摆放在井筒南侧，由泵车输送混凝土入模，必须均匀连续下料，分层对称浇筑，每层厚度不超过 300 mm，现场配备风动振动棒（不得少于 6 部）分层振捣密实，浇筑设计位置如图 3-1（b）所示。

（5）红砖锁口。混凝土上部采用红砖砌筑，墙厚 800 mm，同时预留梁窝及回风口。井口和井筒四周浇筑混凝土，完成井筒锁口工作。

（a）　　　　　　　　　　　　　　　　（b）

图 3-1　井口表土段开挖及混凝土浇筑
（a）井口表土段开挖；（b）混凝土浇筑

3.1.3　表土段快速施工机械化配套方案

矿山建设中，竖井井筒施工是关键工程，因此加快竖井掘砌速度，是缩短矿井建设工期的关键[28]。然而竖井的施工方式、施工技术及装备水平又影响着竖井掘砌的速度。根据井筒表土段的地质性质及其所采用的施工方法，表土段施工方法可分为普通施工法和特殊施工法。表土段相对稳定的一般采用普通施工法来施工；表土段不稳定且含水或比较复杂的用特殊法施工。特殊法施工包含了普通法施工配套的机械化设备。

3.1.3.1　机械化施工方案

井颈段采用小型挖机下井开挖配合中心回转抓岩机装碴施工，采用大型凿井绞车或凿井提升机配大型坐钩式吊桶提升出碴。永久支护采用大段高整体式收缩模板做支护模板，由上而下逐段砌筑井壁方式支护；当井口开挖深度达到钢模的设计高度时，模板单块下放组装整体模板，进行井颈首段井壁混凝土支护，或在地面一次性组装好钢模，整体吊装到井筒内，节约组装时间。此后以此为段高，掘砌循环交替进行，逐段下行，当井筒推进至深 35 m 左右后，相继安装吊盘、井口封口盘、固定盘、风水管、风筒等辅助系统，逐步形成全套凿井吊挂设备设施和安全作业条件，完成井颈段全深开挖及井壁砌筑支护。工作面掘进开挖和装岩出碴，主要由小型挖机和中心回转抓岩机承担，人工持风镐辅助，当局部开挖遇到硬岩时，可采用钻爆法破除。

3.1.3.2 大型机械设备选型参数

A 提升机选型

竖井深度 $H \geqslant 1000$ m 的深井施工，选择 4 m 或 4 m 以上的大型凿井提升机，这种提升机适用于深井施工，以下列举了施工深千米以上的提升机型号及技术参数（见表 3-1）。JKZ-5×3 双向驱动提升机如图 3-2 所示。

表 3-1 千米竖井凿井提升机技术参数

名称	型号	卷筒			钢丝绳			最大提升高度		
		数量/个	直径/m	宽度/m	最大静张力/kN	最大静张力差/kN	最大直径/mm	一层/m	二层/m	三层/m
单滚筒凿井提升机	JKZ-3.6×3	1	3.6	3	220	220	44	640	1320	2060
	JKZ-4×3	1	4	3	290	290	50	710	1420	2130
	JKZ-4.5×3.7	1	4.5	3.7	360	360	56	780	1590	2490
	JKZ-5×4	1	5	4	410	410	62	860	1740	2700
	JKZ-5.5×5	1	5.5	5	590	590	75	990	2000	3100
双滚筒凿井提升机	2JKZ-4×2.65	2	4	2.65	290	255	50	530	1000	1700
	2JKZ-5×3	2	5	3	410	290	62	610	1260	2000
	2JKZ-5.5×4	2	5.5	4	590	410	75	760	1600	2500

图 3-2 JKZ-5×3 双向驱动提升机

B 提升吊桶选型

吊桶是凿井期间的主要提升容器，可以提升设备、物料、升降人员和输送混凝土等，还可以在井筒涌水量不大的情况下用于排水。为了满足千米以上的竖井施工，加快竖井施工工期，现已设计出相应的大型提升吊桶，并且用于目前的凿井施工中，以下列举了现有的大型提升吊桶型号及技术参数，见表3-2。坐钩式吊桶小于4.0 m³，底卸式吊桶小于2.0 m³，不再举例。

表3-2　大型吊桶技术参数

名称	型号	容积/m³	吊桶外径/mm	桶口直径/mm	桶体高度/mm	全高/mm	质量/kg
坐钩式吊桶	TZ-4.0	4	1850	1630	1700	3080	1530
	TZ-5.0	5	1850	1630	2100	3480	1690
	TZ-6.0	6	2000	1800	2120	3705	2218
	TZ-7.0	7	2000	1800	2440	4025	2375
	TZ-8.0	8	2200	1916	2550	4177	2490
底卸式吊桶	TD-2.4	2.4	1650	1450	1940	3340	1250
	TD-3.0	3	1850	1698	2065	3600	1280
	TD-4.0	4	2000	1873	2280	4025	1402

C　装碴设备选型

中心回转抓岩机已广泛应用于全国各地的煤矿、金属矿、非金属矿竖井井筒的施工中，并且HZ-6型中心回转抓岩机是使用最广、效率最高的一款竖井装岩设备，见表3-3。抓岩机再配套小型挖掘机配合装碴，可以优化竖井装岩技术。

表3-3　装碴设备技术特征

设备类型	设备型号	抓/挖斗容积/m³	抓(挖)斗外形尺寸/mm		生产效率/m³·h⁻¹	适用井筒直径/m	外形尺寸/mm	整机质量/kg
			闭合	张开				
中心回转抓岩机	HZ-6	0.5				不限	900×800×7100	8000
		0.6	1600	2130	50~60			
挖掘机	P60	0.3			20~30	6.0		6300
	P90	0.4				7.0		

D　悬吊绞车选型

凿井绞车主要用于煤矿、金属矿、非金属矿竖井的井筒掘进工程中悬吊吊盘、水泵、风筒、压缩空气管路、注浆管、溜灰管等掘进设备和张紧稳罐绳等，也可用于其他井下重物悬吊。使用该设备可以实现井筒快速化施工，凿井绞车技术参数见表3-4。盘式制动凿井绞车如图3-3所示。

表 3-4 凿井绞车技术参数

型号	钢丝绳最大静张力/kN	卷筒容绳量/m	钢丝绳速度/m·s⁻¹		钢丝绳直径/mm	电动机		外形尺寸/mm	质量/kg
			快速	慢速		功率/kW	电压/V		
JZ-16/1000	156.8	1000	0.1	0.05	40	37	380	3730×3200×2240	12200
JZ-16/1300	156.8	1300	0.1	0.05	40	37	380	3730×3200×2240	12200
JZ-25/1300	245	1300	0.1	0.05	52	45	380	4100×3700×2720	18500
JZ-25/1600	245	1600	0.1	0.05	52	55	380	4600×3700×2720	19245
JZ-40/1300	392	1300	0.1	0.05	60	75	380	4780×4500×3215	30111
JZ-40/1800	392	1600	0.1	0.05	60	90	380	4780×5100×3215	31920

图 3-3 盘式制动凿井绞车

3.1.3.3 实例分析

山东莱州瑞海矿业进风井，井筒净径6.5 m，井深1530 m，表土冻结段90 m，施工采用国内竖井大型机械化配套方案。

表土段凿井采用双套单钩提升系统，即选用 JKZ-4×3 型和 2JKZ-4×2.65 型提升机提升7 m³坐钩式吊桶提碴，坐钩式翻碴系统快速高效倒碴；用 HZ-6 型中心回转抓岩机配0.6 m³抓斗直接抓碴装入吊桶，小型电动挖机 MWY6/0.3 配合刷帮、装碴等，减少人工风镐、铁锹刷帮等工作；浇筑外壁采用液压驱动径向伸缩的金属整体模板，钢模板直径6.5 m，段高4.5 m，由3台 JZ-25/1600 型专用凿井绞车悬吊下放；冻结段内壁的砌筑采用金属组合式模板倒模法支护，模板段高 1 m，每圈由 33 块组成，共计 12 套模板，内外壁支护均采用商品混凝土，罐车运送混凝土至井口后用 3.0 m³ 底卸式吊桶下放混凝土至吊盘，吊盘双溜灰管输送混凝土至模板内，电动振捣器震动密实模板内混凝土；吊盘悬吊选用 6 台 JZ-25/1600 型凿井绞车；风水管路悬吊选用 2 台 JZ-25/1600 型凿井绞车；风筒悬吊选用 2 台 JZ-25/1600 型凿井绞车；排水管路悬吊选用 2 台 JZ-16/1300 型凿井绞车，两级接力排水至地面。当井筒开挖遇到硬岩时采用钻爆法破除，风化基岩段直接采用钻爆法施工。采用 YSJZ4.8 型四臂液压伞钻打眼，前期试打眼阶段钻眼深度 3 m 左右，后续根据地质条件及施工工艺逐步加深钻眼深度，最深可钻 5 m，钻杆型号为 B32-5525，用其可达到高效快速施工的目的。

为了加快施工进度，缩短施工周期，在大型临时施工的同时进行井筒开挖。首先进行各设备基础开挖及混凝土浇筑，同时开挖井口，进行井口锁口。井口开挖时采用大型挖掘机直接在地面将井筒内的泥土挖到地面，再由装载机装车运走。井口深度挖到钢模段高 4.5 m 时开始绑扎外壁钢筋，组装钢模，浇筑混凝土。在安装好井架后，提升机还未安装完毕时，利用安装好的凿井绞车提升吊桶开始作业，白天安装井架及其他，夜晚进行井筒井颈段开挖，既能满足安装工程要求又能满足井筒掘进施工要求。直至提升机安装调试完毕后再把提升机系统改过来。

此设备选型及大型机械化配套基本上达到了现阶段最优状态，最大限度发挥出大型机械设备优势，并且为创造良好的施工条件提供了有力的硬件保障。

3.2　基岩段快速施工技术

3.2.1　液压伞钻钻眼爆破施工技术

井筒钻眼选用 YSJZ4.8 型四臂液压伞钻，如图 3-4 所示，配 HYD-200 型凿岩机。结合

图 3-4　YSJZ4.8 型四臂液压伞钻

花岗岩石完整性好、硬度大（$f>13$）的地层特点，钎杆选用波形螺纹连接的六角钎杆，型号 B35，螺纹直径为 32 mm，长度为 5.5 m，选用直径为 51 mm 的合金钻头（球齿型）。钻孔深度 5 m，每次爆破进尺为 4.4~4.6 m，爆破效率达到 90%。炸药选择用 ϕ45 mm 水胶炸药，雷管选用 8 m 半秒延期非电导爆管雷管，分为 1 号、3 号、4 号、5 号、6 号共 5 个段位。联线方式为簇并联。

3.2.1.1 伞钻打眼工序

（1）伞钻下井前的准备工作。将各油雾器加满油，检查各管路是否渗漏，操纵凿岩机上下滑动，确定运行是否正常；检查水路是否畅通，吊环部分是否可靠，各操纵手柄是否在"停止"位置，各快速接头是否清洁，推进器上部和下部位置捆绑是否结实牢固；在井下工作面安放钻座；接通液压站电源，进行空载试验，确定油泵旋转方向是否正确。

（2）伞钻下井及固定。通知提升机司机做好准备；伞钻下井转换挂钩前，关闭井盖门；伞钻通过吊盘喇叭口时，吊盘信号工目接目送；伞钻移至井筒中央，坐于底座后，接通各种管路；伸出支撑臂上的支撑爪，顶住井壁。

（3）启动。接通电源，钻机启动前，检查各手柄是否均处于中间位置；检查水路是否接通，并开通水路。一切正常后，方可启动。

（4）钻孔。操纵三联换向阀，将钻臂推进器放到要钻孔位置的轴线方向。操纵定位补偿阀，找准滑架位置。打开注水阀门，给凿岩机供水，冲洗钎孔。操纵转钎阀，使钎杆回转（逆时针为凿岩作业，顺时针为卸钎杆作业）。操纵凿岩推进手柄，使凿岩机前进或后退。推动逐步打眼阀手柄，先慢速小冲击开孔；当钎头进入岩石后，推进力升高，冲击阀自动换向工作；当钎头充分进入岩石，并确定不会有偏斜时，将逐步打眼阀手柄推到底，正式进行凿岩。当推进行程达到终点时，拉回冲击与回转手柄，停止冲击与回转；随后把逐步打眼阀手柄拉回到原位，再拉回凿岩推进手柄，使凿岩机向上退回原位；之后将推进器移到下一个孔位，继续凿岩。

（5）收尾工作。工作面所有炮眼打完后，收拢各动臂，并将凿岩机放到最低处；适当提紧夺钩绳，收拢 4 个支撑臂后，再收回调高油缸，使夺钩绳受力；将钻架用钢丝绳捆紧；停止供压供水，打开吊盘上的快速接头并封堵好；把伞钻提升到地面，然后用电动葫芦运到存放处。

3.2.1.2 成本费用

成本费用情况见表 3-5。

表 3-5 成本费用情况

序号	名　称	规格型号	单位	消耗量	单价/元	金额/元	备　注
1	电费		kW·h	1330	0.78	1037.4	
2	伞钻用水费		m³	20	3	60	
3	钻杆（L=5.5 m）	B35	根	1.2	1950	2340	
4	钻头（球齿，合金）	51 mm	个	6	245	1470	

序号	名　　称	规格型号	单位	消耗量	单价/元	金额/元	备　注
5	伞钻液压油		桶	0.15	2300	345	
6	水胶炸药	φ45 mm	kg	552	10.05	5547.6	
7	8 m 半秒非电导爆管雷管	1 号	发	29	5.05	146.45	
		3 号	发	16	5.05	80.8	
		4 号	发	20	5.05	101	
		5 号	发	25	5.05	126.25	
		6 号	发	50	5.16	258	
8	胶布		卷	5	3	15	
9	起爆针		根	1	5	5	
10	起爆器电池等		炮			10	
11	风泵及配件费用		炮			150	
12	人工费						
13	吊盘工		人	1	300	300	
14	钻工		人	6	667	4002	
15	伞钻维护工		人	1	577	577	
	合计					16571.5	

3.2.1.3　爆破参数

井筒基岩爆破原始条件、井筒基岩爆破参数、井筒基岩预期爆破效果见表 3-6~表3-8。井筒炮眼平面布置图如图 3-5 所示。

表 3-6　井筒基岩爆破原始条件

序号	名　　称	单位	数量	备　　注
1	井筒净径	m	6.5	
2	井筒荒径	m	7.3	
3	井筒掘进断面	m²	41.85	
4	岩石条件（硬度 f）		>13	
5	非电导爆管雷管	发	140	半秒延期，导爆管长 8 m
6	水胶炸药（每卷）	m、kg	0.35、0.5	φ45 mm 水胶炸药

表 3-7　井筒基岩爆破参数

圈别	每圈眼数/个	眼深/mm	每眼装药量/kg	炮眼角度/(°)	圈径/m	总装药量/kg	眼间距/mm	起爆顺序	联线方式
0	1	2000	空心眼	90	井中	0	0		
1	6	2000	1	85	0.7	6	350	I	
2	10	5500	5.5	90	1.5	55	400	I	簇并联
3	16	5000	5	90	2.8	78.5	800	III	
4	20	5000	5	90	4.4	100	800	IV	
5	25	5000	4.5	90	6.0	112.5	627	V	
6	50	5000	4	90	7.2	200	450	VI	
合计	128					552			

表 3-8　井筒基岩预期爆破效果

序号	爆破指标	单位	数量
1	炮眼利用率	%	90
2	每循环爆破进尺	m	4.5
3	每循环爆破实体碴石量	m³	188.3
4	每循环炸药消耗量	kg	552
5	单位原岩炸药消耗量	kg/m³	2.93
6	每米井筒炸药消耗量	kg	122.67
7	每循环导爆管雷管消耗量	个	140
8	单位原岩导爆管雷管消耗量	个/m³	0.74
9	每米井筒导爆管雷管消耗量	个	31.11

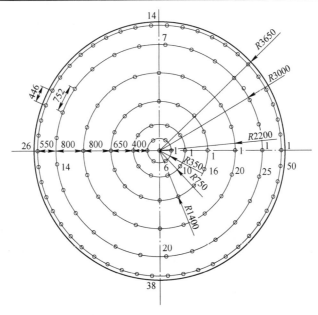

图 3-5　井筒炮眼平面布置图

3.2.2　中心回转抓岩机装岩施工技术

中心回转抓岩机是一种大斗容抓岩机,它直接固定在凿井吊盘上,以风压作为动力。具有使用范围广、适应性强、设备利用率高、动力单一、结构紧凑、占用井筒面积不大、便于井筒布置、使用安全可靠、操作灵活、维护方便等优点。目前使用率最高的抓岩机为HZ-6型(风动型),此型号抓岩机是现阶段国内各矿山最常用、使用技术相对成熟的竖井抓岩机械设备,以下简称"抓岩机"。此型号抓岩机工作效率为 $50 \sim 60 \, \text{m}^3/\text{h}$,抓斗装碴容量为 $0.4 \sim 0.6 \, \text{m}^3$,配有 DTQL-4 型、DTQL-5 型、DTQL-6 型 3 种抓斗,目前深竖井、大型井筒常用 DTQL-5 型、DTQL-6 型,并且有些大直径井筒安装两台抓岩机同时装岩,最大化提高了装碴效率。

抓岩机在井筒中的布置要与吊桶协调,保证工作面不出现抓岩死角,不影响吊桶通过。在采用两套单钩提升时,两个吊桶应尽量分别置于抓岩机中心两侧;采用一套双钩提升,一套单钩提升时,3 个吊桶亦应分别置于抓岩机中心两侧。为防止吊盘偏重,抓岩机应尽量靠井筒中心布置,但需预留出中线测量通过孔。

为了悬吊安全,地面可增设抓岩机悬吊凿井绞车,以便对运行时的抓岩机进行辅助悬吊,通常还可以与伞钻共用一台悬吊绞车,即随设备的运行选择性悬吊,在打伞钻时悬吊伞钻,在抓岩时悬吊抓岩机。但是在放炮时悬吊绳需要悬吊抓岩机,确保在炮击作用下抓岩机在吊盘悬吊安全可靠。

抓岩机装岩:井下装岩前,应先清理井边帮、钢模等放炮后残留浮石。装岩时,井底只留 2 人,一人掌握信号(井底信号)并观察吊桶及抓斗,一人指挥装岩,不得有其他闲杂人等,井底人员应躲藏在钢模下或紧靠钢模站立以躲避抓斗及吊桶。抓岩机司机应尽量确保抓斗不大幅甩动以防伤人,每次吊桶落底前,应将吊桶落位抓平便于吊桶落平落稳。一个吊桶装碴,一个吊桶提升,吊桶下落至吊盘以上时,应慢放,吊盘信号工应及时通知井底信号工注意(采用声响通知)。井底有水时,采用抓岩机抓取水窝,用风泵将水排至吊盘水箱,再采用卧泵排水至地面。装岩时,要随时掌握钢模至碴面高度,可采用标杆控制,当高度达到 4.5 m 时,停止出碴,下放中垂线,检查井筒掘进断面,欠挖处采用风镐及补炮处理,然后采用抓岩机初平工作面,再由人工细平工作面周边,下落钢模进行砌筑支护作业。

抓岩机清底:抓岩机装碴见底后,先将井底大块碴石抓尽,底部碎岩必须辅以人工清底,为加快清底速度,施工队必须配备大量人力负责清底,集中精力用最短时间将碎岩堆至一处,再用抓岩机抓取装吊桶,并采用风镐将井底整平便于打眼,同时将井底积水排干。

3.2.3　大吊桶提升运输系统设计

吊桶是竖井井筒开凿期间提升碴石、人员、物料的重要容器,还可起到有限排水的作用。目前国内具备生产大吊桶资质的企业有三家(中煤第三建设集团安徽矿山机械装备有限公司、宿州方圆安全设备有限公司、徐州鑫煤缘矿山机械制造有限公司)。其中中煤第三建设集团安徽矿山机械装备有限公司可以生产 TZ-8 座钩式吊桶(外形尺寸:外径 2200 mm,桶体高 2550 mm,全高 4177 mm,自重 2886 kg),其余两家最大只能生产 TZ-7 座钩式吊桶（外形尺寸：外径 2000 mm，桶体高 2500 mm，全高 4025 mm，自重 2375 kg）。

3.2.3.1 吊桶与井架的配套

根据Ⅵ井架的参数，井架翻碴平台高度为 11 m，天轮平台高度为 27 m；考虑吊桶卸碴停止位置、吊桶和提升钩头装置的总高度、吊桶提升最小过卷高度等因素，选择 TZ-7 座钩式吊桶作为此工程施工设备既可以满足使用要求，同时也符合国家相关规程的规定。

3.2.3.2 翻碴平台卸碴装置的设计

座钩式卸碴装置与挂钩式卸碴装置相比，可以节省人力，减轻操作劳动强度，配合视频监控使用较为安全。在参考《凿井工程图册》5 m³ 吊桶卸载装置设计的基础上，加大了座钩的尺寸和托梁转轴的直径，加厚了支撑架和托梁的钢板厚度，并将支撑架加工成可拆卸式的装置，以利于后期使用小吊桶施工。

3.2.3.3 吊桶的运输与移动

在井筒掘进出碴作业中，为了保证施工安全，严禁使用坐底罐装碴出碴。浇筑井壁混凝土时需将座钩式吊桶更换成底卸式吊桶。设计在井口溜碴槽支撑立柱与封口盘井盖门之间铺设轨道并延伸至井盖门上（井盖门上轨道与井口地面轨道断开），立柱位置始终放置 1 台平板车用于存放吊桶。也可加工一副活动式导轨，当利用钩头下放伞钻、抓斗、钢筋等需摘吊桶时，铺上活动轨道，人工推平板车至井盖门上，将吊桶落至平板车上，推至合适位置以方便下放伞钻等物品。

3.2.4 大段高液压钢模支护施工技术

超深竖井工程在施工过程中地质构造复杂，仅依靠围岩自身承载能力往往无法保证竖井施工的安全，因此，施工过程中选择合适支护结构是关键。在竖井掘进施工中为加快施工进度，往往采用大段高开挖并进行整体支护，液压钢模的应用不仅可以提高混凝土施工质量，同时也能提高施工工效，节约成本，并为下道工序的施工提供较高的安全保障。

液压钢模由模板、浇筑口、观察门、刃角、爬梯、气动液压油泵等构件组成，通过气动液压油泵控制钢模的张开与收缩。在每次打眼爆破后，出碴至空帮 4.5 m 时，平整液压钢模底部碴石，用吊桶将气动液压泵下放至工作面，接通风路及液压油路，使模板伸缩液压缸收缩，待模板直径缩到最小后，从地面开动稳车下放模板至坐底碴石上，再将模板直径伸开到设计规格尺寸；激光（或锤球）投光指向，使模板对中找正，封堵刃脚，搭好浇筑工作台，开始浇筑混凝土。浇筑时应对称进行，连续振捣，当混凝土浇至模板上端100 mm 时，应控制一次下料量，浇筑口漏斗快满时边振捣边关门，直到闭合浇筑口门板并插上销子。脱模是在浇筑井壁 8 h 之后、混凝土抗压强度为 1~3 MPa 时进行，先放松模板悬吊钢丝绳 100 mm，下放气动液压泵到工作面，接通风路和液压油路，收缩模板使其脱离井壁，而后再将模板撑紧在井壁上，防止炮崩坏模板。

使用大段高液压钢模能够大大加快施工进度，落模速度快，可以整体滑落或提升，省时省力省人，减少拼接缝。利用风动液压油泵脱模，替代了传统的人力用大锤敲打模板脱模的笨办法，液压钢模板不容易变形，整体性好，使用寿命长。液压钢模通过液压油缸支撑和固定模板，油管上安装有单向阀，能够保证在浇筑混凝土的时候模板不会松动和跑模，尤其在超深竖井施工中可以大大降低安全风险，并在浇筑混凝土时减少单独的作业平台，利用钢模自身配置的脚踏板，还可使作业人员在液压钢模周围安全行走。液压钢模整体移动仅需几分钟，无须单块拼装，安全系数大大提高。

3.2.5　施工吊盘多稳车安全提升施工技术

竖井开拓是我国矿产开采的主要开拓方式，尤其是对于埋藏较深的矿产资源，基本上都是采用竖井开拓。

根据相关资料及矿山行业安全事故的报道，在发生的矿山行业施工安全事故中，竖井吊盘事故占比较大。如凿井吊盘的提升倾斜、角度偏转、稳定性差、安全管理不到位等容易引起竖井吊盘安全隐患乃至发生事故。另外一个由于竖井吊盘施工的特殊位置，竖井施工的范围狭窄，导致了竖井吊盘提升安全事故增多。竖井吊盘提升事故一旦发生，后果非常严重。因此，采取有效方法和措施，防止竖井吊盘提升安全事故的发生，这成为当前矿山施工企业面临的重大问题，也是一个重要挑战。

瑞海 3 号措施井井筒直径 9 m，井深 1080 m。凿井吊盘采用直径 8.8 m 的 3 层吊盘，自重 3.3 t；2 台中心回转抓岩机 9 t/台（含主机自重、碴石重量），水箱及水重量 3 t，电气设备及其他 1 t，YSZJ6.12 伞钻液压站 5.8 t；水泵及电机质量 3 t；合计 95.3 t。

为保障吊盘上下提升的安全，采取以下措施：

（1）优化凿井吊盘载荷及结构设计。凿井吊盘荷载一般包括自重，施工荷载，浇筑混凝土荷载，稳绳对吊盘的拉力，卧泵、抓岩机质量，水箱和水的质量等。上述荷载并不同时存在，因此在设计计算时，必须分析最不利的荷载组合，作为计算基础。吊盘计算，一般自下而上依次进行。首先设计吊盘梁系结构，然后设计立柱、悬吊装置。各层盘分别按照先铺板，再副梁，最后主梁的步骤进行计算。

1）铺板。铺板仅承受均布荷载，包括钢板自重，人员和一般工具重量。考虑最不利情况，即所计算的局部盘面上密布人员，按《钢结构设计手册》第 9~13 条，可对钢板近似地按四边简支无拉力受弯板计算。

2）梁系结构。梁系结构应按实际情况进行简化，去掉构造副梁，然后计算支承副梁、主梁和圈梁。副梁一般视为支承于主梁或圈梁上的单跨简支梁，主梁一般视为支承于立柱（下盘主梁）或吊卡（上盘主梁）上的外伸简支梁。副梁和支承于立柱上的主梁（下盘主梁）承受均布和集中垂直荷载，为单向受弯构件。支承于吊卡上的主梁（上盘主梁），因悬吊"裤衩"绳的斜向拉力作用，而被称为偏心受压构件。

3）圈梁。在竖向荷载作用下，圈梁截面上会产生弯矩和扭矩，因此应按照弯扭构件来选择圈梁截面。

4）立柱。吊盘工作时，按照轴心受拉构件选择出满足强度、刚度、稳定性要求的合理立柱截面。地面组装时，立柱将承受上层盘自重，因此应按照轴心受压构件进行补充验算。

超深竖井凿井吊盘须满足施工要求，上下升降频繁，因而要求吊盘结构坚固耐用具有足够的承载能力，参考以往吊盘的设计经验，吊盘设计采用3层结构，根据《钢结构设计手册》及相关安全规范要求，确定吊盘主梁布置位置，确保中心回转抓岩机、吊桶及多管悬吊等孔口（供风供水管、排水管及通风风筒等）的安全间隙符合要求。

超深竖井凿井吊盘结构设计时，应综合考虑各种因素，在普通竖井凿井吊盘结构设计的基础上，进行优化和改进，尽量使吊盘结构简单、紧凑，便于加工、安装，布置合理，受力均匀，安全间隙符合规定，从而为超深竖井的安全、优质、快速、高效施工创造有利条件。

（2）开发超深竖井新型稳车PLC集控系统保障吊盘安全运行。竖井施工期间，吊盘是竖井施工时的主要工作平台。担负着运输、放置凿井设备、排水、作业平台及安全防护等重要任务。随着井筒深度和直径的增大，吊盘上凿岩打眼设备（伞钻）、装载设备（抓岩机）、排水设备等凿井设备的能力和质量不断增加，吊盘的直径和质量也在增加，使得提升吊盘的稳车数量也随之增加。

1）采用PLC集控系统保证8台吊盘稳车的同步安全运行。

矿山行业竖井施工原来稳车控制都采用继电器、接触器控制，控制复杂不规范，故障率较高，现场改变控制方式很不方便，很难以实现吊盘的同步上下提升。随着PLC技术的发展，由于PLC具备安全可靠、调试简单、操作方便、程序更改容易、可随时扩展等优点，使得矿山行业对PLC技术的应用也逐渐普及，让PLC技术应用于稳车集中控制成为现实。

稳车PLC集控系统包括电器操作控制部分、PLC监视保护人机界面。系统通过操作台上转换开关及按钮集中控制相应的接触器和继电器，从而控制各稳车的运行和停止。PLC收集电动机保护器上的各种电动机故障信号，形成电动机保护回路。若电动机运行时出现故障，则系统报警，并使稳车接触器断开，故障消除后才可开车。在显示屏上可查看各稳车运行状态、故障及报警记录。系统由中央集中控制操作台，三菱FX3U系列PLC主站，以及相应的输入、输出模块等组成。以两边稳车群的集中控制柜作为从站，主站与从站采用485总线通信。所有稳车启动柜皆安装于两稳车群集控室内，分别控制各台稳车。集中控制总操作台安装于井口操作室，每台稳车既可以远程控制又可以就地控制，既可以多台同时工作也可以单台工作。

2）吊盘钢丝绳受力监测监控系统为吊盘安全提升运行提供保障。

吊盘悬吊8台稳车天轮轴承座下分别配备定制的高精度压力传感器+变送器，将天轮底座受力情况转变为4~20 mA信号输入PLC。PLC对多路信号模数进行转换完成数据采集，其测量的质量为吊盘及悬吊钢丝绳的质量。PLC系统根据这些数据可以实现上限和超上限（分别指超载和严重超载）报警和联锁保护功能，以及在井口操作台显示器上实时显示各天轮受力情况。同时因为PLC内部设计了保护程序，所以当受力达到设定超载值时会报警；当严重超载时，会切断稳车电源，停止其运行。只有故障排除后，受力减小到设定值以下时才会重新运行。

当吊盘起降时，检测系统实时显示各吊盘绳的受力值，稳车集控操作人员可以在运行时实时查看系统所示受力数值的变化情况，当钢丝绳受力状态出现异常报警时，操作人员可以即时通过PLC集控系统停车，进行处理，为吊盘的安全提升提供了保障。

3.2.6　吊盘视频监控系统构建

吊盘的上、中、下三层的喇叭口均安装数字网络防水高清摄像头，通过防水网络交换机汇总，再通过远距离无线 WiFi 视频发送器送至井口无线接收器，再将信号传输至数字网络硬盘录像机，通过监视器显示监控图像和保存图像记录。同时也将吊盘的视频实时传输至井口信号室及提升机房操作室，让信号工及提升机司机能实时关注到吊盘及吊盘上作业人员的工作状态。

通过监控吊盘运行情况和吊盘及井下作业场所的工作情况，项目部管理层能全面、快速掌握生产情况，及时发现各种违章违纪行为，减少事故的发生；减轻作业人员的工作量；通过回放硬盘录像机的录像，能为分析事故原因提供帮助和为明确责任提供证据。

制定吊盘专项起落安全技术措施，并组织作业人员学习贯彻及严格执行。做好每次起落吊盘前后的三级安全确认工作。加强管理，完善相应安全管理制度。强化工人操作安全意识，增强工人我要安全的安全观念，对于防止竖井吊盘事故的发生，能起到积极的作用。在竖井吊盘施工中，还应该加强对工人施工的现场管理，给工人进行全面的施工安全知识宣讲，警示工人按照国家相关标准和竖井吊盘安全施工操作流程进行施工后，更新不安全的经验主义和极端自我主义，打破我行我素的狭隘观念，将人的安全放到重要的位置，建立起一整套完善和内容丰富的安全制度，并不断加强管理，将安全制度正确贯彻落实到实处，发挥管理作用和制度优势，为防止竖井吊盘安全事故保驾护航。

超深竖井凿井吊盘由于质量大，随着施工工序的转换，吊盘起落提升比较频繁。为了防止发生竖井吊盘提升安全事故，应采取一些行之有效的方法加强防范，如优化凿井吊盘载荷及结构设计、开发超深竖井新型稳车 PLC 集控系统、构建吊盘视频监控系统、加强对竖井吊盘提升运行和施工的管理并完善相应安全管理制度等。

3.2.7　超深竖井中的精准测量施工技术

测量工作必须遵循"由整体到局部、由高级到低级、先控制后局部"的测量原则。

3.2.7.1　地面近井点与水准基点的测设

地面近井点和水准基点是竖井施工测量的基准点，在建立近井点和水准基点时，应根据矿井的地形和工业广场的布置布设，且不要离井口太远，但要保证便于观测、保存和不受井筒掘进或其他活动的影响。近井点与水准基点可以通过矿区控制网直接插点布设，也可以通过 GPS 定位技术直接测设。

3.2.7.2　竖井井筒中心与井筒十字中线的标定

竖井井筒中心是竖井井筒水平断面的几何中心。通过井筒中心且互相垂直的两条直线称为井筒十字中线。井筒十字中线是工业广场总平面图设计的基础，是工业广场内各种建筑物和构筑物施工测量的基本控制，又是竖井施工和井筒装备安装等工程施工测量的依据。因此其重要性大。井筒十字中线贯穿于竖井建设整个过程，必须完整保存。

　A　标定井筒中心和十字中线时需要的资料

图纸：矿井工业广场总平面图、施工总平面布置图等。

测量资料：井筒中心坐标，井筒十字中线方位角，井口和工业广场设计高程，井口附近钻孔的坐标资料及标定所需的井口附近测量控制点成果。

B 标定井筒中心和井筒十字中线的精度要求

根据规程规定，在矿井建设初期，由于井筒中心位置是根据地质地形图设计的，因此标定精度要求不高，一般实际位置与设计位置互差不超过 0.5 m，标定井筒实际中心坐标和十字中线应按地面一级导线的精度要求实地测定。两条十字中线垂直度的容许误差为±10″。

C 井筒中心点与十字中线的标定

井筒中心通常根据近井点用全站仪极坐标法标定。标定的井筒位置用大木桩固定，并在大木桩上钉小钉，作为井筒中心的标志。标定后应及时测算出井筒中心点坐标，形成测量成果，归档保存。井筒十字中线是在井筒中心标定完成之后，根据井筒十字中线设计图标定的，如图3-6所示，具体方法如下：

（1）将全站仪置于井筒中心点 O 上，后视近井点 A，坐标定向，顺时针依次拨角0°、90°、180°、270°。在井筒十字中线两端埋设一个大木桩，桩位距离井筒中心 100 m 左右。再在桩顶精确标出 C-C′ 和 D-D′。

（2）在十字中线上，标出十字中线基点位置，以此为准，挖基点坑，浇筑混凝土基桩1-2-3-4-5-6、7-8-9-10-11-12，在基桩中埋设铁芯——"铜棒"。

（3）等混凝土凝固后，将全站仪再置于井筒中心 O 点上，以 4 个测回检查 CC′ 和 DD′ 的垂直度。如果垂直误差超过 10″，则按照上述方法重新标定 C-C′ 和 D-D′，符合要求后，在各基桩的铁芯——"铜棒"上精确标出十字中线点位，以钻小孔或锯十字作为标记。

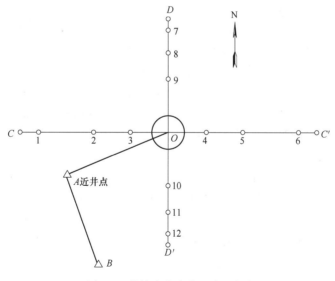

图 3-6 井筒十字中线基点的标定

3.2.7.3 井筒十字中线基点埋设要求与保护措施

A 基点埋设要求

井筒每侧基点不得少于 3 个，点间距离一般不应小于 20 m，离井口边缘最近的十字中线点据井筒以不小于 15 m 为宜，用沉井法、冻结法施工时应不小于 30 m。部分十字中线可设在墙上或其他浇筑物上。当因绞车房影响不能设置 3 个点时，可以少设，但须在绞车房后再设 3 个点，其中至少 1 个点能瞄视井架天轮平台。建竖井塔时，地面十字中线点的布置，应保证每侧至少有 1 个点能直接在每层平台上标定十字中线。基点顶面高程应大致等于工业广场设计高程。基点类型根据表土层结构、冻土深度和基点的总高度来确定。

　　B　基点保护措施

基点位置应便于长期使用和保存。为此，应尽量避开地面永久和临时建筑物，并设在不受施工扰动影响的区域；应向有关部门和人员讲清楚十字中线基点的重要性，共同配合，加强对基点的保护。若条件允许，十字基点应加围栏保护；为了保证安装和检查提升设备的几何关系，应及时在井筒永久锁口、绞车基础和井塔基础上转设十字中线点。如果井筒十字中线受破坏，应按未动的十字中线基点及时补设，补设可采用直接法、直角坐标法或敷设导线的方法。

3.2.7.4　竖井井筒中心线、边线的标定

竖井井筒中心线、边线是竖井掘砌的依据，同时也是井筒装备安装的依据。井筒掘进时的炮眼布置、井筒断面的检查和临时支护井圈的找正，都是根据井筒中心垂线进行的，当井口封口盘铺好后，应立即在封口盘上标设井筒中心垂线点边线垂线点，以便下放井筒中心垂球线和边线。

　　A　井筒中心线的标定

一般深度超过 300 m 的竖井，采用锤球法标定井筒的中心线与边线。在井口封口盘上设置中心定点板，根据井筒十字中线在定点板上标出井筒中心垂线下放点。用中线小绞车下放钢丝或者钢丝绳（对于超深竖井应选用钢丝绳），钢丝绳要有 2 倍的安全系数，钢丝绳末端悬挂锤球，对于超深竖井锤球的质量应不低于 50 kg。对于超深竖井垂线摆幅大不易找中的问题，可以将井筒中心垂线点向下转设，转设至井筒的固定盘上。若井筒中无固定盘，垂线点向下转设困难时，应对垂线的锤球采取稳定的措施，同时使用垂线时可以关闭风机，以减少风流的影响。

对于超深竖井，垂线钢丝绳回收及下放时间长，为减少垂线下放和回收的影响，可以将中垂线的末端固定在井筒的吊盘上，需用井筒中锤线时，直接从吊盘上向下放，不用时将中垂线末端固定在吊盘上。但是必须要注意，下放吊盘时中垂线也必须同时下放，防止中垂线被拉断。同时末端必须要固定好，防止与井筒中的设施设备绞在一起或者被吊桶上下运行时刮碰损伤。

　　B　边线的标定

在井筒掘砌过程中，根据施工的需要可设置若干边线。一般设在十字中线、梁窝和马头门的设计中线上，以便掌握掘砌规格及梁窝、管路等。各边线距永久井壁的距离应相等，一般为 50~100 mm。

边线的固定方法采用和中线一样的方法，也是在封口盘上设置边线定点板，然后根据设计在定点板上标出边线下放点。由于边线相对于井筒中线使用较少，可以选用细钢丝作为下放的垂线，不用时全部回收至地面。

3.2.7.5 竖井马头门施工测量

A 马头门定向

本节以山东莱州瑞海金矿某竖井的-1298 m 马头门定向为实例,以全站仪为主要测量仪器,配 Leica 反射片的具体施测方法。由地面向井下对-1298 m 马头门进行定向,如图 3-7 所示,主要分为两个步骤:

(1)地面测量工作。竖井井口附近已经设有近井点 $A(X_A = 414267.851,Y_A = 499080.211)$ 和近井点 $B(X_B = 4142727.305,Y_B = 499096.899)$ 两个已知点。为了测量的方便,再在近井点 B 与井口附近测设一连接点 C,用全站仪测得点 $C(X_C = 4142778.334,Y_C = 499059.412)$,再在点 C 上设站架设全站仪测出井筒中锤球点 E 和 F 坐标,即 $X_E = 4142788.585,Y_E = 499066.331,X_F = 4142792.931,Y_F = 499068.309$,计算出点 E 和 F 的方位角 $\alpha_{EF} = 335°31'55''$。

(2)井下马头门定向工作。地面测量工作完毕后,进入到井下,进行-1298 m 马头门的定向测量。井底-1298 m 马头门的定向采用全站仪自带的后方交会测量和坐标放样测量功能进行测量。具体测量方法:首先在井筒中选定一点 G,该点的位置尽量靠近井壁且远离马头门的开口部位,然后在点 G 处架设全站仪,依据井筒中锤球点 E 和 F 已知的坐标,采用后方交会测量,得 G 点坐标:$X_G = 4142789.416,Y_G = 499068.733$;然后进行坐标放样测量,放样标定出马头门的设计中线点 $H(X_H = 4142794.090,Y_H = 499065.996)$;最后在 H 点架设全站仪,标定出-1298 m 马头门的掘进方位角 $N = 342°$。

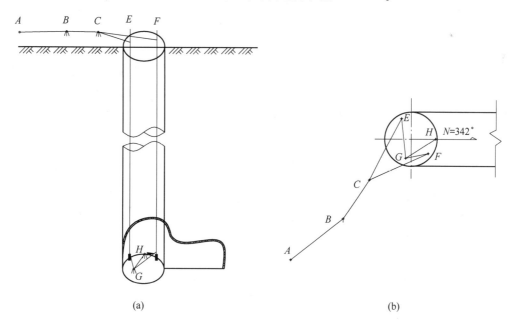

(a)   (b)

图 3-7 马头门定向井上下连接图

(a)井上连接图;(b)井下连接图

B 平面联系测量中应注意的事项及减少误差的措施分析

(1)平面联系测量存在的主要误差是定向投点误差,在由地面通过井筒向井下定向水平投点时，由于井筒内风流、滴水等因素的影响，致使钢丝（锤球线）在地面上的位置投到定向水平后会发生偏离，使钢丝偏斜，从而影响定向的精度。因此在投点时就必须采取有效措施和给予极大的关注，以满足精度要求。考虑到这些因素的影响可以采取的减少投点误差的有效措施有：

1）针对风流对钢丝及锤球的影响，定向时关闭通风机，隔绝风流对钢丝的影响。

2）采用直径小、抗拉强度高的钢丝，适当加重重锤的质量，还必须对锤球采取稳定的措施，一般都将锤球浸入稳定液中。

3）减少滴水的影响。采取必要的挡水措施防止水滴冲击重锤及钢丝，可以在稳定锤球的水桶上方用胶皮遮挡防止滴水进入水桶内。

4）尽量增大两垂线的距离。

（2）距离测量时采用在钢丝上粘贴 Leica 反射片光电测距，测量之前要对反射片的精度进行验证，考虑 Leica 反射片和钢丝的直径对测边精度的影响，可以对全站仪的边长测量进行加常数改正，这样可以大大提高测量效率且精度能满足要求。

（3）垂线在井筒中是否与井壁或者井筒中的其他设备设施接触，应当进行锤球线自由悬挂的检查。检查通常采用比距法，即用比较上下两垂线的距离的方法进行检查。如果锤球线与井壁或者井筒中的其他设备设施无接触，则两线间的距离在井上下相等。若井上下量的距离的差值不大于 2 mm，便可认为是自由悬挂的。若井筒条件允许，也可以乘坐吊桶直接检查钢丝的悬挂情况。

（4）根据此次定向自身的特点：井筒深、垂线长、垂线摆动周期长，观测时难免会形成一个隐形的稳定状态，其影响无法避免。根据规定可以采取独立的两次定向，两次定向的差值满足规定的限差即可。

C　马头门导入高程

高程联系测量的任务就是把地面高程系统中的高程经过井筒传递到井下高程测量起始点上，竖井导入高程测量工作实际上就是丈量井筒的深度。此次-1298 m 马头门导入高程采用钢尺法导入高程，长钢尺选用 50 m 的短钢尺铆接，共计 28 把，全长 1400 m，钢尺已经过专业部门鉴定。

a　钢尺法导入高程介绍

钢尺法导入高程如图 3-8 所示，钢尺由地面放入井下，到井底后，挂上一个锤球（锤球的重量等于钢尺鉴定的拉力），以拉直钢尺，并且要保证钢尺处于自由悬挂状态，然后在井上、下各安置一台水准仪，在水准点 A、B 上的水准尺上读数 d、e，在井口下尺点水准尺处读数为 a；再照准钢尺，井上、下同时读数为 b、c（同时读数可以避免钢尺移动产生误差）。由图 3-8 可知，井下水准点 B 的标高为 $h_{AB} = d-a+(b-c)-e$，$H_B = H_A-h_{AB}$。

为了校核和提高精度，导入高程应独立进行两次。按规程规定两次独立导入高程的互差不得大于 $L/8000$（L 为所量钢尺长度）。

b　导入高程计算过程

此次-1298 m 马头门合计用 50 m 比长钢尺 28 把。

（1）第 1 次下尺测量（见表 3-9）。

1）测定数据：

温度：井下 $t_1 = 23$ ℃，井口 $t_2 = -1$ ℃；标准配重：$p = 15$ kg。

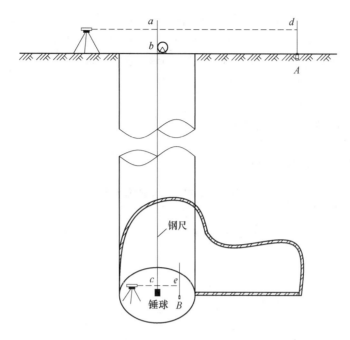

图 3-8 钢尺法导入高程

井口下尺口标高：$H = +5.44$ m。

钢尺读数测定：3 次读数取平均值 1296.645 m。

表 3-9 第 1 次下尺测量钢尺读数

尺 数	钢尺读数/mm		
	第 1 次	第 2 次	第 3 次
上口：第 2 把（L_2）	457	786	895
下口：第 27 把（L_{27}）	47101	47432	47541
高差/m	1296.644	1296.646	1296.646

2）计算过程：

钢尺量取的长度：$L = 1296.645$ m。

比长改正计算：$\Delta L_K = 2.08 \times 10^{-4} \times 49.5 + 2.62 \times 10^{-4} \times 50 + 2.32 \times 10^{-4} \times 50 + 1.53 \times 10^{-4} \times 50 + 3.61 \times 10^{-4} \times 50 + 1.27 \times 10^{-4} \times 50 + 2.04 \times 10^{-4} \times 50 + 1.45 \times 10^{-4} \times 50 + 1.95 \times 10^{-4} \times 50 + 1.79 \times 10^{-4} \times 50 + 1.84 \times 10^{-4} \times 50 + 6.14 \times 10^{-5} \times 50 + 1.40 \times 10^{-4} \times 50 + 2.20 \times 10^{-4} \times 50 + 2.49 \times 10^{-4} \times 50 + 2.77 \times 10^{-4} \times 50 + 1.53 \times 10^{-4} \times 50 + 1.67 \times 10^{-4} \times 50 + 1.56 \times 10^{-4} \times 50 + 1.43 \times 10^{-4} \times 50 + 8.77 \times 10^{-4} \times 50 + 1.49 \times 10^{-4} \times 50 + 2.09 \times 10^{-4} \times 50 + 1.55 \times 10^{-4} \times 50 + 1.78 \times 10^{-4} \times 50 + 1.05 \times 10^{-4} \times 47.4 = 0.233$ m。

温度改正计算：$\Delta L_t = aL [(t_1 + t_2)/2 - 20] = 0.000012 \times 1296.645 \times [(23 - 1)/2 - 20] = -0.140$ m。

自重改正计算：$\Delta L_C = +2 \times 10^{-7} L^2 = +2 \times 10^{-7} \times 1296.645^2 = 0.336$ m。

综上计算：钢尺真长 $\Delta L = 1296.645 + 0.233 - 0.140 + 0.336 = 1297.074$ m。

H_1 井下水准点 $= +5.44 - 1297.074 = -1291.634$ m。

（2）第 2 次下尺测量（见表 3-10）。

1）测定数据：

温度：井下 $t_1 = 23$ ℃，井口 $t_2 = -1$ ℃；标准配重：$p = 15$ kg。

井口下尺口标高：$H = +5.44$ m。

钢尺读数测定：3 次读数取平均值 1296.654 m。

表 3-10　第 2 次下尺测量钢尺读数

尺　数	钢尺读数/mm		
	第 1 次	第 2 次	第 3 次
上口：第 2 把（L_2）	345	267	564
下口：第 27 把（L_{27}）	46997	46921	47219
高差/m	1296.652	1296.654	1296.655

2）计算过程。

钢尺量取的长度：$L = 1296.654$ m。

比长改正计算：$\Delta L_K = 2.08 \times 10^{-4} \times 49.6 + 2.62 \times 10^{-4} \times 50 + 2.32 \times 10^{-4} \times 50 + 1.53 \times 10^{-4} \times 50 + 3.61 \times 10^{-4} \times 50 + 1.27 \times 10^{-4} \times 50 + 2.04 \times 10^{-4} \times 50 + 1.45 \times 10^{-4} \times 50 + 1.95 \times 10^{-4} \times 50 + 1.79 \times 10^{-4} \times 50 + 1.84 \times 10^{-4} \times 50 + 6.14 \times 10^{-5} \times 50 + 1.40 \times 10^{-4} \times 50 + 2.20 \times 10^{-4} \times 50 + 2.49 \times 10^{-4} \times 50 + 2.77 \times 10^{-4} \times 50 + 1.53 \times 10^{-4} \times 50 + 1.67 \times 10^{-4} \times 50 + 1.56 \times 10^{-4} \times 50 + 1.43 \times 10^{-4} \times 50 + 8.77 \times 10^{-4} \times 50 + 1.49 \times 10^{-4} \times 50 + 2.09 \times 10^{-4} \times 50 + 1.55 \times 10^{-4} \times 50 + 1.78 \times 10^{-4} \times 50 + 1.05 \times 10^{-4} \times 47 = 0.233$ m。

温度改正计算：$\Delta L_t = aL[(t_1 + t_2)/2 - 20] = 0.000012 \times 1296.654 \times [(23 - 1)/2 - 20] = -0.140$ m。

自重改正计算：$\Delta L_C = +2 \times 10^{-7} L^2 = +2 \times 10^{-7} \times 1296.654^2 = 0.336$ m。

综上计算：钢尺真长 $\Delta L = 1296.654 + 0.233 - 0.140 + 0.336 = 1297.083$ m。

H_2 井下水准点 $= +5.44 - 1297.083 = -1291.643$ m。

结论：经计算第 1 次和第 2 次的测量结果之差为 9 mm，9 mm<1296.6/8000≈0.162 m≈162 mm，因此导入高程测量精度符合测量规程的要求，最后测量结果取两次的平均值：$H_{终} = (H_1 + H_2)/2 = (-1291.634 - 1291.643)/2 = -1291.639$ m。

c　导入高程注意事项

（1）对于这种超深竖井，钢尺尺长误差是影响导入高程精度的主要误差来源，因此所用钢尺比长改正必须经过精确测定。

（2）井筒中的风流、滴水也会对钢尺造成影响，测量时应关闭风机，采取防止滴水影响的措施。

（3）由于钢尺长度大，施工期间井筒中设备多，下放时应从一罐道位置下放，避免钢尺与井筒中的设备相互缠绕而损坏钢尺。同时下放或回收时应慢放慢收。

（4）对于海边环境施工，不用时钢尺应擦干涂油防锈处理，并妥善保存于干燥处。

3.2.7.6 总结

矿井测量是保证矿井建设正常进行的一项基础性技术工作。在测量工作中，由于地质条件较为复杂，测量时很容易受到外部环境因素的影响，而导致测量出现失误，在测量工作中的任何差错都可能给矿井建设带来难以计量的损失，因此测量工作必须严肃认真细心，除此之外，每项测量工作还应进行必要的检查以及时发现错误，加以纠正。

测量是一项繁重的工作，在测量工作中应以满足工程的精度要求为目标，不要追求过高的精度，反之会加大测量工作量。在本节中平面联系测量采用全站仪配合钢丝（垂线）上贴 Leica 反射片点对点的测量方法。实践证明，采用全站仪的点对点的测量模式配合在钢丝上贴 Leica 反射片的新测量方法能达到很好的效果，且能满足测量精度的要求，且相比角度测量和钢尺两边测量方法，操作简单，极大减少了测量的计算工作，效率得到较大提高。

导入高程采用钢尺法存在占用井筒时间长、测量方法较复杂、外界的环境对钢尺影响较大等问题，而且安全上也存在一定的风险。随着目前测量设备更加专业、先进，光电测距已经在测量工作中被广泛应用，采用光电测距同样能测量井筒深度从而达到导入高程的目的，且基本能克服钢尺法导入高程的缺点，提高测量工作的效率。因此以后竖井导入高程测量可以采用光电测距。

3.2.8 掘砌工序快速转换施工工艺设计

竖井施工是由一个个的掘砌循环来实现的，每一个掘砌循环的时间决定了施工速度的快慢，因此以最短的时间完成每一个掘砌循环是确保快速施工的关键。各掘砌工序的快速转换尤其重要，在进行施工工艺设计时必须系统考虑。

井筒施工时，通过对井筒检查钻孔所揭露岩石的岩性分析，采用取消临时支护的短段掘砌及与之相配套的伞形钻架、大抓岩机、整体下移金属模板等成套技术参数及其相互的最佳匹配关系。改进模板，为快速施工提供较好的条件：对模板高度进行调整，改为 4.5 m 可调段高液压控制模板；在模板中间增设浇筑口，并加密模板上的浇筑口，从而提高封口速度及质量；改原模板工作台为全封闭工作台，在模板上沿用焊接 3 对 U 型卡固定 3 根 $\phi89$ mm×4.5 mm 钢管的方法，形成浇筑混凝土全封闭工作台，增大浇筑混凝土工人的活动空间，安全及作业环境均得到较大改善。

井筒施工期间所有设备实行包机挂牌管理制度，充分利用设备停用的空隙时间进行检修，保证设备的正常安全运转。施工中以凿岩、装岩、砌壁为主线，其他工序尽量不占或少占循环时间，在遵守《金属非金属矿山安全规程》（GB 16423—2020）的前提下，尽可能利用井筒内有限的空间实行平行作业，如接风、水管路与砌壁平行，扫盘与落盘平行，下中心线与脱、立模平行等。2 号措施井通过研发应用超深竖井施工新型稳车 PLC 集中控制系统，实现了吊盘移动同步、微调操作，具有钢模稳车钢丝绳受力显示及超载保护，吊盘及钢模运行时的深度显示及速度显示，稳车运行时的电流显示及电机超载保护，实时监控每台稳车的工作状态（电机运行电流及稳车运行方向显示），提高了落盘安全性与效率。

钢筋衬砌段立模时首先将刃角落到工作面，找平、找正后绑扎钢筋、立模，竖筋采用等强度的直螺纹钢套筒连接。素混凝土浇灌段将刃角和模板连成整体，进行立模打灰。混凝土浇灌采用商品、早强混凝土，采用 DX-3.0 型底卸式吊桶下料，在吊盘上经分灰器分灰，通过 4 根 $\phi220$ mm 弹簧胶管及活节管入模浇灌，入模混凝土采用插入式风动振捣器通过合茬窗口进行分层振捣。

采用深孔、锅底、减震光面爆破，提高了爆破效率，达到减震和抑制碴石抛掷、防止崩坏设备的目的。施工中影响井巷掘进速度的一个重要因素就是清碴和排水排浆工作费时，锅底爆破后废石和泥浆自动集中于锅底中央，提高了集碴速度、清底质量和排水排浆效率。锅底爆破还具有扩大自由面、减少岩石夹制作用，提高其他炮眼的炮眼利用率等一系列优点，现在竖井施工已应用非常广泛。

工作面碴石通过挖掘机配合抓岩机分别装入吊桶提升上井，挖掘机靠近井壁与中心回转同时挖罐窝，然后在吊桶两侧对一个吊桶集中装碴，清底装碴效率大大提高。

注浆堵水是非常关键的环节，从表土段施工的防水与注浆开始至基岩段各个含水层，根据井筒检查钻孔所收集的水文地质资料制定注堵水方案，不采用强行通过的方式过含水层，而是从上至下采用高效的注浆措施，实现打干井，涌水量对掘砌工序快速转换是关键的影响因素之一。

3.3　大断面马头门及硐室施工工艺

3.3.1　大断面马头门及硐室安全快速施工工艺

3.3.1.1　施工准备

井筒施工时，在井壁上每隔 20 m 用钢钉在井壁上钉一个标高桩并用红油漆做好记号控制井筒开挖深度（在吊桶上将钢尺挂在钢钉上，然后在吊盘上用钢尺控制钢钉位置），当井筒掘砌至马头门上最后一模时，将最后一模混凝土砌筑好，如最后一模距马头门拱部不足一模高度时，必须采用锚网喷初次支护将该段井筒支护好。

然后在马头门中线方向沿井壁从井口下放两根垂线，根据垂线在马头门顶部已砌筑段井壁上对称布置两个临时标桩，以控制马头门的施工方向（此方法由于精度较差，后期平巷施工前，必须进行陀螺定向），利用标桩吊线及井筒中心中垂线放线进行马头门开挖。

3.3.1.2　岩石条件较差时马头门掘进

马头门岩石条件较差时，采用分层掘进方法施工。先将井筒下掘至上分层底。然后按马头门设计开挖拱部，采用油漆标定马头门拱部轮廓线，掘进马头门上分层部分，采用抓岩机将抓斗甩入抓岩装吊桶出碴。上分层部分掘出后，采用锚网喷初次支护好。井筒继续下掘至马头门水平以下 2 m 左右，将碴出至马头门底板水平并将该段井筒喷混凝土支护好。然后依次扩刷马头门下分层各部分，较近距离采用抓岩机出碴；采用抓岩机抓不到的地方，从井筒下放 MWY6/0.3 小型挖机至井底，采用该小型挖机装碴至吊桶出碴。各部分掘出后，以同样方式采用锚网喷混凝土支护好。

3.3.1.3 岩石条件好时马头门掘进

马头门岩石条件好时,采用先小断面掘进下分层再扩刷、挑顶的方法施工。先将井筒下掘至马头门以下 2 m 左右,将碴出至马头门水平,再按 3 m×3 m 的小断面巷掘进至马头门远端。马头门内抓岩机抓不到的地方,采用小型挖机装碴至吊桶出碴。然后将小断面巷刷大至设计断面,并采用锚网喷初次支护好。

3.3.1.4 马头门支护

马头门支护步骤如下。

(1) 施工准备。马头门全部开挖以后,先测量放线检查断面是否符合要求,然后在马头门拱部及墙部布置中、腰线标桩。

(2) 钢筋绑扎。提前按设计图加工钢筋并考虑安装搭接是否方便,分段施工是否方便。分段高、分部位对钢筋进行绑扎,并留出梁窝的位置,尽量不要割焊钢筋,一定要确保每段高、每部位之间钢筋连接的完整性。马头门拱部钢筋绑扎一定不要乱,因为拱部钢筋种类和尺寸不同会对施工带来一定影响,先外层筋后内层筋,再绑扎马头门上部井壁,最后绑扎马头门拱部与上部井壁的接茬处,这样有序施工才能保证工程质量。梁窝预留孔的位置一定要根据图示设计要求利用边线及高程点标高确定,并固定牢固。支模时一定要将边线和高程点标高放准确,以确保硐室成型尺寸。

(3) 稳模。井筒稳立钢模:平底,以马头门水平进行平底,下放钢模至马头门底部位置,并调平、找正稳立好钢模。马头门稳模:人员进入马头门内,先稳立马头门墙模。为方便模板之间的连接,马头门及与井筒连接部位模板可采用定型设计模板,各连接处模板连接要密实、牢靠,并内外加撑撑牢,以防漏浆。

(4) 马头门混凝土浇筑。模板稳立好后,开始浇灌混凝土,井筒、马头门一起浇灌混凝土,采用溜槽板转接混凝土至马头门模板内,分层均匀对称浇灌,分层厚度 300 mm,用振动棒振捣。当混凝土浇灌至马头门拱基线(低端)时,加装马头门拱部碴胎板及端头木挡板,浇筑马头门拱部混凝土。当混凝土浇至井筒钢模顶部时,停止浇灌混凝土。在已浇筑混凝土达到一定强度(一般 6~8 h)后,钢模松模,将钢模上提到上井筒老模混凝土后,撑开模板稳好钢模,完成剩余井筒及马头门混凝土浇灌。

3.3.1.5 马头门延长段掘进

马头门主体掘出后,施工马头门延长段。井筒施工期,进行各中段马头门延长段(石门 10~15 m)施工,以便二期临时改绞后尽快下放设备组织石门施工。同时也有利于井筒尽快落底并进行临时改绞施工二期平巷。

马头门延长段采用 MWY6/0.3 小型挖机倒碴至井筒内,再采用抓岩机装碴至吊桶出碴施工。支护材料采用底卸式吊桶下放至井底工作面,人工上料至 ZP-Ⅶ喷浆机喷浆。

长距离运碴时,在石门一侧铺设轨道,下放 1 m³ 侧翻式矿车,采用 MWY6/0.3 小型挖机装碴至矿车,矿车窄轨运输至井筒中卸碴,再采用抓岩机装碴至吊桶出碴。浇灌混凝土支护时,在马头门附近安装混凝土输送泵,采用底卸式吊桶下料施工。

3.3.1.6 井筒附属大断面硐室施工

井筒附属大断面硐室施工步骤：

（1）近井筒大断面硐室参考上述马头门施工方法，先拱后墙，分层施工，先外围后主体。拱部采取两侧导洞环型开挖法施工，及时进行锚网初期支护，围岩稳定性较差时进行短段掘进永久钢筋混凝土支护，围岩稳定时适当加长掘进，以提高效率。

（2）硐室横向延伸长、工程量很大时，有避炮条件或采取井筒附近钢丝绳网防护措施，可下放小型铲运机辅助出碴，提高进度水平。

（3）硐室施工较复杂，施工、测量技术人员必须加强测量工作与现场管理，掘进前进行放线和定向标记工作，确定硐室中心位置、方向和平挖轮廓线，锚网支护前、绑扎钢筋前、支模前必须检查断面尺寸放线好控制线、核对设计图纸、验模，防止差错。

3.3.2 模块化马头门整体快速支护技术

马头门是竖井井筒与井底车场的连接处，是矿岩、设备、材料和人员的转运点。根据车场的通过能力，马头门分单面和双面两种形式，并均为斜顶式。马头门设有稳罐和推车设备及信号房等。马头门高度由下放材料的长度决定；宽度由运输线路数、运输设备最大宽度和人行道的宽度确定。马头门施工的质量和效率对整个竖井工程将起到关键的作用。思山岭铁矿副井工程设计 13 个单侧马头门和 1 个双侧马头门，马头门为三心拱设计，大弧半径 $R = 5812$ mm，小弧半径 $r = 2192$ mm，净宽 8.4 m，深 7 m，马头门口顶板净高 7.0 m，尾部顶板净高 5.6 m。单侧马头门掘进工程量 777 m³，支护工程量 135.9 m³，较以往竖井的马头门断面明显增大。马头门设计采用锚网一次支护+500 mm 的双层钢筋混凝土二次支护，混凝土保护层厚度为 40 mm，混凝土强度为 C30。传统施工主要采用重型型钢配木模板或方木搭配支模方式，传统模板在井下组装复杂，可装配性差，整体性不好，混凝土浇筑面平整性差，跑模现象严重。另外，由于传统模板采用焊接方式，使得拆卸工序繁杂，不利于再次利用。对于此类大断面、大跨度支模问题，对模板的整体性、受力性能提出了新的要求，传统的模板支护方式已不能适用。设计应用新型整体支护模板实现马头门整体浇筑是马头门施工的必然选择，整体支护模板施工可使得接茬少，整体观感好，可保障施工安全，加快施工进度。

3.3.2.1 整体支护模板初步设计

新型整体马头门模板设计的思路为以拼装式钢板作为马头门侧墙、顶面模板，选择合理的模板支撑架结构及连接方式，形成整体性好，易于装接与拆卸的马头门支护模板。根据《钢结构设计手册》及相关安全规范，对马头门整体支护模板构件进行了初步设计，如图 3-9 和图 3-10 所示。

（1）拼装式钢模板。拼装式钢模板包括主硐室侧墙模板、主硐室顶面模板。钢模板材料：面板为 4 mm 厚钢板，面板与面板间采用 AM6×40 连接螺栓固定。

（2）钢支撑架。钢支撑架分为支撑架和拱支撑圈。支撑架是整体模板的骨架，又分为立柱和横梁，立柱与横梁采用 16 号工字钢，立柱与立柱、立柱与横梁的连接板采用 12 mm 厚钢板，立柱地脚板采用 16 mm 厚钢板，其余连接板均采用 10 mm 厚钢板。立柱的高度第一层控制在 1.5 m，第二层 1.9 m，且保持水平（主要考虑便于搭设作业平台）。横梁根据马头门宽度，分为两段。拱支撑圈的主要作用是连接钢支撑架（立柱）与钢模板，其通过调节螺栓微调拱部高度，采用 10 号工字钢制作成拱形，拱弧度与马头门一致，拱部支撑圈在其端部焊接钢板，通过钢板上螺栓连接。

（3）连接支撑架及背楞调整螺栓。连接支撑架是两侧排与排间、立柱与立柱间连接结构，采用 16 号槽钢制作，上下间距 1.0 m，其长短根据马头门支护末端至井筒整体模板距离决定（亦可适当减小），连接架与立柱通过螺栓连接，与模板间通过钢板制作托盘连接。背楞调节螺栓为正反扣，连接长度 345 mm，可调节范围±50 mm。

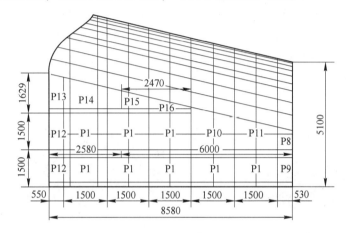

图 3-9　马头门整体支护模板设计侧面（单位：mm）

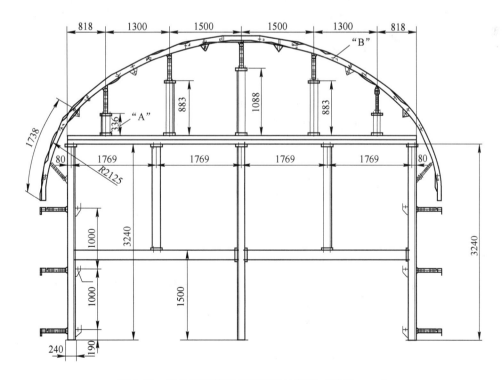

图 3-10　马头门整体支护模板设计断面（单位：mm）

3.3.2.2　现场施工

为便于组件搬运，按照由里向外的顺序拼装模板支撑架，即先拼装马头门尾部第 1 榀。利用马头门中心线和腰线，找平中间立柱和边柱地平面。为了便于混凝土振捣施工，模板块分两次拼装，第 1 次拼装至马头门起拱线，混凝土浇筑至尾部起拱线时，再拼装马头门拱部模板。模板井下组装如图 3-11 所示。马头门整体模板支好后，将井筒整体模板缩回落平，撑开用井筒中心线矫正，并与马头门整体模板严密衔接，完成马头门立模施工工序马头门整体模板支好后，用马头门中腰线检查外模尺寸和模板垂直度，检查整体模板各连接件是否牢靠，确认符合立模规范要求后，可进行混凝土浇筑施工。马头门分两次浇筑混凝土，当混凝土浇筑到马头门尾部起拱线时，停止浇筑，并均匀振捣，进行马头门拱部模板的拼装；拱部模板拼装完成后，将井筒整体模板上提与马头门上部模板结合，经测量检查无误后进行马头门拱部的混凝土浇筑施工。混凝土施工完成后进行养护凝固，养护 24 h 方可拆模。

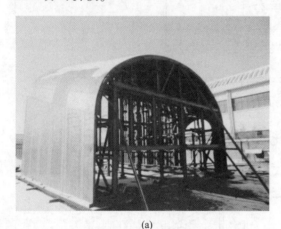 

(a) 　　　　　　　　　　　　　　　　　　(b)

图 3-11　马头门整体支护模板井下施工
(a) 马头门整体支护模板；(b) 井下马头门施工

3.3.2.3　应用效果

马头门整体模板用螺栓连接固定，在浇筑混凝土过程中不易跑模，且模板接缝较小。脱模后，表面光滑、平直，混凝土观感大幅提升。思山岭铁矿副井+187 m 马头门施工工期 18 d，作业人员 30 人，若采用传统的施工工艺需耗时 30 d，需作业人员 40 人以上，因此采用新施工工艺可以节约工期 40%，减少作业人员 25%，经济效益明显。另外，马头门整体支护模板结构牢固，混凝土浇筑过程无变形，一套模板可重复用于思山岭铁矿副井 15 个单侧马头门的施工，因而可以节省大量支护材料，降低马头门施工成本。思山岭铁矿副井+187m 应用马头门整体支护模板的效果较好，如图 3-12 所示。

通过有限元模拟软件，建立马头门整体模板结构模型对各个构件进行内力分析并进行优化，研发的整体模板在思山岭铁矿副井马头门得以应用，实现了安全快速施工，混凝土支护观感效果良好，施工工期较传统工艺节约 40%，作业人员减少 25%，取得了良好的效果。

图 3-12 完成支护的马头门

3.4 复杂地质条件下竖井冻结法快速施工工艺

3.4.1 冻结法基本原理和在竖井施工中的应用

竖井施工需要朝向地下空间进行挖掘，如果挖掘过程中地层质量较差，很可能会导致挖掘操作不够稳定，从而引发塌陷事故威胁人员安全，因此，在竖井施工中必须确保挖掘工作的稳定程度。而冻结法属于一种较为有效的施工技术，其能够强化地层质量，减少地下水、涌水等因素对竖井施工的干扰，确保竖井挖掘施工的安全开展。

3.4.1.1 冻结法的基本原理

冻结法是一种综合利用人工制冷的掘进技术，能够促使地层中的地下水迅速结冰，把天然黏土变成冻土，增加其整体流动强度和整体结构上的稳定性，隔绝地下水与地下工程的直接联系，这样便可使施工操作在低温保护下正常开展。其方法实质上就是通过人工制冷方法改变地层结构的性质，从而形成一种固结性的砂岩变质地层，冻结壁是一种固体结构，在停止连续冻结的情况下，冻结壁不会完全融化。这种技术在竖井施工中的应用详情如图 3-13 所示。

3.4.1.2 冻结法在竖井施工中的应用

冻结法适用于各类建筑施工重点地层，尤其是在大型大中城市建筑地下排水渠道管线比较密布施工地段重点施工，以及排水条件困难地区重点施工地段的新型冻结系统施工。多年来国内外新型冻结系统施工的相关理论与实践[20-30]完全证实了这种新型施工方法的实际应用价值。在竖井施工中，冻结可有效隔绝周围地下水，其基层抗水和渗透水的性能

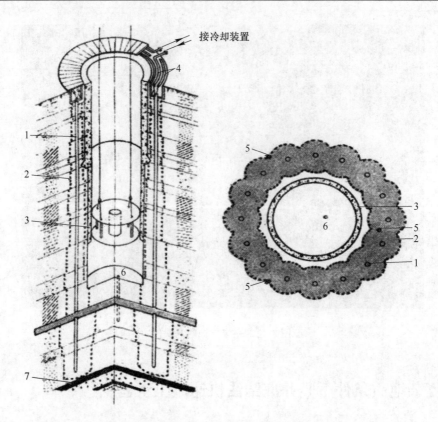

图 3-13　冻结法在竖井施工中的凿井图

1—冻结管；2—冻土墙；3—井壁；4—配液圈；5—测温孔；6—观测孔；7—不透水层

是其他施工方法不能与之相比的，对于基层含水量大于10%的任何地层，以及松散、不稳定渗水地层均可选择采用防水冻结法进行施工。

3.4.1.3　冻结法在竖井施工中的应用要点

（1）确定挖掘时间。为了有效提高系统施工的运行稳定性，需要定时检测冻结盐水的温度、流量及检测冻土冻结帷幕的持续扩展情况，但不需要在必要时自行调整凝土冻结盐水系统的整体运行控制参数。在凝土冻结帷幕维护施工环节，应及时依据现场实测冻土温度准确判定内部冻土渗入帷幕厚度是否能够达到工程设计规定厚度，在开挖前确保没有冻土渗入帷幕内部冻土层，以及确保内部无异物流动或没有水合物经过，或待冻土渗出后方可进行开挖。最佳的适宜挖掘时间应该是冻结壁已基本形成且在规定井筒厚度范围以内，这样不仅有利于保证挖掘工作进度，同时还可以有效避免出现涌水坑和冒砂坍塌事故的频繁发生。需要特别注意的是，不要为了加快保温工程进度，不顾人工冻结壁土的强度与土层厚度而急于人工挖掘，应严格控制保温制冷量，把握好保温时间和工作进度，不能过早自动停机和延迟进入保温维持工作阶段。对于土壤膨胀性较大的砂质黏性壤土层，务必将土壤温度控制在-10 ℃以下。

（2）挑选井壁结构。在竖井施工中应用冻结法时，针对影响井壁破坏的主要原因进行了分析，结果发现，在竖井挖掘过程中竖井的含泥排水层结构可能出现泥浆涌出、地下水位升高、疏松土壤下沉的状况，使该竖井含泥排水层及井壁上覆盖的土层结构产生严重压缩和破裂变形，且可能引起井壁地表地层沉降，在井壁地层结构发生压缩变形的破裂过程中对整个井壁地层产生一个垂直向下的地层附加的压力，从而造成井壁地层发生变形破裂。因此，如果竖井墙体施工过程中的墙体隔离含水层设计条件较为理想，不至于出现竖井含水层面积过度疏降、井壁地层结构压缩及变形等状况，可采用复合井壁无夹层结构展开竖井施工。

（3）做好管道疏通。在竖井施工中应用冻结法时，最为常见的问题之一是盐水无法在管道内部循环流通，正常情况下在完成钻孔工序后，都会安设传输管道，如图3-14所示。

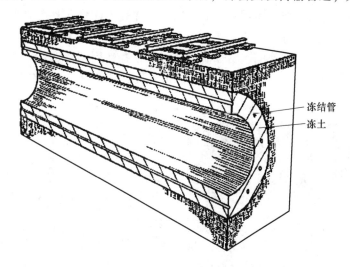

图 3-14 冻结管在地下空间的示意图

盐水在传输管道中的循环情况可以直接决定冻结法的最终效果。管道循环流通受阻的主要原因是管道之中有杂物，或管道结构变形、盐水浓度不够在管道内形成大量晶体等，为了切实发挥冻结法真正作用，必须做好管道疏通工作。

1）疏通堵塞。供液管下放前，首先要对冻结孔进行冲孔，待孔内铁锈及泥沙等杂物冲出后下放供液管，并在冻结管管口设置防护片，防止供液管下放过程中被刮伤。异物掉进清水冻结孔中的处理方法主要包括：清水打捞、黏取、击碎、坠至孔底等，其中打捞和坠至孔底最为实用。处理堵塞物时，需要根据堵塞物性质初步决定处理方法，先用一条细长的钢绞线进行下坠试探，即可准确撞击到堵塞物，根据撞击的声音及异物的手感可以判断堵塞物性质，通过用钩子勾上来或加重配重来回撞击直至把堵塞物撞至孔底等措施，可以把危害降到最低。

2）处理变形。供液管不通及变形主要是盐水结晶导致供液管及其外环形空间内分段结晶成固体，使盐水无法通过，造成该冻结孔不通，处理方法只有把该供液管全部拔出，重新下放新塑料管，恢复盐水循环。拔塑料管时一定注意管内由于有固体，会导致塑料管韧性减小，部分变形，极容易拔断，必须采用垂直提升法，适量往上拔，同时注意管口保护。

综上所述，冻结法在竖井施工中的意义甚大，无法使用其他技术替代，具备影响低、高性能等特点。虽然近几年冻结法在竖井施工中的应用较为常见，已经积累一定应用经验，但在实际应用中依然可能出现各种问题。为了降低这些问题对于竖井施工的影响，需要在应用过程中确定挖掘时间，注意井壁结构的挑选工作，还需做好管道疏通，只有这样才能发挥冻结法的真正价值。

3.4.2　复杂地质条件下冻结法施工技术与工艺

3.4.2.1　冻结法施工概述

冻结法是指采取人工制冷技术，以冻结管回路将低温冷媒送入具有地下水流速及一定含水量的软弱地层内，冻结土体颗粒及周围的水，提高土体稳定性与强度，以形成抗渗性好、强度高的冻结壁，使得工程施工始终处于冻结壁保护下，能够提高施工质量。大多数冻结施工采取直筒形结构，外围包覆保温隔热材料，并在周围布置均匀冻结孔，即可达到良好冻结效果（见图3-15）。工程中怎样控制冻结壁薄弱点和布置冻结孔为该工程重难点，也是决定工程成败的关键。

　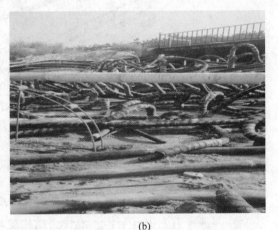

(a)　　　　　　　　　　　　　　　　　(b)

图 3-15　冻结管及现场冻结施工图

(a) 冻结管；(b) 现场冻结施工图

3.4.2.2　冻结法施工设计

瑞海矿业1号斜坡道（-7~-820 m）工程，矿区与城区相距26 km，邻近莱州港，行政隶属莱州市三岛工业园区，面积为17.91 km²，斜坡道硐口标高+5.65 m，硐口以下为斜坡道（+5.65~+4 m）段，明挖（+5.65~-7.269 m）段及冻结（-7.269~-75 m）段。该工程即为冻结施工工程，总长度265 m，净断面4.5 m×3.8 m。长距离冻结实属国内难题，冻结钻孔多，钻孔工程量大，钻孔施工偏斜控制难度大，深度越深，偏斜控制越难。

A　地质勘查

矿区处于渤海海湾，在三山岛北部海域，海拔标高-5.8~2.0 m，岛东岸地带地形平缓，为滨海平原沉积地貌，地表分布风积粗砂和成片防护林。海底地形较为简单，10 m等深线离岸2~4 km，与岸线轮廓类似，地形平坦，坡度较缓，陆源物供应不足。勘查区中岩土多为耕土、砂砾、粗砂、细砂、粉质黏土、淤泥质粉质黏土、中风化花岗岩、强风化花岗岩等。

B 冻结施工设计

a 冻结孔标高

结合我国工程习惯做法，以圣维南第三强度理论为出发点，推导冻结管稳定条件的安全临界，分析工程断面地板垂深为-7.079~-45.584 m，控制层底板高程为-41.5 m。

b 冻结壁厚度

冻土强度指标为：单轴抗压强度 3.4 MPa，抗剪强度超过 1.5 MPa，弯折抗拉强度 1.8 MPa。冻结壁顶/帮/底厚度分别为 6.0 m、2.4 m、6.0 m，开挖区外围冻孔布置隧道与冻结壁结构，周围位置平均温度不超过-10 ℃。

c 孔位布置

根据文件要求、冻结壁厚度及地层资料，应用地面竖直打孔方式，深度从浅至深，最深孔 52.74 m、最浅孔 14.459 m，深度相较于所在斜道下部向下延伸 6 m。将冻结段划分为 5 段，分别是 60 m、60 m、60 m、40.71m、44.29 m，为提高冻土安全性与强度，冻结法施工中冻结孔质量是决定冻结成败的重点，也是实现施工质量控制的关键环节（见图 3-16）。

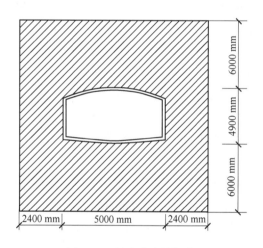

图 3-16 斜坡道冻结帷幕

d 测温孔、水文孔

施工中为了能够掌握冻结温度变化，设置 18 个测温孔检测冻结壁平均温度、厚度及隧道壁界面温度，明确地层冻结情况。根据井检孔资料，每段设置水文孔 1 个，应用无缝钢管 ϕ108 mm×4.5 mm 为水文管。

3.4.2.3 复杂地质条件下冻结法施工工艺

A 钻孔工艺技术

该工程中岩石以层状结构为主，岩体为非均质各向异性，地层频繁更替、砾石层多、大小非均匀分布，钻孔难度较高。在钻机选择中，须满足钻塔高度与承载力需求，减少冻结管承受钻具提升负荷及下放时间。钻机需具备大扭矩、转速高、速比宽、能力强的特点，根据情况选用 8 t 挖掘机，配液压锤，人工辅助，风化岩松动爆破辅助。而钻头选型则根据岩石成分、节理裂隙发育、岩石单层厚度等，选择耐磨性好、防倾斜的三牙轮钢齿钻头，钻头齿长，提钻次数少、钻进速度快，综合效率较高。开孔中应确保孔斜率与垂直度，不均匀受力会出现偏斜孔情况，施工极不稳定，钻孔时由于力在钻头处集中，开钻时必须保证孔口中心、天轮、游动滑车三点一线，钻进时则需增大泵量、轻压慢转。软硬层位置结合钻孔柱状图对地层加以判断，保证准确性，钻进过程中遇到不同性质岩层时应合理应用压力。从软岩层过渡至硬岩层中时，需先将钻压降低，钻进 1 m 后采取补心压力钻进；而硬岩层过渡至软岩层，需适当减少转速与压力，遇到砂层需采用中转速快给进，黏土层采用中转速慢给进，避免快速钻进中钻头包泥对钻进效果造成影响。造孔时还要应用适宜性能泥浆护壁，以免钻孔偏斜，保证钻井效率，泥浆应该用失水量小、黏度低、护壁能力强、流变性好的泥浆。

B　纠偏钻孔斜率

钻进过程中应检测钻进孔，钻进正常时每 30 m 布置测斜点 1 个，易斜位置缩短测斜距离，进行加密测斜。完成钻孔后使用全控系统测量，以 20 m 为测距，绘制钻孔偏斜平面图，采用 JDT-5A 陀螺仪测斜。出现斜孔后，先垫架子，无法纠正时使用移架法，将架子向孔斜方向稳定、迅速移动，控制位移量不超过 150 mm，保证终孔恢复至设计孔位。深孔纠偏使用弯钻具与螺杆，钻向孔偏斜反方向位置，纠正偏差。

C　安装制冷系统

在斜坡道附近安装冻结站，包含盐水箱、冷冻机组、清水泵、盐水泵等，设置专业变电所为施工提供动力。冻结过程中，对盐水流量、盐水温度、扩展冻土帷幕情况定时检测，必要时可对冻结参数进行调整，要求 15 d 内降低盐水温度为 -20 ℃，开挖前降低盐水温度为 -30 ℃。结束冻结后，以 1∶1 水泥浆填充。

D　采用加热棒消融

由于冻结管穿过整个斜坡道断面，加上施工工艺较多，冻结管在整个冻土中扩散时间较长，导致整个断面冻结较实，为了加快施工进度，采用加热棒消融的方法进行化冻。首先用 28 钻打眼，完了将加热棒塞入孔内通电进行加热，等待工作面冻土基本融化，开始采用挖机进行开挖。

E　总结

综上所述，地下施工需注意防水，做到防、截、排、堵相结合，以及因地制宜、综合治理。因此，在冻结法施工中，应当结合实际情况，做好钻孔工艺及纠偏孔斜率的工作，通过实时监测盐水温度、盐水流量等情况，以确定动图参数及后续施工时间。通过此种方法，优化冻结孔布置，可缩短工期及降低成本，从而提高工程施工质量。

4 超深竖井凿井设施机械化配套的选型与应用

4.1 掘砌工艺机械化配套应用

4.1.1 掘进机械化配套应用

瑞海矿区地处渤海湾，位于三山岛北部海域。3号措施井井筒位于矿区东侧海岸边上，井筒净径 $\phi9$ m，井深 1087 m，净面积为 63.62 m²，基岩掘进面积为 80.12 m²，采用地表下 80 m 冻结，基岩采用中深孔钻爆法施工，支护方式为双层 C50 钢筋混凝土复合井壁。

井筒在施工中采用大井架、大液压伞钻、大提升机、大吊桶、大模板等综合机械化配套作业方式。

4.1.1.1 大型凿井井架

井筒施工选用Ⅵ凿井井架，经计算可满足凿井的施工需要。Ⅵ凿井井架主要技术参数见表 4-1。

表 4-1 Ⅵ凿井井架主要技术参数

型号	适应井筒		允许悬吊重量/kN		主架体角柱跨度/m×m	天轮平台规格/m×m	基础面至天轮平台/m	倒碴台上平面高度/m
	直径/m	井深/m	工作时	主提断绳时				
Ⅵ	8~10	1600	5000	2168	18.34×18.34	9.5×9.5	27.5	11

4.1.1.2 大液压伞钻钻眼

A 钻眼准备

采用 YSJZ6.12 型液压伞钻打眼，配套 HYD-200 凿岩机 6 台。伞钻不打眼时采用 20 t 起重葫芦吊挂在翻碴平台下。钻眼前应将井底余碴清理干净，不平整处采用风镐整平，井底积水应用风泵排尽，然后下放中垂线检查井筒荒径是否存在超欠挖，欠挖部分能用风镐处理的及时处理，不能处理的应采用风钻打眼补炮方式处理，并与此次爆破一并处理。检查是否有盲炮及瞎炮，并标记好，按安全规程有关规定处理。根据中心线按照爆破图表布眼，用油漆标定各眼位，按伞钻凿岩机作业台数划定各自打眼区域，钻眼前，采用绞车提升下放伞钻至吊盘下（转挂至专用伞钻提吊稳车上），连接风水管，打开伞钻撑杆撑牢井壁、下放并联结好风水管、试钻、准备打眼。伞钻打眼工艺示意图如图 4-1 所示。

B　钻眼作业

辅助眼和周边眼深 5.1 m，净进尺 4.75 m，采取分区、划片钻眼，每台钻负责一个区域，各台钻由井帮向中心或由中心向井帮顺序钻眼，相邻两台钻钻眼顺序相反。先选几个定位定向眼打眼，插入定向棍指向，再根据定向棍指定方向打其他眼，采用木塞堵塞已钻钻孔，以防碎石落入炮眼内无法吹出造成废眼。所有炮眼打完后，将伞钻提至井口并转挂至翻碴平台下，再采用压风吹眼，将炮眼内的碎石及积水吹出眼外，以便于装药。

C　爆破

爆破步骤如下：

（1）起伞钻。钻眼结束后，取下伞钻钎杆，将伞钻臂收拢，收回撑杆，使用安全梯钢丝绳悬吊伞钻，然后收回撑臂，拆去连接管路并收上吊盘存放，下落主提升钩头，挂上伞钻吊环，拉紧主提绳并松稳车提吊绳，拆去稳车提吊绳钩头，采用大绞车将伞钻提至井口，转挂至翻碴平台下。

（2）装药联线。采用大并联方式联线爆破，所有雷管随意分组，每组 6~8 个，每组导爆管各绑扎在一个引

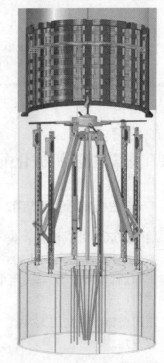

图 4-1　伞钻打眼工艺示意图

爆雷管上，引爆雷管绑扎在导爆管中间，用黑胶布缠紧，应特别注意引爆雷管在工作面内的摆放位置，其周边 500 mm 范围不得有其他雷管的导爆管，否则，易炸断其他雷管的导爆管，造成拒爆。

（3）起吊盘。装药联线后起吊盘，由于装药量大，为防砸坏吊盘，起盘高度应确保下层盘距井底不少于 50 m。吊盘采用轮胎稳定装置固定。在吊盘中、下层盘周边安装 5~8 组轮胎稳定装置，采用带内丝的套筒撑杆撑起轮胎固定架将轮胎撑向井壁并撑牢井壁固定吊盘。起落吊盘前，反向旋转内丝套筒收拢轮胎使吊盘悬空。放炮时，应使轮胎处于半收状态，且使轮胎伸出吊盘 30~50 mm（吊盘距井壁 100 mm 左右），既保护吊盘，又使吊盘处于悬空状态。放炮时，放炮冲击波冲击吊盘使吊盘向上有一个缓冲余地，同时，又可避免吊盘硬撞井壁造成吊盘损伤。起盘时，在井口信号室设集中控制系统，所有吊盘提吊稳车启动开关在信号室设置成既能联动又能分动的集中控制启动装置，联动确保吊盘平稳上行。当吊盘偏斜时，采用分动微调各稳绳，调平吊盘后再联动上行。吊盘起至最后位置时，要确保吊盘不偏斜并处于悬空状态，且各稳绳均拉紧。在放炮时，爆轰波冲击吊盘，吊盘能在井筒内上下移动，起到缓冲作用，防止吊盘被砸坏。起盘后，关闭各稳车电机电源再放炮。

（4）放炮。在井口以下 100 m 范围内放炮，地面井口 50 m 范围内要撤人并站岗警戒，并保护好设备设施。100 m 以下放炮，地面井口 20 m 范围内要撤人并站岗警戒。放炮前，主提升机将吊桶提升到封口盘以上 4~5 m 的高度。副提升机提升的 2 个吊桶摘钩放到封口盘以外；钩头悬吊在井筒中部位置，2 个钩头的高差为 10~15 m。并关闭风机，然后打开

所有井盖门。放炮前放炮员必须口头警示并鸣哨 3 声。

（5）排除炮烟。放炮后，开启风机排烟、由于装药量大，爆破后产生的有毒有害气体多，必须要有足够的排烟时间，待炮烟排尽，井口及吊盘上有毒有害气体监测值达标后，先清扫井口封口盘及井口以外 3 m 范围内的碴石及杂物，检查井口设备设施是否有损坏，人员再下井作业。

（6）落吊盘及延接管理。放炮后，人员首次下井时吊桶必须慢行，以便沿途检查井筒内管线受损情况。人员下至吊盘，先清扫吊盘，再检查吊盘上的设备设施是否受损。然后再落吊盘并延接管线及风筒，落盘后吊盘下层盘停在距井底 10 ~ 12 m 处，便于抓岩机抓岩。

4.1.1.3　装岩、大提升机及大吊桶提升与清底

A　装岩

采用 2 台 HZ-6 中心回转抓岩机装岩，工作能力为 50×2 m³/h。装岩前，应先清理边帮浮石。装岩时，井底只留 2 人，一人掌握信号（井底信号）并观察吊桶及抓斗，一人指挥装岩，不得有其他闲杂人等，井底人员应躲藏在钢模下或紧靠钢模站立以躲避抓斗及吊桶。抓岩机司机应尽量确保抓斗不大幅甩动以防伤人，同时应避免 2 台抓岩机互相碰撞。每次吊桶落底前，应将吊桶落位抓平便于吊桶落平落稳。为提高装岩效率，井底工作面应确保不少于 1 个吊桶在装岩。吊桶下落至吊盘以上时，应慢放，吊盘信号工应及时通知井底信号工注意（采用声响通知）。

井底有水时，采用抓岩机抓取水窝，用风泵将水排至吊盘水箱，再采用卧泵将水排至地面。

装岩时，要随时掌握钢模至碴面高度，可采用标杆控制，当高度达到 4.5 m 时，停止出碴，下放中垂线，检查井筒掘进断面，欠挖处采用风镐及补炮处理。然后采用抓岩机初平工作面，再人工细平工作面周边，下落钢模进行砌筑支护作业。

B　大提升机及大吊桶提升

采用 2 台 4 m 双滚筒凿井绞车提 3 个 7 m³ 吊桶（随井深 850 m、1050 m 更换成 TZ-6、TZ-5 吊桶）。其中 1 台 4 m 双滚筒凿井绞车提 2 个 7 m³ 吊桶双钩提升，双钩提升省电，可节省提升成本。但双钩提升每掘进循环需调绳 1 次，以确保 2 个吊桶中 1 个吊桶在井底装碴，1 个吊桶在井口卸碴位置。调绳时，将提升机活动滚筒提升的吊桶下放到工作面，关闭井盖门。然后通过地锁将该滚筒锁定，经检查确定滚筒锁定后，然后切断活滚筒盘形闸的油路，打开活滚筒的液压锁及齿轮离合器。开动提升机将固定滚筒提升的吊桶下放 4 m 左右，停车。合上活滚筒的齿轮离合器，同时将该滚筒的液压锁关闭，然后拆除滚筒的地锁。完成调绳工作，调绳时间不长，约 30 min。

在吊盘、井口、翻碴平台上安装监视摄像头，绞车房安装监控电视，以便绞车司机能直接观察翻碴平台、井口、吊盘、井底工作面吊桶运行状态，提高提升效率。

吊桶运行至井底工作面、吊盘、封口盘、翻碴平台位置时必须减速运行。吊桶落底前，必须采用抓岩机将井底工作面抓平以便吊桶能落稳落平。

C　清底

抓岩机装碴见底后，先将井底大块碴石抓尽，然后采用绞车提升下放 1 台 MWY6/0.3

小型挖机下井清底，清底碴石直接采用挖机装吊桶。清底时必须将底板松动碴石、软岩挖除为打眼创造条件，挖机清不干净的地方辅以人工清底。井底有积水时，先挖积水坑，采用风泵将水排至吊盘水箱。

4.1.1.4 基岩段井筒采用大模板永久支护

基岩正常段井筒砌筑采用大型 MJY 型整体下滑液压伸缩金属模板，模板外径 9050 mm，全高均为 4.8 m，砌筑段高 4.75 m，模板上部 300 mm 为搭接铁板高度，稳模后，搭接铁板套牢老模混凝土，在该搭接铁板高度内沿井筒周边均匀预留 8~12 个浇灌口，采用活动铁板封口，浇灌满后将铁板合拢封口，各浇灌口不能距离太远，2 m 左右为宜，以便于接茬时，进行两浇灌口之间模板内混凝土浇灌。整体钢模结构示意图如图 4-2 所示。在钢模上口以下 1.2 m 左右位置焊接固定一圈连续的活动脚踏板，便于人员行走进行混凝土浇灌操作，放炮时收拢脚踏板防止被砸坏。整个钢模预留一条搭接缝，采用液压伸缩缸控制松、紧模板，液压伸缩缸必须用胶皮保护好以防被放炮砸坏。

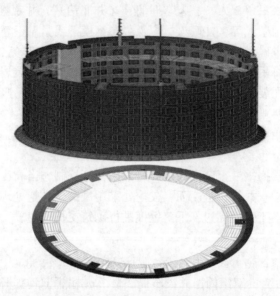

图 4-2   MJY 型液压整体钢模结构示意图

4.1.2   高效装岩中心回转抓岩机与小挖机配套应用

在井筒施工过程中，清底时配合使用中心回转抓岩机与小挖机，提高了机械化程度，降低了作业人员的劳动强度，而且井下作业人员减少 20%~30%，施工速度提高 25%~35%。由于减少了作业人员，改善了作业环境，同时也提高了安全系数，因此既取得了明显的经济效益，也取得了显著的社会效益。

4.1.2.1   小挖机下放时间的把控

小挖机的下放时间直接影响出碴效率，过早会耽误井筒正常出碴效率，过晚则会影响清底效率，因此井筒内碴石先采用安装在施工吊盘上的中心回转抓岩机出碴，通过吊桶提升至地面。在采用中心回转抓岩机出碴快看见硬底时，从地面下放小挖机至井底，小挖机与中心回转抓岩机配合清底，可以提高清底效率，减少单个循环施工时间。

因井下空间相对较小，吊桶、小挖机、抓岩机和施工人员互相影响，小挖机必须躲开工作面吊桶位置和抓岩机抓斗的活动区域，互相配合才能保证作业过程中的安全。小挖机作业时挖斗在水平方向为弧线运动，竖直方向为直线运动，中心回转抓岩机在水平和竖直方向均为直线运动，小挖机挖斗最大抬升高度不大于 3m，而抓岩机的提升高度大于 3m，因此小挖机非常适宜在抓岩机机身下作业。小挖机与中心回转抓岩机配合作业时，井下两个吊桶交替装碴提升（一般两个吊桶不同时放在井底），以确保小挖机有足够安全的工作空间。

4.1.2.2 小挖机与中心回转抓岩机的配合

在清底时，由于碴石相对较少，先采用小挖机将周围碴石堆积在一起，再用抓岩机将堆积的碴石抓至吊桶内提升至地面，这样配合作业可以将井底剩余碴石清理干净。在采用小挖机清底的同时还能用小挖机对井壁周围的浮石进行清理，起到很好的敲帮问顶作用，减少了人工敲帮问顶的工作量。

由于抓岩机距离井底有一定高度，存在视觉盲区，所以小挖机与抓岩机的配合通过小挖机上安装的信号电铃传输，在小挖机将碴石堆积完成后，由小挖机司机打铃通知抓岩机司机进行抓岩作业。在抓岩机抓岩完成后小挖机再将剩余的碴石通过井底人员清理至挖斗内装至提升吊桶。

4.1.3 大段高整体下滑液压伸缩金属模板的设计及应用

4.1.3.1 大段高整体下滑液压伸缩金属模板的设计

（1）矿山竖井施工时，多采用钢筋混凝土及素混凝土井壁作为永久支护，而支护混凝土用的模板采用钢制大型模板。大型钢模板都采用分块结构，通常由小块模块组装在一起拼成，型号为 MYJ-X/X。型号举例：MYJ-6.55/4.5，模板外径为 6.55 m，模板高度为 4.5 m。模板尺寸可根据井筒直径、井筒深度、混凝土厚度等具体承载力及要求设计。

在钢模上口以下 1.2 m 左右位置安置活动脚踏板，便于人员行走进行混凝土浇筑操作，放炮时收拢或者拆除脚踏板防止被砸坏。整个钢模预留一条搭接缝，采用液压伸缩缸控制松、紧模板。采用液压伸缩缸控制松、紧模板时，液压伸缩缸必须用胶皮或保护罩保护好以防在放炮时被砸坏，有钢筋段整体模板不装刃角以便于钢筋绑扎。MYJ 型整体下滑金属模板稳模工作包括：工作面找平后，用高压油泵接入伸缩油缸，收缩油缸，将活动钢模板收拢松模，然后开动稳车落模，落模时，由于钢模与井壁间距小，各台稳车必须均衡下放保持钢模平正，稍有偏斜钢模就会卡在井壁间不能下放；钢模落底后暂不坐实碴面，下放中垂线，人力辅助推动模板将模板调至设计位置，并调平调直模板，然后，落模座实碴面并将模板撑开靠牢老模混凝土；稳立好模板后，钢模悬吊绳必须处于拉紧状态。

（2）在竖井施工时，根据现阶段伞钻的技术性能，在原有模板高度 3.6 m 的设计基础上设计出了 4.5 m/4.8 m 大段高模板，此模板的投入应用加快了施工进度，而且模板改进后浇筑的井壁质量符合验收要求，取得了较好的生产效益。

4.1.3.2 大段高整体下滑液压伸缩金属模板的应用

施工实例：山东莱州瑞海矿业有限公司进风井，井筒净径 6.5 m，井深 1530 m，钢模直径为 6.5 m，钢模段高 4.5 m。钢模组成：由 13 块小模板拼装而成，此外还有 13 块刃角、3 个观察孔、12 个浇筑口、24 个脚踏板、5 个伸缩油缸。

钢模技术改进措施：

（1）段高改进。此工程进风井钢模直径为 6.5 m，段高由原来的 4.0 m 改成 4.5 m。段高的改进使每模浇筑都增加 0.5 m，按每天 1 模计算，每月可增加 30 模×0.5 m = 15 m 的进尺，大大加快了施工进度，缩短了施工时间。

（2）人造槽钢应用。以前用的模板都是由标准型槽钢做加强筋，但是随着井筒直径的增大、段高的增加，槽钢的强度已经不能满足模板强度及韧性要求，模板使用一段时间后开始变形（变成椭圆形等），浇筑的井筒直径不符合质量规范。为了解决变形问题，设计出了用角钢焊接的组合槽钢，或用钢板加工而成的人造槽钢，增加了槽钢翼板厚度，从而可以满足模板强度要求。使用过程中模板几乎无变形，使用效果良好。

（3）刃角改进。原设计刃角过于单薄，不够牢固，在井筒爆破时时常会被炸坏，通过重新优化设计，增设加强筋板，改善了这一缺点。

（4）脚踏板改进。脚踏板通常安在钢模上，每次使用时撑起就行，多年的实际使用经验表明，脚踏板经常会在工作面爆破时被炸坏，无法继续撑起使用，检修困难，并且有易脱落的危险。通过公司优化设计，将脚踏板改为可拆卸式的，并且减轻其重量，每次浇筑完毕后全部拆下，下次使用时再带下去挂设。此应用减少了脚踏板的维修工作，并且减轻了钢模悬吊总重量，满足超深井悬吊设计。

（5）伸缩油缸增设保护板。原来钢模的伸缩油缸及油管都是用简单的胶皮做防护，虽然起到一定的防护作用，但也时常被炸坏。瑞海矿业公司通过多年的实践应用及改进，最终将胶皮防护改成铁板防护，即使工作面放炮冲击也不会把铁板炸坏，这种防护的应用很少损坏油缸油管等，安装好保护铁板可连续砌筑 600 m（不完全统计）井筒不用更换油管和油缸。

（6）浇筑口优化改进。浇筑口类型有环型浇筑口和窗口式浇筑口。井筒无涌水或者涌水量不大时可采用环型浇筑口，涌水量较大时采用窗口式浇筑口。窗口式浇筑口可避免井壁水流进钢模内影响混凝土浇筑质量，但很容易出现井壁明显的接茬；环型浇筑口浇筑可避免混凝土接茬，但是也容易将井壁流水全部灌入钢模内影响混凝土质量。

（7）模板联接法兰优化。选用比原法兰薄 2 mm 钢板做法兰，降低了模板整体重量，节约了成本。

（8）钢模技术要求。钢模直径大、段高较高，所以对其焊接要求高。模板工作面要求拼装平整、严丝合缝，去除焊接毛刺，相邻模板高度差不大于 2 mm，拼装缝隙不大于 2 mm，组装模板的平整度小于 4 mm，直径误差小于 10 mm，模板要有足够的刚度和强度，以确保井壁的浇筑质量。

4.2 提升运输系统机械化配套及应用

4.2.1 矿用提升机在超深竖井中的应用和选择

矿产资源是人类社会进步和发展过程中不可缺失的,对人类社会发展与文明进步具有巨大的推动作用。近20年来,随着我国经济的蓬勃发展,对各类矿产资源需求越来越大,矿山开采正在向地下延深,需要采用竖井提升开采方式。国内矿山开采深度逐年增加,深部开采已成为国内采矿发展趋势。矿用提升机负责井下所有矿石、废石、人员、材料和设备的升降,所以正确合理地选择矿用提升机是影响整个矿山竖井施工效率的关键。

以瑞海矿业主井为例对超深竖井提升设备的选择和应用进行分析。瑞海矿业主井井筒净径为 6.3 m,井深 1417 m。

4.2.1.1 提升系统选型

为了保证出碴效率,提升能力应以满足抓岩机最大抓碴效率为原则,瑞海矿业主井井筒施工选择 4 m³ 与 5 m³ 的吊桶提升。大吊桶不仅提升能力大,提升效率高,而且节省设备占地。

A 凿井提升机

由于采用大吊桶出碴,提升钢丝绳自重较大,提升荷载较大,应尽可能选择滚筒直径较大的凿井专用提升机。目前,大量适合于超大超深竖井井筒施工的大型提升机相继问世,如中信重工制造的 JZK-4×2.7/20、JZK-4×3.0/20、JZK-4×3.5/20、JZK4.5×3.0/20、2JZK-4×2.1/20、2JZK-5×2.3/20、2JZK-6×2.5/20 和 2JZK-6.3×2.5/20 单绳缠绕提升机,川矿制造的 JKZ-4×3.5/17.8、JKZ-4.5×3.7/20、JKZ-5×4/20、JKZ-5.5×5/20、2JKZ-4×2.65/20、2JKZ-5×3/20 和 2JKZ-5.5×4/20 单绳缠绕提升机等。

考虑主井井筒工程施工需要,选用 1 台 JKZ-4×3 型和 1 台 JKZ-4×3.5 型单滚筒凿井提升机配电动机($P=2000$ kW,$U_n=10$ kV)每台提升机提升 1 个 TZ-5.0/4.0 m³ 座钩式吊桶。凿井提升机及天轮的主要技术参数见表 4-2。

表 4-2 提升机主要技术参数

设备型号	直径 /m	宽度 /m	最大静张力 /kN	最大静张力差 /kN	最大直径 /mm	一层	二层	三层	最大提升速率 /m·s⁻¹	减速器速比	电动机转速 /r·min⁻¹
						(绳槽/木衬)/m					
JZK-4×3.0	4.0	3.0	250		50	650	1340	2100	6.2	20	595
JZK-4×3.5	4.0	3.5	290		52	740	1530	2380	6.2	20	593
凿井天轮	3.5		250	250							

B 提升能力

井筒不同深度的提升能力见表 4-3。

表 4-3　井筒不同深度的提升能力

提升机型号	吊桶容积 /m³	井筒深度×100/m												
		1.5	2.5	3.5	4.5	5.5	6.5	7.5	8.5	9.5	10.5	11.5	12.5	14.3
		提升能力/m³·h⁻¹												
JKZ-4×3.0	TZ-5	9.2	27.2	25.5	24	22.6	21.4	20.3	19.4	18.5	17.7	16.9		
JKZ-4×3.5	TZ-4												13	12.1
一次循环时间/s		44	76	509	41	573	605	637	669	702	766	798	830	856

4.2.1.2　提升系统选择计算

A　计算的原始依据

（1）13 t 钩头自重 G_g = 285 kg。

（2）2.6 m 滑架自重 G_h = 310 kg。

（3）座钩式吊桶 TZ-5.0 自重 G_{T1} = 1690 kg，桶身最大直径 1850 mm；座钩式吊桶 TZ-4.0 自重 G_{T2} = 1530 kg，桶身最大直径 1850 mm；底卸式吊桶 TD-3.0 自重 G_{d2} = 1540 kg，桶身最大直径 1850 mm。

（4）提升机天轮平台高度为 35.5 m，稳车天轮平台高度为 30.5 m。

（5）碴石容重 γ = 1625 kg/m³（岩石体积质量为 2.60 t/m³，计算时取 1700 kg/m³）。

（6）水的容重 γ_g = 1050 kg/m³。

（7）装载系数 K_m = 0.9。

（8）矿岩松散系数 K = 1.6。

（9）井口标高 +7.0 m，井底标高 -1410 m，井筒深度 H = 1417 m。

（10）混凝土体积质量 $\gamma_{混凝土}$ = 2500 kg/m³。

（11）伞钻 YSJZ4.8 钻架自重 8200 kg，最大直径 2100 mm。

（12）提升天轮平台高度 35.5 m，悬吊高度取 1455 m。

B　座钩及底卸式吊桶等的终端载荷计算

（1）座钩及底卸式吊桶载荷计算。

1）座钩式吊桶 TZ-5.0：

$$Q_1 = VT_m \times K_m \times \gamma + VT_m \times \gamma_g \times K_m \times (1-1/K)$$
$$= 5.0 \times 0.9 \times 1700 + 5 \times 1050 \times 0.9 \times (1-1/1.8)$$
$$= 7650 + 2100 = 9750 \text{ kg}$$

2）座钩式吊桶 TZ-4.0：

$$Q_2 = VT_m \times K_m \times \gamma + VT_m \times \gamma_g \times K_m \times (1-1/K)$$
$$= 4.0 \times 0.9 \times 1700 + 4 \times 1050 \times 0.9 \times (1-1/1.8)$$
$$= 6120 + 1680 = 7800 \text{ kg}$$

3）底卸式吊桶 TD-3.0：

$$Q_3 = VT \times K_m \times \gamma_{混凝土} = 3.0 \times 0.9 \times 2500 = 6750 \text{ kg}$$

（2）座钩及底卸式吊桶终端载荷计算。

1）TZ-5.0 座钩式吊桶终端载荷：

$$Q_{1Z} = Q_1 + G_{T1} + G_g + G_h = 9750 + 1690 + 285 + 310 = 12035 \text{ kg}$$

钩头提升 TZ-5.0 座钩式吊桶，钩头提升重量为

$$Q = Q_1 + G_{T1} = 9750 + 1690 = 11440 \text{ kg} \quad (<钩头提升能力 13000 \text{ kg})$$

故碴石和水能同时提升，选择 13 t 钩头。

2）TZ-4.0 座钩式吊桶终端载荷：

$$Q_{2Z} = Q_2 + G_{T2} + G_g + G_h = 7800 + 1530 + 285 + 310 = 9925 \text{ kg}$$

钩头提升 TZ-4.0 座钩式吊桶，钩头提升重量为 $Q = Q_2 + G_{T2} = 7800 + 1530 = 9330 \text{ kg}$ （<钩头提升能力 13000 kg），故碴石和水能同时提升，原选择的 13 t 钩头满足提升要求。

3）底卸式吊桶 TD-3.0 终端载荷：

$$Q_D = Q_3 + G_{d2} + G_g + G_h = 6750 + 1540 + 285 + 310 = 8885 \text{ kg}$$

4）悬吊 YSJZ4.8 液压伞钻终端载荷：

$$Q_Y = G_s + G_g + G_h = 8200 + 285 + 310 = 8795 \text{ kg}$$

C 提升钢丝绳的计算及选择

（1）提升 TZ-5.0 座钩式吊桶钢丝绳的计算。

该计算主要考虑 TZ-5.0 座钩式吊桶提升高度，暂按悬吊高度 1360 m 考虑，选择 1870 MPa 钢丝绳计算，每米钢丝绳质量计算：

$$\begin{aligned} P &= Q_{1Z} / \left[(110 \times 1870) \div (7.5 \times 9.8) - 1360 \right] \\ &= 12035 / \left[(110 \times 1870) \div (7.5 \times 9.8) - 1360 \right] \\ &= 12035 / (2799 - 1360) = 12035 / 1439 = 8.36 \text{ kg/m} \end{aligned}$$

1）选取 18×7-48-1870 钢丝绳，$P_k = 9.19 \text{ kg/m}$；

钢丝绳最小钢丝破断拉力总和：

$$F_{min} = 1361 \times 1.26 \times 1000 = 1714.86 \text{ kN}$$

2）钢丝绳安全系数计算：

$$m = 174985 / (12035 + 1360 \times 9.19) = 7.05 < 7.5$$

安全系数不符合规程要求。

3）最大提升静张力计算：

$$F_{max} = 12035 + 1360 \times 9.19 = 24533 \text{ kg} = 243.1 \text{kN} < 250 \text{ kN}$$

4）因最大钢丝绳安全系数不符合要求，重新计算悬吊高度：

$$H \leqslant (F_{max}/m - Q_{1Z})/P_k = (174985/7.5 - 12035)/9.19 = 1229 \text{ m}$$

5）取悬吊高度为 1180 m 时，钢丝绳最大静张力为

$$F_{max} = 12035 + 1180 \times 9.19 = 22879 \text{ kg} = 226.9 \text{kN} \leqslant 250 \text{ kN}$$

6）钢丝绳安全系数计算：

$$m = 174985 / (12035 + 1180 \times 9.19) = 7.56 > 7.5$$

7）提升人员安全系数计算。TZ-5.0 吊桶规定乘人数计算（吊桶桶口最小净半径 m）：0.8152×3.14/0.2 = 10.43 ≈ 10 人，人员按 75 kg/人。其中 0.2 为《煤矿建设安全规范》（AQ 1083—2011）P136 6.8.2.1.i 规定：吊桶内每人占有的有效面积应不小于 0.2 m²。提升人员时吊桶最大终端载荷为 1690 + 285 + 310 + 10×75 = 3035 kg。

8）钢丝绳安全系数计算：

$$m = 174985/(3035+1180×9.19) = 12.6 > 9$$

9）安全系数满足要求时，钢丝绳最大静张力为

$$F_{max} = 3035+1180×9.19 = 13879 \text{ kg} = 136 \text{ kN} < 250 \text{ kN}$$

（2）提升 TZ-4.0 座钩式吊桶计算：

当悬吊高度大于 1180m 时，提升 TZ-5.0 吊桶时，钢丝绳的安全系数不符合要求，为确保安全改为提升 TZ-4.0 吊桶。

1）钢丝绳安全系数计算：

$$m = 174985/(9757+1455×9.19) = 7.57 > 7.5$$

2）安全系数满足要求时，钢丝绳最大静张力：

$$F_{max} = 9757+1455×9.19 = 23128 \text{ kg} = 227 \text{ kN} < 250 \text{ kN}$$

3）提升人员安全系数计算：

TZ-4.0 吊桶规定乘人数计算（吊桶桶口最小净半径 m）：0.8152×3.14/0.2 = 10.43 ≈ 10 人，人员按 75 kg/人。其中 0.2 为 2011 年版《煤矿建设安全规范》（AQ 1083—2011）6.8.2.1.i 规定：吊桶内每人占有的有效面积应不小于 0.2 m²。

提升人员时吊桶最大终端载荷为：1530+285+310+10×75 = 2875 kg。

4）钢丝绳安全系数计算：

$$m = 174985/(2875+1455×9.19) = 10.77 > 9$$

5）安全系数满足要求时，钢丝绳最大静张力：

$$F_{max} = 2875+1455×9.19 = 16246 \text{ kg} = 159 \text{ kN} < 250 \text{ kN}$$

D　提升伞钻安全系数计算

悬吊 YSJZ4.8 液压伞钻终端载荷：

$$Q = G_s+G_g+G_h = 8200+285+310 = 8795 \text{ kg}$$

（1）钢丝绳安全系数计算：

$$m = 174985/(8795+1455×9.19) = 7.9 > 7.5$$

（2）钢丝绳安全系数满足要求时，最大静张力计算：

$$F_{max} = 8795+1455×9.19 = 22166 \text{ kg} = 217 \text{ kN} < 290 \text{ kN}$$

E　提升底卸式吊桶 TD-3.0

底卸式吊桶 TD-3.0 终端载荷：

$$Q_D = Q_3+G_{d2}+G_g+G_h = 6750+1540+285+310 = 8885 \text{ kg}$$

（1）钢丝绳安全系数计算：

$$m = 174985/(8885+1455×9.19) = 7.9 > 7.5$$

（2）钢丝绳安全系数满足要求时，最大静张力计算：

$$F_{max} = 8885+1455×9.19 = 22256 \text{ kg} = 218 \text{ kN} < 290 \text{ kN}$$

F　提升机滚筒及天轮直径的校核

（1）安全规程要求。根据《金属非金属矿山安全规程》（GB 16423—2020）6.3.5 规定，提升装置的卷筒、天轮、主导轮、导向轮的最小直径与钢丝绳直径之比，应符合下列规定：

1）落地安装的摩擦轮式提升装置的主导轮和天轮不小于 100；

2）地表单绳提升装置的卷筒和天轮不小于80；

3）井下单绳提升装置和凿井的单绳提升装置的卷筒和天轮不小于60；

4）悬挂吊盘、吊泵、管道用提升机的卷筒和天轮，凿井时运料用提升机的卷筒不小于20；

提升装置的卷筒、天轮、主导轮、导向轮的最小直径与钢丝绳中最粗钢丝的最大直径之比应符合下列规定：

1）地表提升装置不小于1200；

2）井下或凿井用的提升装置不小于900；

3）凿井期间升降物料的提升机或悬挂水泵、吊盘用的提升装置不小于300。

各种提升装置的卷筒缠绕钢丝绳的层数，应符合下列规定：

1）竖井中升降人员或升降人员和物料的，宜缠绕单层；专用于升降物料的，可缠绕两层；

2）开凿竖井期间升降人员和物料的，可缠绕两层；深度超过400 m的，可缠绕3层。

（2）单滚筒提升机的滚筒及天轮直径计算。

1）提升机滚筒直径：

$$D = 4000 \text{ mm} > 60d = 60 \times 48 = 2880 \text{ mm}$$
$$D = 4000 \text{ mm} > 900d_g = 900 \times 3.05 = 2745 \text{ mm}$$

选择 JKZ-4×3.0 提升机，滚筒直径满足规程要求。

2）提升机提升天轮直径：

$$D = 3500 \text{ mm} > 60d = 60 \times 48 = 2880 \text{ mm}$$
$$D = 3500 \text{ mm} > 900d_g = 900 \times 3.05 = 2745 \text{ mm}$$
(4-1)

式中　D——提升机（或天轮）直径，mm；

　　　d——钢丝绳直径，mm；

　　　d_g——钢丝绳中钢丝直径，mm。

选择直径为3500 mm的天轮，天轮直径满足规定要求。

G　提升机滚筒钢丝绳缠绕层数计算

根据1988年版《矿山固定机械手册》第139页中的式（1-4-33），在滚筒上作多层缠绕的钢丝绳的缠绕层数：

$$K_C = [H_t + L_m + (3 + 4) \pi D_g](d + \varepsilon)/\pi D_P B \qquad (4-2)$$

式中　B——提升机滚筒宽度，mm；

　　　+4——《安全规程》规定的每季将钢丝绳移动1/4圈而附加的钢丝绳圈数；

　　　H_t——提升高度，m，取 $H_t = 1417$ m；

　　　L_m——定期试验用的钢丝绳长度，m，一般取30 m；

　　　d——钢丝绳直径，mm；

　　　ε——钢丝绳在滚筒上缠绕时钢丝绳间的间隙，根据《矿山固定机械手册》第141页，取 $\varepsilon = 3.0$ mm；

　　　3——在滚筒上缠绕的3圈摩擦圈；

　　　D_P——多层缠绕时，钢丝绳在滚筒上缠绕的平均直径，m，$D_P = D_g + (K_C - 1)d$。

单滚筒提升机缠绕层数计算：

$K_C = [H_t + L_m + (3+4)\pi D_g](d+\varepsilon)/\pi D_P B = [1417+30+(3+4)\times3.14\times4](48+4)/(3.14\times4.0 \times3000) = 2.12$ 层，缠绕层数满足要求。

H　提升机提升速度确定

（1）根据《金属非金属矿山安全规程》（GB 16423—2020），竖井用罐笼升降人员时，加速度和减速度应不超过 0.75 m/s²；最高速度应不超过式（4-3）计算值，且最大应不超过 12 m/s。

$$V = 0.5\sqrt{H} \tag{4-3}$$

式中　　V——最高速度，m/s；

　　　　H——提升高度，m。

竖井升降物料时，提升容器的最高速度应不超过式（4-4）计算值。

$$V = 0.6\sqrt{H} \tag{4-4}$$

式中　　V——最高速度，m/s；

　　　　H——提升高度，m。

吊桶升降人员的最高速度：有导向绳时，应不超过罐笼提升最高速度的 1/3；无导向绳时，应不超过 1 m/s。

吊桶升降物料的最高速度：有导向绳时，应不超过罐笼提升最高速度的 2/3；无导向绳时，应不超过 2 m/s。

吊桶提升速度（提升高度 $H = 1417$ m）：

$V \leqslant (2/3) \times 0.6 \times \sqrt{H} = (2/3) \times 0.6 \times \sqrt{1417} = 0.4 \times 37.82 = 15.13$ m/s

（2）根据提升机本身减速机的要求，选择提升速度。

减速机速比 i 为 20，输入转速 $n \leqslant 594$ r/min。

$$V_{max} = nD\pi/(60i) = 594 \times 4 \times 3.14/(60 \times 20) = 6.22 \text{ m/s}$$

I　电动机功率估算

提升机电动机功率：

$$P = F_{max} \times V_{max}/(102 \times 0.93) = 25268 \times 6.28/(102 \times 0.93) = 1652 \text{ kW}$$

选择 YR800-10 电动机，功率 $P = 2000$ kW 满足要求，电动机电压 10 kV，级数为 10 级，电动机电流约为 150 A，$\cos\psi = 0.8226$。

J　提升系统提升能力计算

TZ-5.0 吊桶提升能力计算方法见表 4-4。

表 4-4　提升机提升能力计算方法

计算项目	单位	公式、符号、数据
1. 吊桶沿无稳绳段运行		
①运行速度	m/s	$V_{ws} \leqslant 2$
②运行距离	m	$h_{wx} \leqslant 40$
③运行加速度及减速度	m/s²	$a_1 = a_3 \leqslant 0.3$

计算项目	单位	公式、符号、数据
④加速及减速时间	s	$t_1 = t_3 = t_1' = t_3' = V_{ws}/a_1 = 2/0.3 = 6.67$
⑤加速及减速距离	m	$h_1 = h_3 = 1/2V_{ws} \times t_1 = 1/2 \times 2 \times 6.67 = 6.67$
⑥等速运行距离	m	$h_2 = h_{ws} - h_1 - h_3 = 40 - 6.67 - 6.67 = 26.66$
⑦等速运行时间	s	$t_2 = t_2' = h_2/V_{ws} = 26.66/2 = 13.3$
⑧吊桶沿无稳绳段总运行时间	s	$T_{ws} = t_1 + t_2 + t_3 = 6.67 + 6.67 + 13.3 \approx 27$
2. 吊桶沿有稳绳段运行		
①运行最大速度	m/s	$V_{mB} = 6.22$
②运行距离	m	$H_y = H - h_{ws} = 1430 - 40 = 1390$
③运行加速度及减速度	m/s²	$a_4 = a_5 \leqslant 0.5$
④加速及减速时间	s	$t_4 = t_4' = t_6 = t_6' = V_{mB}/a_4 = 6.22/0.5 = 12.44$
⑤加速及减速距离	m	$h_4 = h_4' = h_6 = h_6' = 1/2V_{mB} \times t_4 = 38.69$
⑥等速运行距离	m	$h_5 = h_5' = H - 40 - h_4 - h_6 = 1430 - 40 - 38.69 - 38.69 = 1312.62$
⑦等速运行时间	s	$t_5 = t_5' = h_5/V_{mB} = 1312.62/6.22 = 211.03$
⑧吊桶沿有稳绳段总运行时间	s	$T_y = t_4 + t_5 + t_6 = 12.44 + 211.03 + 12.44 \approx 236$
3. 一次提升休止时间	s	$\theta_d = 60 \sim 90$
一次提升循环时间（不包括装碴和卸碴时间）	s	$T_i = 2(T_{ws} + T_y) + \theta_d = 2(27 + 236) + 90 = 616$

TZ-5 吊桶提升能力计算（装、卸碴时间按 240s 考虑）：

（1）提升高度为 150 m 时的提升能力：一次循环时间 $T_1 = 444.2$ s。

$A_T = 3600 \times 0.9 \times V_T/(K \times T_1) = 3600 \times 0.9 \times 5/(1.25 \times 444.2) = 29.2$ m³/h

（2）提升高度为 250 m 时的提升能力：一次循环时间 $T_1 = 476.4$ s。

$A_T = 3600 \times 0.9 \times V_T/(K \times T_1) = 3600 \times 0.9 \times 5/(1.25 \times 476.4) = 27.2$ m³/h

（3）提升高度为 350 m 时的提升能力：一次循环时间 $T_1 = 508.6$ s。

$A_T = 3600 \times 0.9 \times V_T/(K \times T_1) = 3600 \times 0.9 \times 5/(1.25 \times 508.6) = 25.5$ m³/h

（4）提升高度为 450 m 时的提升能力：一次循环时间 $T_1 = 540.8$ s。

$A_T = 3600 \times 0.9 \times V_T/(K \times T_1) = 3600 \times 0.9 \times 5/(1.25 \times 540.8) = 24$ m³/h

（5）提升高度为 550 m 时的提升能力：一次循环时间 $T_1 = 573$ s。

$A_T = 3600 \times 0.9 \times V_T/(K \times T_1) = 3600 \times 0.9 \times 5/(1.25 \times 573) = 22.6$ m³/h

（6）提升高度为 650 m 时的提升能力：一次循环时间 $T_1 = 605$ s。

$A_T = 3600 \times 0.9 \times V_T/(K \times T_1) = 3600 \times 0.9 \times 5/(1.25 \times 605) = 21.4$ m³/h

（7）提升高度为 750 m 时的提升能力：一次循环时间 $T_1 = 637.2$ s。

$A_T = 3600 \times 0.9 \times V_T/(K \times T_1) = 3600 \times 0.9 \times 5/(1.25 \times 637.2) = 20.3$ m³/h

（8）提升高度为 850 m 时的提升能力：一次循环时间 $T_1 = 669.4$ s。

$A_T = 3600 \times 0.9 \times V_T/(K \times T_1) = 3600 \times 0.9 \times 5/(1.25 \times 669.4) = 19.4 \ \text{m}^3/\text{h}$

（9）提升高度为 950 m 时的提升能力：一次循环时间 $T_1 = 701.6$ s。

$A_T = 3600 \times 0.9 \times V_T/(K \times T_1) = 3600 \times 0.9 \times 5/(1.25 \times 701.6) = 18.5 \ \text{m}^3/\text{h}$

（10）提升高度为 1050 m 时的提升能力：一次循环时间 $T_1 = 733.6$ s。

$A_T = 3600 \times 0.9 \times V_T/(K \times T_1) = 3600 \times 0.9 \times 5/(1.25 \times 733.6) = 17.7 \ \text{m}^3/\text{h}$

（11）提升高度为 1150 m 时的提升能力：一次循环时间 $T_1 = 765.8$ s。

$A_T = 3600 \times 0.9 \times V_T/(K \times T_1) = 3600 \times 0.9 \times 5/(1.25 \times 765.8) = 16.9 \ \text{m}^3/\text{h}$

（12）提升高度为 1250 m 时的提升能力：一次循环时间 $T_1 = 798$ s。

$A_T = 3600 \times 0.9 \times V_T/(K \times T_1) = 3600 \times 0.9 \times 4/(1.25 \times 798) = 13 \ \text{m}^3/\text{h}$

（13）提升高度为 1350 m 时的提升能力：一次循环时间 $T_1 = 830.2$ s。

$A_T = 3600 \times 0.9 \times V_T/(K \times T_1) = 3600 \times 0.9 \times 4/(1.25 \times 830.2) = 12.5 \ \text{m}^3/\text{h}$

（14）提升高度为 1430 m 时的提升能力：一次循环时间 $T_1 = 855.8$ s。

$A_T = 3600 \times 0.9 \times V_T/(K \times T_1) = 3600 \times 0.9 \times 4/(1.25 \times 855.8) = 12.1 \ \text{m}^3/\text{h}$

根据以上计算结果，瑞海矿业主井井筒施工选择 1 台 JKZ-4×3.0 矿用提升机和 1 台 JKZ-4×3.5 矿用提升机就能满足要求。提升悬吊高度在 1180 m 以内时，采用 5.0 m³ 吊桶提升；提升悬吊高度在 1180 m 以上时，改挂 4.0 m³ 吊桶提升。

4.2.1.3　提升机电控改造升级

目前，我国提升机高压变频调速技术正日益成熟，但由于矿山企业对该项技术缺乏深入了解以及价格昂贵等因素的影响，导致该项技术在矿山并未得到广泛应用。为了保证主井提升系统的安全运行，同时从节能降耗增效的角度来看，决定将原来的双 PLC 串电阻电控系统改为高压变频电控系统。

瑞海主井施工的 2 台矿山提升机的电控皆改造为高压变频电控，虽然提升机变频调速控制系统价格是电阻调速控制系统的 4~5 倍，但节能效果明显，尤其是单钩提升可节能约 35%；实现无级调速，运行速度易控制，安全性能好，能够实现软停和软起，消除了电动机硬起动过程中对电网的冲击，整个系统的寿命和机械部分寿命大大延长；具有柔性化控制，系统运行平稳、安全、可靠。因此，提升机高压变频调速技术在超大超深竖井施工中值得推广。

4.2.1.4　结语

主井井筒施工的掘砌实行正规循环、专业化滚班连续作业方式。正常情况下，井深小于 600 m 时，正常基岩段一掘一支作业，每循环掘进进尺 4.75 m，模板高度 4.75 m，每模成井 4.75 m。采用综合机械化配套施工技术，劳动组织采取综合施工队形式，按专业化班组配置。井下共分 3 个班组，即凿岩爆破班、出混凝土班和浇筑支护班，滚班作业。其中，出混凝土班每循环要完成 2 次出碴任务。井筒掘进约 23 m 时完成一个循环，循环进尺 4.75 m，正规循环率取 0.9，月进度 30×24×0.9/23×4.75≥133 m。2020 年 7 月实际进尺为 105 m，8 月实际进尺为 137 m。

瑞海主井选用 2 台高压变频电控的专用凿井提升机，经过实际应用，能达到设计标准要求，符合安全性和可靠性要求，其各项技术指标能满足 1500 m 内的超深竖井井筒使用功能需要。

4.2.2 PLC 稳车集控系统的设计及应用

4.2.2.1 竖井凿井稳车 PLC 集控系统的需求分析

瑞海矿业项目部的基建矿井稳车控制原来一直采用继电器制作稳车集中控制系统，控制复杂不规范，故障率较高，现场改变控制方式很不方便。故这些年有部分项目部也采用了 PLC 可编程稳车群集中控制系统，但经过使用，发现有钢模稳车无超载保护、吊盘及钢模无深度显示、所有稳车无电流显示及超载保护等缺点。

针对上述情况，以安全规程为依据，结合瑞海矿业多年对竖井凿井稳车群控制的经验，完善原来的 PLC 稳车集中控制系统，研制设计出适合该公司竖井凿井的一套新型 PLC 稳车群集中控制系统。

4.2.2.2 竖井凿井稳车 PLC 集控系统设计原理

（1）该控制系统可以对 18 台凿井稳车进行控制：3 台钢模稳车、6 台吊盘稳车、2 台风水管稳车、2 台排水管稳车、2 台通风风筒稳车、1 台安全梯稳车、1 台放炮电缆悬吊稳车、1 台动力电缆悬吊稳车。考虑到以后大直径深竖井施工，同时为了保证稳车集中控制系统的通用性，另再增设 2 台吊盘稳车和 1 台钢模稳车的集中控制。

（2）运行时在操作台显示屏上显示每台稳车的运行状态，并且能显示钢模及吊盘的深度和运行速度。

（3）运行时能显示每台稳车的电机电流，并进行过载保护。

（4）运行时能显示钢模悬吊钢丝绳的受力，并进行过载保护。

（5）控制系统要求技术先进、性能稳定、安全可靠、维护量极少，基本上做到免维护。显示要直观，一目了然。

（6）操作台上有总启/停开关，此开关在停止位置时，无法选择稳车；只有此开关在启动位置时才可以选择稳车。

（7）操作台上有急停开关，在紧急情况下，按下此急停开关，可以将两个稳车群的总电源断开，同时操作台的电源也断开。

（8）在两个稳车群中各有一个监视按钮。在操作稳车时，两个稳车群中各安排一个监控巡视人员，在稳车突发故障时，巡视人员可以按下此监视按钮，使所有稳车全部停车。只有排除故障后，将监视按钮弹起时，稳车操作人员才可以继续操作。

（9）稳车的控制电源由稳车本身提供，即使选择了此稳车，如果此稳车没有送电，此稳车也不会运转。

4.2.2.3 竖井凿井稳车 PLC 集控系统具体实施方案

采用两柜一台。两侧稳车群各安装 1 个控制柜，控制各稳车的启停，以及电流及位置等数据的检测；井口操作室安装操作台，实现集中控制操作。

操作台内置三菱 FX3U 原装 PLC，通过通信模块与两侧控制柜内的 PLC 进行通信，这样可以有效减少现场控制线数量，节省现场安装时间，提高效率。稳车控制按钮全部集中在操作台面板上，便于集中操作控制。同时对需要联动的稳车做一键启停控制。使所有稳车需要独立运行时可独立控制，需要联动时一键联动。既方便现场操作，又保证联动一致性。

操作台配备工业计算机，操作台上安装显示器。通过组态王软件和 PLC 双向通信实现远程参数显示、集中监视、保护报警和管理功能，实时监控稳车群的运行状态，如吊盘、钢模的深度及运行速度等。并且监控每台稳车的电流，实现其堵转、过载等保护。监控每台稳车的安全闸开闸状态，当稳车运行且安全闸未打开到位时，系统发出故障信号，且输出急停信号，并停止所有稳车的运行。配备急停按钮，当遇紧急情况时可对系统做急停处理。对需要闭锁的稳车程序做闭锁处理，如当钢模运行时其余所有稳车不能运行。但当特殊情况需要一起运行使用时，短接操作台上某一线路可以不受上述限制。

对提升钢模和吊盘的稳车，各配备 1 台编码器，检测其运行深度、速度等信息，在工控机上予以显示，方便操作人员知道其具体位置和运行速度。同时程序内部做保护，实现吊盘或钢模运行时与编码器速度的比较，防止因为安全闸打不开造成的堵转。

用于钢模悬吊的 3 台稳车天轮配备了定制的高精度压力传感器+变送器，将天轮底座受力情况转变为 4~20 mA 信号输入 PLC。PLC 对多路信号模数转换进行数据采集，完成上限和超上限（分别指超载和严重超载）报警和联锁保护功能，从而实现操作台显示器实时显示各天轮受力情况功能。同时 PLC 内部做保护程序，当受力达到设定超载值时报警；当达到严重超载值时，切断稳车电源，停止其运行。只有故障排除后，受力减小到设定值以下时方可重新运行。

控制箱作为集控系统的动作执行者与稳车原有控制柜进行对接，分别输出正转、反转、急停信号。正反转信号控制稳车运行，急停信号保证能够及时切断稳车电源，使其急停。控制箱内置 PLC 与操作台通信，接收来自操作台的命令，通过继电器输出到原有稳车控制柜进行控制。2 控制柜内各配备 11 路电流检测装置接口，就近对稳车电流进行监控，就地转化为数字量，保证传输过程不失真。

A　PLC 部分

三菱 FX3U 系列 PLC 通过 CC-Link 网络的扩展可以实现最多达 384 点的控制，大幅增加了内部软元件的数量。FX3U 系列 PLC 专门增强了通信的功能，其内置的编程口可以达到 115.2 kb/s 的高速通信，而且最多可以同时使用 3 个通信口。PLC 控制柜采用主从分站的分布模式，采用 ControlNet 现场工业总线，实现了主从分站之间数据高速稳定的实时交换，通信介质为同轴电缆，极大地提高了整个系统的稳定性和可操作性，同时 PLC 主站控制柜预留冗余 CPU 的位置，以便将来扩展冗余控制系统。PLC 电源模块选用的是交流净化稳压电源，保证了控制系统供电的稳定可靠；PLC 控制柜内安装有 PLC 控制模块、I/O 分站模块、24 V DC 稳压电源，保证了控制系统操作的稳定性和可靠性。

B　组态王软件

组态王软件具有适应性强、开放性好、易于扩展、经济、开发周期短等优点。通常可以把这样的系统划分为控制层、监控层、管理层三个层次结构。其中监控层对下连接控制层、对上连接管理层，它不但实现对现场的实时监测与控制，且在自动控制系统中完成上传下达、组态开发的重要作用。尤其考虑三方面问题：画面、数据、动画。通过对监控系统要求及实现功能的分析，采用组态王对监控系统进行设计。组态王软件也为试验者提供了可视化监控画面，有利于试验者实时现场监控。而且，它能充分利用 Windows 的图形编辑功能，方便地构成监控画面，并以动画方式显示控制设备的状态，具有报警窗口、实时趋势曲线等，可便利地生成各种报表。它还具有丰富的设备驱动程序和灵活的组态方式、数据链接功能。

C 电流霍尔传感器

AIC 是"特制集成电路"的英文缩写，它是 20 世纪 80 年代末迅速发展起来的一项高技术产品。从设计思想、研制手段，直到测试方法，都与传统的通用集成电路有质的区别，是超大规模集成电路（VLSI）工艺技术、计算机辅助设计（CAD）、自动测试技术（ATE）的结合。应用在变送器上，即为变送器专用厚膜电路。ASIC（专用集成电路）的变送器把变送器的转换电路和输出电路（即大部分电子电路）全部集成到一块定制的芯片上，大大减少了元器件的数量，整个变送器仅有 CT、PT、电源、大电容、ASIC 芯片等少数几个器件，从而可大大提高整个变送器的可靠性和长期稳定性。

D 高精度编码器

编码器（encoder）是将信号（如比特流）或数据进行编制、转换为可用以通信、传输和存储的信号形式的设备。编码器把角位移或直线位移转换成电信号，前者称为码盘，后者称为码尺。按照读出方式编码器可以分为接触式和非接触式两种；按照工作原理编码器可分为增量式和绝对式两类。增量式编码器是将位移转换成周期性的电信号，再把这个电信号转变成计数脉冲，用脉冲的个数表示位移的大小。绝对式编码器的每一个位置对应一个确定的数字码，因此它的示值只与测量的起始和终止位置有关，而与测量的中间过程无关。

E LLZC 轴承座式荷重传感器

LLZC 轴承座式荷重传感器（见表4-5）采用平板式双剪切梁结构；外形高度低，安装使用方便；过载能力强，受力状态稳定，横向干扰小，可获得较高的测量精度；适用于起重、水利等各种行业中轴承座下的张力测试及控制系统。

表 4-5 LLZC 轴承座式荷重传感器技术参数

参数	单位	技术参数	参数	单位	技术参数
灵敏度	mV/V	$(1.0 \sim 2.0) \pm 0.05$	灵敏度温度系数	$\leq \%F \cdot S/10\,℃$	± 0.05
非线性	$\leq \%F \cdot S$	± 0.1	工作温度范围	℃	$-20 \sim +80$
滞后	$\leq \%F \cdot S$	± 0.1	输入电阻	Ω	750 ± 20
重复性	$\leq \%F \cdot S$	± 0.05	输出电阻	Ω	700 ± 5
蠕变	$\leq \%F \cdot S/30\ min$	± 0.05	安全过载	$\leq \%F \cdot S$	150
零点输出	$\leq \%F \cdot S$	± 1	绝缘电阻	MΩ	≥ 5000 （直流 50 V）
零点温度系数	$\leq \%F \cdot S/10\,℃$	± 0.05	推荐激励电压	V	$10 \sim 15$

F　竖井凿井稳车 PLC 集控系统实现功能

竖井凿井稳车 PLC 集控系统有两种控制操作方式，即井口控制室集中控制操作和稳车群单机就地操作方式。井口集中控制室集中控制是主要操作方式，稳车群单机就地操作方式主要用于设备的调试和维护。

（1）集中控制操作方式。即通过井口集中控制室，结合操作台上的大彩显示屏，实现对各稳车设备的启停控制。该方式是稳车 PLC 集控系统主操作方式，该集控系统出现故障或进行调试及维护时，可以选用稳车群单机操作方式。

（2）稳车群单机就地操作方式。稳车群内均配置就地操作控制按钮，实现单台稳车的启停控制，该操作方式主要用于单机调试、检修及维护。在此工作方式下，稳车的操作独立于 PLC 集中控制，确保在集控系统发生故障时不会影响正常生产。

（3）紧急停车功能。出现紧急情况时，按下操作台上紧急停车按钮，集控系统内全部稳车立即自动停车。

（4）安全管理功能。为确保安全生产，集控软件设置有用户登录界面，对不同登录人员设置不同的权限，并对登录人员作操作记录。管理员用户能监视稳车运行状态、操作稳车运行、修改参数；操作员用户能监视稳车运行状态、操作稳车运行。

4.2.2.4　竖井凿井稳车 PLC 集控系统设计优点

竖井凿井稳车 PLC 集控系统充分考虑到竖井施工时的设备选型和运行特性，又结合项目部现场实际情况进行了优化升级，该集控系统具有水平先进、可靠性强、易扩展、易操作等优点，大大提高了项目部稳车集中控制的可操作性和安全性。

（1）水平先进。在稳车集控系统和技术选型时，充分考虑了集控系统的先进性，保证此套集控系统在投运后仍然具有很强的系统扩展性和升级功能。先进技术和设备的选用，确保了集控系统功能的先进性、性能的优越性、可靠性、稳定性，无论技术水平还是管理水平都居国内同行业前列。

（2）可靠性强。可靠性是竖井施工稳车集控系统的基础，此套系统的方案设计、制造工艺、调试投运等每一步都把可靠性放在第一位，在集控系统设备和技术设计选型上也严格遵循这一标准。

1）系统中所选用的设备均由国内外知名厂家生产，均有良好的产品质量和完善的售后服务保证，系统所用端子排、走线槽均具有良好的耐热性和阻燃性，极大地提高了集控系统的可靠性，有效保证了稳车集控系统长期、安全、稳定运行。

2）集控系统电源采用双回路供电，以确保供电安全，大大减少了因系统电源故障引起的事故，有效保证了稳车集控系统的长期、安全、稳定运行。

3）系统有故障报警和应急处理功能。系统能够自诊断，及时发现系统存在的安全隐患，并根据隐患内容做出相应的应急处理，防患于未然，有效避免了小故障酿成大事故。

（3）易扩展。系统软件和硬件配置及系统结构均具有很强的易扩展性。一方面，系统所选用的硬件为系统今后的升级、完善均留有充裕的扩展容量；另一方面，系统具有灵活的网络结构，将来需扩展系统在现有系统的基础上增加部分稳车设备即可实现，无须更换现有系统的软件、硬件，更不会影响现有系统的运行。

4.2.2.5 竖井凿井稳车 PLC 集控系统的应用

以 PLC 为控制核心的集控系统实现了竖井施工时的稳车集中控制，大大提高了同种稳车控制的同时性和不同种稳车控制的安全可靠性，缩短了各种稳车调整时间，提高了凿井速度和工效；同时可以减少地面辅助人员数量，节约人力。稳车群集中控制系统可直接通过操作台上的按钮和操作手柄对稳车进行正、反向控制，操作非常方便。而且维护量极少，基本上免维护。它只需要在井口集中控制室设置一个合格的操作工，就可以对所有稳车进行操作。该控制系统显示直观，一目了然，易于学习和操作，在瑞海公司项目部乃至全国同行竖井凿井工程施工中，具有极大的推广应用价值。

4.2.3 超深竖井中多层吊盘的设计及应用

随着矿产资源的开发，矿山建设施工的深度逐年增加，一般来说，在我国深竖井是指矿井建设深度在 800~1200 m 的竖井，超深井是指矿井建设深度超过 1200 m 的竖井。

吊盘是超深井施工的一种重要工具，同时也是一个工作平台。吊盘在设计加工时，除了要满足安全和安全防护要求外，还要满足超深井井筒施工的使用要求。下面对吊盘的用途、分类、结构进行了简单的分类，对井筒掘砌施工所用到的吊盘的设计原则进行了详细的说明，并对瑞海矿业主井掘砌工程中用到的吊盘实例进行了进一步分析。

在深竖井井筒施工中，吊盘是施工过程中必不可少的施工工具，是竖井井筒井底工作面的安全保护屏障，是井下与地面联系的平台。通过将大型配套机械化设备和混合作业有机结合在一起，利用吊盘作为工作平台，围绕冻结掘进、凿眼、出碴、筑壁及井筒支护等施工环节，采用先进的施工机械设备，可以充分发挥大型机械设备的生产潜力，保证超深竖井的快速施工。因此，合理的设计和加工吊盘是能够保证施工顺利进行的关键点。

4.2.3.1 吊盘用途

(1) 保护中层、下层吊盘及井底工作面上施工人员的安全，第一层盘一般作为保护盘。

(2) 砌筑井壁的工作平台。单行作业直接作为工作盘，人员在吊盘上操作；混合作业时，用吊桶下混凝土，在吊盘上设置混凝土分灰系统；冻结段砌筑内壁时利用吊盘上层盘作为铺设塑料夹层和分灰器放灰的施工盘；中层吊盘作为绑扎外层钢筋施工盘，下层吊盘拆除喇叭口并设置折页式盖门后作为绑扎内层钢筋、立模、混凝土入模振捣施工的操作盘。

(3) 吊盘上布置凿井设备设施的平台，如中心回转抓岩机；放置液压伞钻的液压站及专用电控柜；放置起吊小物件的风动或电动小绞车；放置多余的钢编软风水管、风筒布、多余电缆等；放置修理工具；当采用卧泵排水时，放置卧泵及水仓水箱；放置低压隔爆开关、隔爆启动器、照明设施、灯具、视频监控设施等其他电气设备。

(4) 在井筒施工过程中上下移动，延长施工中需要的供风供水管、排水管、动力及信号电缆线，检修及更换悬吊设备及处理井筒内各种管线的故障。

(5) 井筒永久装备时，作为安装罐道、罐道梁、永久管线、梯子间的工作盘。

（6）进行壁后注浆及修复井壁作业的工作盘。

（7）可作为避险平台，井底工作面遇特殊紧急情况时，如涌水、片帮等，人员可暂时撤离到吊盘上。

4.2.3.2　吊盘分类

（1）按其层数多少有单层、双层及多层之分。其层数的多少取决于井筒施工的深度、工艺和安全施工的需要，如瑞海矿业主井井筒深度为 1417 m，而且表土段下 87 m 采用冻结法施工，需用 3 层吊盘。

（2）按其用途可分为井筒施工吊盘、井筒永久装备吊盘和临时吊盘。

（3）按各层盘的整体性可分为整体吊盘、分块吊盘和折扇式吊盘。分块吊盘主要是方便运输，设计时以主梁为界，分为三块，组装后成为一个整体；折扇式吊盘是为安装井筒永久装备而特殊设计的。由于施工过程中会使用到圆盘和方盘，固定式（或整体式）不易拆除整改，折扇式吊盘一般在井筒内安装罐道时改成方盘，需要时再组装使用。

4.2.3.3　吊盘结构

常用吊盘呈圆形，吊盘的结构多采用钢结构；吊盘圈梁设计直径一般较井径小 300 mm，层间距要满足施工需要，因此双层或多层吊盘的层间距一般为 4~6 m。吊盘由盘架、盘面、立柱、悬吊装置、吊桶出入喇叭口、固定装置、小的提升孔门、爬梯等部件组成。各层的网架布置、盘面铺设、吊桶和管线通过孔的位置，必须与井筒平面布置图一致，所留孔口的大小需符合安全规程的规定。吊盘的主梁一般采用工字钢，副梁采用工字钢或槽钢，圈梁采用槽钢，盘面铺设花纹钢板。各层盘的吊桶提升孔预留尺寸要满足吊桶上下行要求。在施工中，吊盘配置四个紧固装置，即四个可伸缩的固定插销、螺栓紧固装置，用以与井壁固定，方便施工。

立柱一般采用工字钢或型钢，与上下层盘的主梁连接，其中一根立柱上可焊接盘梯，以方便施工人员上下。吊盘由悬吊装置悬吊，其方式一般采用人字支绳悬吊，悬吊装置与钢丝绳连接过地面井架上的悬吊天轮，缠绕在满足施工要求的凿井绞车上。

4.2.3.4　吊盘设计原则

吊盘一般根据以下几个方面进行设计。

A　井筒的直径

吊盘的直径一般小于井筒直径 300 mm 左右。

B　吊盘与井筒施工的结构

凿井吊盘的结构形式，因井筒的直径、采用的凿井设备、作业方式、施工工艺而异。

C　吊盘设计的平面布置及提升吊桶的位置

凿井吊盘设计的平面布置依据是井筒平面布置图，根据施工工艺、所选施工设备外形轮廓尺寸来确定。提升吊桶的位置也应根据井筒平面布置图来确定，吊桶的位置与吊盘的关系应综合考虑，吊盘上吊桶的提升孔一般设在吊盘主梁框架内。另外吊桶的设置还要考虑靠近悬吊风筒及中心线的一侧，且方便在井筒中处理故障及问题。

D 吊盘的加固及安全防护

吊盘的结构应做到满足施工的安全和强度。其盘架设计尤为关键，选用的钢材也要满足强度要求。框架的主梁一般选用工字钢，在层数较多的时候，副梁也需用工字钢，圈梁与主框架的连接必须牢固，在用螺栓紧固之后还需焊接加固。

两层或多层吊盘的起吊点一般设计在第一层。第一层与第二层、第二层与第三层在使用立柱连接的同时还应用4根满足强度要求的钢丝绳与第二层盘主框架连接，加大安全系数，防患于未然。

E 经济实用

凿井吊盘的结构通过计算来选择所用的材料规格，以满足凿井吊盘强度的要求，吊盘的加工不能只追求使用强度高的材料，也要本着牢固、经济的原则（计算见建井手册）。框架的设计也需要合理，在满足施工的安全和强度要求的情况下还应适当考虑其经济实用性。

F 吊盘提升凿井绞车的起吊重量与吊盘自重的关系

设计的吊盘总重量要在吊盘提升凿井绞车的使用范围之内，且满足施工中的安全系数要求。

G 其他

设计吊盘时，凿井吊盘平面布置除满足凿井期需要外，还应考虑满足井筒永久装备时使用吊盘的需要，以及凿井吊盘悬吊绳要避开井内罐道梁和永久罐道的位置；永久装备时，要对原凿井吊盘进行改造，吊盘的主梁也要避开罐道梁和罐道的位置，这样不必重新制作安装用吊盘，也不必改装井架上天轮平台等其他辅助设施，可以节约原材料和缩短工期。

4.2.3.5 三层吊盘设计、加工及应用实例

瑞海矿业主井井筒净径为6.3 m，井深为1417 m。地面表土段87 m采用冻结法施工，永久井口标高为+7 m，该标高以下87 m为钢筋混凝土井颈段，采用内、外双层井壁设计，内壁厚度为450 mm，外壁厚度550 mm。

当井颈段冻结达到开挖条件后，开始进行井颈段掘砌施工，其间先利用吊盘作为临时封口盘用。往下施工至30m左右时安装吊盘后再进行外壁掘砌施工。外壁施工到壁座后再利用改造的吊盘从下往上砌筑内壁。套完内壁后吊盘下放进入基岩掘砌施工。井筒施工设2套单钩提升装置，2个吊桶布置在井筒的东侧和西侧。HZ-6型中心回转式抓岩机1台布置在井筒南侧。井筒中布置有：6根吊盘悬吊钢丝绳，其中4根兼稳绳；2根电缆悬吊钢丝绳，其中1根悬吊1根 MYP-3×35+1×16-660/1140 放炮电缆，1根悬吊2根 3×50+1×16-660/1140 动力电缆和1根 ZR-KVV-500-19×2.5 型通信电缆；1根抓岩机悬吊钢丝绳；3根钢模钢丝绳；2根风筒悬吊钢丝绳悬吊 φ700 mm 玻璃钢管风筒1趟；2根风水管悬吊钢丝绳悬吊 φ160 mm×145 mm 供风管1趟，φ50 mm×3 mm 供水管1趟；2根排水管悬吊钢丝绳悬吊 φ108 mm 排水管1趟及1根腰泵房水泵动力电缆。

现就主井井筒掘砌施工为例浅谈吊盘设计加工实例。

A 吊盘结构的确定

（1）使用三层金属结构吊盘，总高度为8960 mm，层间距为4000 mm，在双层井壁

冻结段外壁施工时设有辅助圈梁，上、下层吊盘各有 2 道圈梁 ϕ6100 mm、ϕ7100 mm，基岩段施工时将 ϕ7100 mm 圈梁拆掉。下层吊盘安设 1 台排水卧泵、1 台中心回转抓岩机出碴、喇叭口设分灰器及组装套内壁模板（套内壁时）的施工盘，上层吊盘作为施工保护盘铺设塑料夹层（套内壁时）、钢编软供风管及供水管和电缆（放炮时）等，中层吊盘作为伞钻液压站、绑扎钢筋（套内壁）施工盘，下层吊盘与井壁采用吊盘固定装置固定，再用木楔固定，木楔由钢丝绳拴在吊盘立柱上，吊盘悬吊凿井绞车实行 PLC 集中控制。吊盘骨架为 I32b 型工字钢，层间吊盘用 7 根立柱（I32b 型工字钢）连接，并设 ϕ15.5 mm 的保险钢丝绳，上下层盘面铺设厚 5 mm 的花纹钢板，下层盘面铺设厚 6 mm 的花纹钢板，上层吊盘和下层吊盘周边装有 3 对轮胎式吊盘稳定器，用来稳定吊盘，确保吊盘可随时上下移动。凿井绞车采用 PLC 集中控制同步运转，凿井绞车滚筒上缠钢丝绳时，钢丝绳圈与圈之间应挤紧。由于是超深井，故层与层之间应垫以厚 3~3.5 mm 的钢板，以防钢丝绳受力后上层钢丝绳压入下层钢丝绳中，同时会挤坏钢丝绳。同一用途凿井绞车上钢丝绳的直径、层数、圈数相等，松弛度一致，以确保凿井绞车同步运行。

（2）吊盘主框架（主梁）的设计根据吊盘稳罐绳的间距确定。主井井筒施工设计两套提升系统，分别布置在井筒的东西两侧，同样吊桶也布置在东西两侧。东西两侧提升机使用的两罐道绳之间的南北方向距离都为 2620 mm，由此可得 1 号及 9 号两根主梁的中心尺寸为 2620 mm，1 号主梁尺寸长为 4800 mm，9 号主梁尺寸长为 5740 mm。另外在吊盘的南侧还要布置一台中心回转抓岩机，另再增设一根 11 号主梁，尺寸长 4390 mm。

（3）吊盘上吊桶提升孔位置的确定。根据现场情况，提升在主井井口的东西两侧，因此提升孔应设计在吊盘的东西两侧，且设计在两根 1 号及 9 号主梁之间。

（4）考虑到三层吊盘重量较大和经济实用性，吊盘主梁使用 I32b 型工字钢，副梁也皆用 I32b 型工字钢，立柱使用 I32b 型工字钢。

（5）圈梁使用 I32c 型槽钢。

（6）地面东西两侧各布置 3 台共 6 台 25 t 凿井绞车，采用 6 台 25 t 凿井绞车同步提升吊盘。吊盘的悬吊点皆布置在 3 根主梁上，吊盘采用人字支绳悬吊。

B　设计完成的吊盘计算

下面对吊盘悬吊钢丝绳进行计算。计算参数如下：三层吊盘质量：25000 kg；中心回转抓岩机质量：10000 kg；伞钻液压站质量：3000 kg；水泵质量（2 台）：2350 kg；水箱（含水）质量：5000 kg；电器、开关等质量：1500 kg；溜灰管等质量：3000 kg。

吊盘总质量 51500 kg，设计 6 根钢丝绳，每根悬吊 8584 kg，计算时采用 4 根钢丝绳悬吊，每根钢丝绳悬吊质量为 12875 kg（吊盘钢丝绳悬吊放炮电缆 MYP-3×25+1×16 一根，电缆质量为 1450×2.94 = 4263 kg，钢丝绳悬吊质量：8584+4263 = 12847 kg<12875 kg），选择 1770 MPa 钢丝绳（18 mm×7 kg/m）计算。每米钢丝绳理论质量计算：

$P = Q/[(110 \times 1770)/(6 \times 9.8) - 1450] = 12875/[(110 \times 1770)/(6 \times 9.8) - 1450] = 12875/[3311 - 1450] = 12875/1861 = 6.9$ kg/m；

选取 18×7-46-1770 钢丝绳，$P_k = 8.25$ kg/m；

钢丝绳最小钢丝破断拉力总和 $F_{min} = 1160 \times 1.283 \times 1000 \div 9.8 = 151865$ kg；

钢丝绳安全系数计算:

$m = 151865/(12875+1450×8.25) = 6.1>6$;

钢丝绳安全系数能满足要求,最大静张力计算:

$F_{max} = 12875+1450×8.25 = 24838$ kg<25000 kg;

钢丝绳的最大静张力为:$F_{max} = 12875+1420×8.25 = 24838$ kg<25000 kg,选择 JZ-25/1300 凿井绞车 6 台悬吊吊盘。

4.2.3.6 吊盘加工

吊盘的加工程序为下料→各构件的加工→组装框架→焊接加固→焊接盘面→安装爬梯洞口门及吊桶提升口门→焊接紧固装置(焊接盘面使用花纹钢板,在焊接时,应留出爬梯洞口及吊桶提升孔)。

4.2.3.7 吊盘组装

在井筒往下掘出 30m 时,将吊盘材料逐一运至井口旁北面空场开始组装,其具体步骤如下:

(1)首先组装下层盘主梁及副梁,然后再组装下层吊盘圈梁,在所有构件组装完毕后紧固所有螺栓。

(2)安装铺板,铺板在对缝处留有 4 mm 间隙,外圈上的铺板均与外圈单独分开,共同拆装,铺板与吊盘采用 φ12 mm 螺栓联接,螺母在铺板下侧,并焊在吊盘梁上。

(3)采用相同的方法依次组装中层吊盘和上层吊盘。

(4)三层吊盘组装完毕后用吊车将下层吊盘吊放至井口北侧空场处,先将下层吊盘找平,安装下层吊盘与中层的 7 根加工好的立柱,再将中层吊盘吊至立柱上端将其与下层吊盘联接。

(5)将 3 台钢模绳在中层吊盘找好连接点,利用 3 台钢模绳将中层吊盘与下层吊盘吊至井口,下放 2 层吊盘在中层吊盘下穿过一根钢管(或工字钢),将 2 层吊盘下放至井口,卸掉 3 号钢模绳,先利用 4 根吊盘绳将上层盘吊至井口尽量往上提,再将中层与上层吊盘的立柱安装上,然后将上层吊盘用主吊稳车绳吊至立柱上,下放上层吊盘将立柱一一连接上。

(6)上层吊盘与中层吊盘联接好后,将所有悬吊点与悬吊钢丝绳联接好,启动 6 台吊盘稳车提升吊盘至 0.5 m 左右位置,去掉中层盘下的钢管(或工字钢)。

(7)安装吊盘东侧的喇叭口和西侧的围栏。

(8)整个吊盘组装完毕后,在上层吊盘与中层吊盘、中层吊盘与下层吊盘各联接立柱位置分别加装 1 根 φ15.5 mm 的钢丝绳作为保险绳,钢丝绳安装时用葫芦张紧后,用绳卡子卡牢。

(9)安装吊盘上的动力、照明、信号、通信系统。

(10)全面检查验收安装质量,并进行试运行,确认安装质量符合要求后,将吊盘提至合适位置。

(11)安装要求:

1)吊盘组装完毕后,安装人员必须认真检查三层吊盘所有联接点上的螺丝是否全部上紧；

 2）必须保证各层吊盘起吊后自成水平，误差不能超过±10 mm；

 3）必须保证吊盘起吊后上、中、下喇叭口中心重合；

 4）吊盘铺板螺栓的螺母应朝下，铺板与钢梁间要贴合紧密；

 5）吊盘绳、稳绳的绳卡要符合设计要求，绳卡数量要符合设计要求；

 6）各层吊盘间的保护绳要在张紧后再用绳卡卡死；

 7）在安装完吊盘上所有螺栓后，要将螺帽和螺杆焊死。

4.2.3.8　吊盘使用期间的注意事项

吊盘使用期间的注意事项包括：

（1）吊盘上作业人员必须佩戴安全带。

（2）吊盘使用时在吊盘升降过程中，必须保证 5 根钢丝绳处于受力状态，且保持受力均匀，严禁单绳受力。

（3）施工过程中要定期对吊盘及悬吊设施进行检查，防止部分构件变形或者焊缝开裂等。

（4）吊盘上预留孔洞不宜过多过大。

（5）在每次起落吊盘后，必须重点对井筒吊挂系统进行全面、系统、细致的检查，特别是检查各种管线安全间隙是否符合要求。检查工作完成后，必须再空罐运行 2 次。空罐运行确认无误后才能正式恢复正常运行。

4.2.4　超深竖井凿井井架的选型及结构优化

凿井井架是竖井凿井的重要钢结构之一，是竖井井筒提升各种设备、运输人员、提升碴石的主要设备，在整个竖井井筒施工过程中，凿井井架发挥着至关重要的作用，所以凿井井架的设计和选择尤为重要。凿井井架的承载能力、稳定性及井架上下的布局、井架高度、翻碴平台高度、天轮平台面积和井架角柱的跨距等都与井架的材料、井架的结构形式等有关，它们直接或间接地影响了施工工艺和施工进度。

随着凿井设备的更新和工艺的改进，以及用于凿井的井架也有了更新，从现有的 Ⅰ～Ⅴ型井架，5 种型号，7 个品类（Ⅰ～Ⅴ型、ⅢG 型、ⅣG 型），增加到了 7 种型号，即增加了Ⅵ型和Ⅶ型井架。Ⅵ型和Ⅶ型凿井井架已应用于多个矿山深竖井施工，并且效果很好。还有采用了永久性的生产井架（井塔）来施工超深井，此应用不但简化了凿井过程，而且还缩短了建井工期。

随着矿产资源的探采，我国矿业探采深度有些已经大于 1600 m，而国外的一些企业已经达到 2500～4000 m。预计未来随着矿产资源开采逐步向着深部发展，大井、深井占有量将会逐步增大。如瑞海矿业承建的国内深竖井有：云南大红山铁矿废石箕斗井井筒深度 1273 m，净井径为 5.5 m；贵州武陵矿业主井井筒深度 1123 m，净井径为 5.5 m，副井井筒深度 1073 m，净井径为 6 m；河北钢铁矿业公司马城铁矿 3 号主井，井筒深度 1141.5 m，净井径为 6.5 m；辽宁龙兴矿业有限公司思山岭 1 号主井井筒深度 1545 m，净井径为 6.3 m，2 号主井井筒深度 1545 m，净井径为 6.3 m；山东莱州瑞海矿业三山岛进风井井筒深度 1530 m，净井径为 6.5 m，主井井筒深度 1417 m，净井径为 6.3 m。其中思山岭1号/2号主井（1545 m）和瑞海进风井（1530 m）凿井采用新Ⅵ型凿井井架施工，瑞海主井（1417 m）凿井采用永久井塔施工。

目前能用于千米以上的竖井亭式凿井井架有ⅣG型、Ⅴ型、Ⅵ型、Ⅶ型4种型号。一般情况下，井架的选择应该根据井筒的直径、深度和悬吊设备、设施、管路、线缆的类型及数量等因素来考虑。但如果施工工艺及设备与井架原设计条件有大的差别时，或者设计载荷重量过大、悬吊布置不均衡、单边提升时，应对井架天轮平台、井架主体结构、基础等进行强度、稳定性、刚度验算。

新型大型Ⅵ型凿井井架将"日"字形天轮平台改为"目"字形天轮平台，优化了天轮平台布局，改善了井架的受力，如图4-3所示。

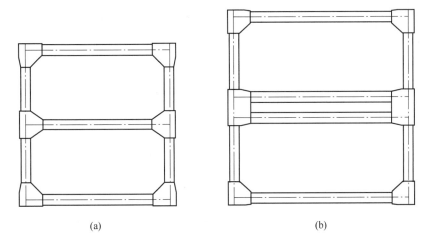

(a)　　　　　　　　　　　(b)

图4-3　新型大型Ⅵ型凿井井架天轮平台

(a) "日"字形天轮平台；(b) "目"字形天轮平台

新型Ⅶ型凿井井架天轮平台由上"日"、下"目"字形双层天轮平台结构体系组成，侧面将"V"形结构改成新型"M"形支承结构，合理地优化了井架受力结构，增强了井架稳定性。各凿井井架型号规格参数见表4-6。

表4-6　凿井井架型号规格参数

井架型号	适用井筒直径/m	井筒深度/m	主体架角柱跨距（水平跨距、垂直跨距）/m	天轮平台尺寸/m²	基础面至翻碴平台高/m	基础面至天轮平台高/m	井架总质量/t	悬吊总负荷/kN 工作时	悬吊总负荷/kN 断绳时
Ⅳ	5.5~8.0	800	15.3、15.3	7.0×7.0	10.5	25.87	58.541	2793.0	3469.2
Ⅴ	6.5~8.0	1000	16、16	7.5×7.5	10.0	26.27	71.097	4184.6	10456.0
Ⅵ	8.0~12.0	1500	18.85、18.85	9.5×9.5	11.5	29.0	85.345	5590.0	8590.0
Ⅶ	9.0~15.0	1600	21、21	9.0×9.0 12.0×12.0	12.0	29.2	215.218	6748.0	11412.0

注：以上技术参数来源于《凿井工程图册》及现设计院设计参数。

4.3　安全高效施工辅助系统关键技术

4.3.1　压风与供水系统设计和布置

4.3.1.1　井筒供压风

井筒施工过程中使用的压风设备有 HZ-6 中心回转抓岩机、YSJZ4.8 液压伞钻、风泵、气镐等，其用风量统计见表 4-7。最大压风量出现在出碴时，中心回转抓岩机井筒出碴需要风泵排水。

表 4-7　工作面机械设备用风量统计

设备名称	规格型号	单位	数量	耗风量/m³·min⁻¹	风压/MPa
液压伞钻	YSJZ4.8	台	1	20	0.5~0.7
抓岩机	HZ-6	台	1	45	0.5~0.7
风镐	G10	台	2	1.2	0.5
风泵	BQF-50/25	台	1	5	0.5

A　掘进总耗风量的计算

$$Q_总 = \alpha\beta\gamma \sum nkq = 1.15 \times 1.15 \times 1 \times (45 + 5) = 66 \text{ m}^3/\text{min} \tag{4-5}$$

式中　α——管网漏风系数，取 1.15；

β——风动机械磨损使耗风量增加的系数，取 1.15；

γ——高原修正系数，海拔每增加 100 m，系数增加 1%；

n——同型号风动机具使用数量，台；

k——同型号风动机具同时使用系数，按下列规定取值：10 及 10 台以下 $k = 1.0 \sim 0.85$，11 及 30 台 $k = 0.85 \sim 0.75$；

q——风动工具耗风量，m³/min。

B　总干线压风管路直径选型

按管道中空气的平均压力为 0.75 MPa，压缩空气流速为 12.4m/s 时计算管路直径：

$$D = \sqrt{4 Q_1/(60\pi V)} = \sqrt{4 \times 66 \times 0.1/0.75/(60 \times 3.14 \times 12.4)} = 0.123 \text{ m} \tag{4-6}$$

式中　D——压风管内径，m；

V——管道内空气流速，m/s；

Q_1——平均压力下空气流量，m³/min，其值与管道在 15 ℃ 和 0.1 MPa 大气压下的计算压风流量、吸气大气压、管道内气体平均压力有如下关系：$Q_1 = Q_总 p_0/p_1$；

$Q_总$——管道在 15 ℃ 和 0.1 MPa 大气压下的计算压风流量，m³/min；

p_0——吸气大气压，MPa；

p_1——管道内气体平均压力，MPa。

根据计算，井筒掘砌施工选用 1 趟 DN160×9.5 mm PE 管（$P_N = 1.25$ MPa）作为压风管路，能够满足要求。

C 施工供压风系统

在井口工业广场修建一个压风机房，设 1 趟管路向井筒供压风，根据掘进时用风量最大为 66 m^3/min，考虑到快速施工、多工种平行作业及风压降效等因素，本着经济合理的原则，在地面压风机房安装 1 台 LGEBP-46/8G 空压机（排气量 46 m^3/min，电动机功率 250 kW）和 2 台 LGEBP-24/8G 空压机（排气量为 24 m^3/min，电动机功率 132 kW，其中 1 台为变频空压机）。电动风冷式空压机技术参数见表 4-8。

表 4-8 电动风冷式空压机技术参数

型号	排气量 /$m^3 \cdot min^{-1}$	工作压力 /MPa	电机功率 /kW	排气接口	质量/kg	外形尺寸 /mm×mm×mm	储气罐
LGEBP-24/8G	24	0.8	132	DN65	3050	2760×1340×1710	共用 1 台 4m^3 储气罐
LGEBP-46/8G	46	0.8	250	DN80	4500	3400×2100×2100	

4.3.1.2 井筒供水管

井筒主供水管采用 $\phi50$ mm×3 mm 无缝钢管，通过降压阀向井底工作面供水。

4.3.2 排水系统设计和布置

在 -784 m 水平马头门设临时水仓及泵房。根据招标文件，当涌水量 $Q \geqslant 20 m^3/h$ 时，井筒进行注浆。井筒深度 1530 m，排水系统采用 2 级排水；-784 m 水平以上井筒排水管路采用钢丝绳悬吊，-784 m 水平以下排水管路采用井壁固定。

（1）排水管管壁厚度计算，选择 $D_g = 100$ mm 的无缝钢管：

$$\delta = 0.5D_g\{[(R_k + 0.4p_g)/(R_k - 1.3p_g)]1/2 - 1\} + a$$
$$= 0.5 \times 9.7 \times \{[(800 + 0.4 \times 79)/(800 - 1.3 \times 79)]1/2 - 1\} + a$$
$$= 4.85 \times [(831.6/697.3)1/2 - 1] + (0.1 \sim 0.2)$$
$$= 4.85 \times (1.092 - 1) + (0.1 \sim 0.2)$$
$$= 0.446 + (0.1 \sim 0.2)$$
$$= (0.546 \sim 0.646)cm \tag{4-7}$$

式中 R_k——许用应力，kg/cm^2；

p_g——管路最低点的压力，kg/cm^2；

a——考虑到管路受到腐蚀及管路制造有误差时的附加厚度，钢管取 0.1~0.2 cm。

选择 $\phi108$ mm×5.5 mm 无缝钢管，作为排水管。

（2）分段选择排水管及法兰盘：

1）-784~-628 m 水平：选择 $\phi108$ mm×5.5 mm 无缝钢管，13.9 kg/m；管路长度：156 m，选择 100 kg/cm^2 凹凸面对焊法兰盘（GB/T 9112—2010）12 副，加螺栓质量 2516 kg。

2）−628~−388 m 水平：选择 ϕ108 mm×5 mm 及 ϕ108 mm×4.5 mm 无缝钢管，长度分别为60 m 及180 m；选择 64 kg/cm^2 凹凸面对焊法兰盘（GB/T 9112—2010）40 副；管路长度 240 m，加螺栓质量3829 kg。

3）−388~−238 m 水平：选择 ϕ108 mm×4 mm 无缝钢管，长度为150 m；选择 40 kg/cm^2 凹凸面对焊法兰盘（GB/T 9112—2010）25 副，加螺栓质量 2065 kg。

4）−238~−148 m 水平：选择 ϕ108 mm×4 mm 无缝钢管，长度为90 m；选择 25 kg/cm^2 光滑面搭焊法兰盘（GB/T 9112—2010）15 副，加螺栓质量 1178 kg。

5）−148~+8 m 水平：选择 ϕ108 mm×4 mm 无缝钢管，长度为156 m；选择 16 kg/cm^2 光滑面搭焊法兰盘（GB/T 9112—2010）26 副，加螺栓质量 1926 kg；排水管总质量为 11514 kg。

（3）排水能力计算：
$$Q = SVT = (0.10/2)2 \times 3.14 \times 2.2 \times 3600 = 62 \text{ m}^3/\text{h}$$

（4）水泵选择。

通过正常涌水量确定排水设备所必需的排水能力：
$$Q_1 = Q_r/20 \text{ m}^3/\text{h} \qquad H_1 = K(H_h + 5.5) \text{ m}$$

根据 Q_1 及 H_1 初选设备型号，确定其流量 Q（m^3/h）和扬程 Hm
$$Q_1 = Q_r/20 = 20 \times 24/20 = 24 \text{ m}^3/\text{h}$$
$$H_1 = K(H_h + 5.5) = 1.1 \times (790 + 5.5) = 875 \text{ m} \tag{4-8}$$

式中　Q_r——矿井正常涌水量，m^3/d；

　　　K——扬程损失系数。对于竖井，$K = 1.1$；

　　　H_h——井筒深度，m，该计算 $H_h = 790$ m。

根据以上计算结果：选择 D25-80×11 水泵两台（一用一备），匹配电动机功率为 185 kW。水泵技术参数详见表 4-9（表中 10 级泵用于−784 m 水平以下井筒排水，一用一备）。

表 4-9　D25-80 型泵性能

级数	流量		扬程 H /m	转速 /r·min^{-1}	轴功率 /kW	电动机功率 /kW	效率 η /%	必需汽蚀余量 (NPSHr)/m	泵口径	
	m^3/h	L/s							入口	出口
11	15	4.16	953		121.9		32	3.2		
	25	6.94	880	2950	133.1	185	45	3.5	65	65
	30	7.78	853		160		44	5		
10	15	4.16	866		110.7		32	3.2		
	25	6.94	800	2950	121	160	45	3.5	65	65
	30	7.78	780		145.4		44	5		

4.3.3　通风系统设计

采用地面单机压入式通风，导风筒选用 DN700×4 型玻璃钢风筒，风机选用 FBD-

No. 7. 5-4×37 kW 型高效对旋风机。FBD 系列矿用隔爆型压入式对旋轴流局部通风机参数见表 4-10。

表 4-10　FBD 系列矿用隔爆型压入式对旋轴流局部通风机参数

风机型号	风机功率 /kW	额定电压 /V	额定电流 /A	额定转速 /r·min⁻¹	风量 /m³·min⁻¹	全压 /Pa	最高效率 /%
FBD-No. 7. 5	4×37	380/660/1140	69. 8/40. 3/23. 3	2900	780~510	2000~13000	≥80

A　工作面所需风量 Q 的确定

a　按同时工作的最多人数计算 Q

$$Q = KV_{p}m \tag{4-9}$$

式中　Q——工作面所需风量，m³/min；

　　　K——风量备用系数，取 $K = 1.15$；

　　　V_{p}——井筒内每人每分钟所需风量，取 $V_{p} = 4$ m³/min；

　　　m——井筒内同时工作时的最多人数，取 $m = 15$ 人。

$Q = 1.15×4×15 = 69$ m³/min。

b　按炸药消耗量计算

$$Q = 25A/t \tag{4-10}$$

式中　Q——工作面所需风量，m³/min；

　　　A——工作面一次起爆使用最大炸药量，取 $A = 480$ kg；

　　　t——排除工作面炮烟的时间，取 $t = 20$ min。

$Q = 25×480/20 = 600$（m³/min）；

按以上计算，工作面所需的风量 $Q = 600$ m³/min。

B　风筒阻力 R 计算

$$R = R_{100}L/100 \tag{4-11}$$

式中　R——风筒阻力，Pa·s²/m⁶；

　　　R_{100}——风筒百米风阻，查手册 $R_{100} = 1.35$ Pa·s²/m⁶；

　　　L——送风距离，取 $L = 1530$ m。

$R = 1.35×1530/100 = 20.66$（Pa·s²/m⁶）。

C　局扇工作风压 H 计算

$$H = KRQ^{2} \tag{4-12}$$

式中　H——局扇工作风压，Pa；

　　　K——风筒漏风系数，取 $K = 1.2$；

　　　R——风筒阻力，Pa·s²/m⁶。

$H = 1.2×20.66×(600/60)^{2} = 2479$ Pa。

D　通风管悬吊钢丝绳计算

风筒采用两根钢丝绳悬吊，通风管悬吊钢丝绳计算见表 4-11。

表 4-11　通风管悬吊钢丝绳计算

通风管悬吊钢丝绳计算	预选悬吊稳车型号	JZ-25/1800	
	预选钢丝绳型号	18×7+FC-42-1770	
	钢丝绳单位质量/kg·m⁻¹	7.04	
	DN700×4 玻璃钢风筒单位质量/kg·m⁻¹	13.4	
	每节风筒螺栓质量/kg	9.2	
	每副卡子及螺栓质量/kg	5.1	
	一套风筒总质量（含卡子等配件)/kg	94.7	
	通风系统总质量/kg	23675	
	单根钢丝绳终端载荷/kg	14205	
	钢丝绳公称抗拉强度/MPa	1770	
通风管悬吊钢丝绳计算	钢丝绳最小破断拉力/kN	987	
	悬吊长度/m	1530	
	悬吊钢丝绳根数	2	
	安全系数	5	
	钢丝绳单位长度质量/kg·m⁻¹	设计参考值	计算值
		7.04	5.81
	所选钢丝绳是否符合要求	7.04>5.81，符合要求	
	安全系数校验	规程要求值	计算值
		5	5.08
	安全系数是否符合要求	5.02≥5，符合要求	
	钢丝绳最大静张力计算/kg	设计参考值	计算值
		25000	24976
	所选悬吊稳车是否符合要求	25000>24976，符合要求	

4.3.4　翻碴与排碴装置设计和布置

　　井筒掘进出碴时采用座钩式自动翻碴装置翻碴，即当吊桶提升至翻碴平台上方后，平台翻碴工进行稳罐并放倒溜槽，且向绞车房发送下放信号，使吊桶下放至座钩装置上自动倾覆，再发点提升吊桶，使吊桶处于平衡静止状态，并提起溜槽复位。碴石进入溜槽后，经溜槽下料口闸门装入汽车并被运出。

根据以往竖井施工经验，在翻碴平台进行翻碴操作时，会产生很大的噪声，为防噪声影响附近居民和施工作业人员的正常作息，在翻碴溜槽内安装钢轨固定橡胶垫，以减少碴石与溜槽钢板之间的摩擦声，也可参照高速公路安装降噪隔音墙达到降噪的目的。

4.3.5 供电与照明系统设计和布置

4.3.5.1 供电设计

在现场设临时变电所，10 kV 电源在业主指定位置引入，在变电所内装表计量。变电所设 6 个高压开关柜，其中 2 个为电源进线高压开关柜，型号为 GXN2-10Z/07T，采用机械和电器闭锁；其余 4 个高压开关柜的型号为 GXN2-10Z/03T，分别控制 2 台 J 提升机、1 台 S11-1000/10/0.4 地面动力变压器、1 台 KS11-500/10/0.4 矿用变压器。设 3 块 GGD 型低压配电屏、1 块电源屏、2 块负荷屏。其主要用电负荷为：

（1）高压用电系统。提升机用电：提升机采用 10 kV 电压。提升机共计 2 台，电动机功率分别为 2000 kW/台及 1800 kW/台。

（2）地面低压系统（具体见负荷统计表 4-12）。地面生产用电采用 380 V 电压，生活用电采用 220 V 电压，三相四线制供电，中性点直接接地系统，装设触电保安器，采取接地网和局部接地措施，以确保安全用电。临时变电站至压风机房采用 BV-450/750V-1×240 阻燃电线供电；变电站至其他工作场地用电采用敷设低压电缆或架空线路供电。

（3）井下施工用电（具体见负荷统计表 4-12）。由于井筒较深，为减少线路的电压降低、提高用电设备的供电质量，井筒供电电压等级为 1140 V，临时变电所内安装两台 KJZ-400/1140（660）矿用隔爆型真空馈电开关作为井下总电源开关，分别向腰泵房和吊盘供电。采用 1 根 MYP-0.66/1.14kV-3×95+1×25 的橡套电缆向腰泵房供电；采用两根 MYP-0.66/1.14kV-3×70+1×25 的橡套电缆并联向吊盘供电。吊盘上主要用电设备为水泵及液压伞钻的液压站、信号照明综合保护装置。同时安装 1 台 KSG-10kVA/1140/660（380）V 三相矿用隔爆型干式变压器向混凝土振动设备等供电。

4.3.5.2 供电计算

A 井下供电变压器选择

井下最大负荷容量为 460 kW，根据《煤矿电工手册》第二分册式（10-3-4）

$$S_j = \sum P_N \times K_r \times K_s / \cos\varphi_{pj} = 460 \times 0.8 \times 0.9/0.7 = 473(kV \cdot A) \qquad (4-13)$$

式中 S_j——变压器的计算容量，$kV \cdot A$；

$\sum P_N$——由变压器供电的所有用电设备额定功率之和，kW；

K_r——需用系数，取 $K_r = 0.8$；

K_s——同时系数，取 $K_s = 0.9$；

$\cos\varphi_{pj}$——所有用电设备的功率因素，同上查表得 $\cos\varphi_{pj} = 0.7$。

根据以上计算，选用 1 台标准矿用变压器 KS11-500/10/1.2（0.693）向井下用电设备供电。

表 4-12　井筒施工期间用电负荷统计表

序号	设备名称	电动机型式	电动机额定容量 /kW·台⁻¹	设备数量/台 安装	设备数量/台 使用	设备容量/kW 安装	设备容量/kW 使用	需用系数	$\cos\varphi$	有功功率 /kW	无功功率 /kvar	视在功率 /kV·A	备注
一、地面高压 10 kV													
1	提升机	绕线	2000	1	1	2000	2000	0.85	0.823	1700	1173	2066	JKZ-4×3P
2	提升机	绕线	1800	1	1	1800	1800	0.85	0.823	1530	1056	1859	2JKZ-4×2.65P
3	合计									3230	2229	3925	
4	同时系数：有功 0.9，无功 0.95									2907	2118	3611	
二、地面低压 10/0.4 kV（同时最大负荷）													
1	压风机	鼠笼	132	2	1	264	132	0.88	0.85	116	72	136	说明：当吊盘起落时，6 台 25 t 稳车和 2 台电缆悬吊稳车同时工作，压风机停止工作。压风机有功功率为 336 kW，无功功率为 208 kvar，小于稳车同时工作的有功及无功功率，故不统计。
2	压风机	鼠笼	250	1	1	250	250	0.88	0.85	220	136	259	
3	稳车	鼠笼	45	17	17	765	765	0.8	0.82	612	427	746	
4	稳车	鼠笼	37	2	2	74	74	0.8	0.82	59	41	72	
5	局部风机	鼠笼	37×4	2	1	296	148	0.85	0.82	126	88	154	
6	机械加工及生活		120			120	80	0.8	0.82	64	45	78	

序号	设备名称	电动机型式	电动机额定容量/kW·台⁻¹	设备数量/台 安装	设备数量/台 使用	设备容量/kW 安装	设备容量/kW 使用	需用系数	$\cos\varphi$	计算容量 有功功率/kW	计算容量 无功功率/kvar	计算容量 视在功率/kV·A	备注
7	井盖门小绞车	鼠笼	7.5×2	6	4	90	60	0.8	0.82	48	34	59	
8	提升机低压部分						80	0.8	0.85	64	40	75	
9	地面照明					20	20	0.8	1	16	0	16	
10	合计									989	883	1595	选择 S11-1000/10/0.4 电力变压器 1 台
11	同时系数：有功 0.9，无功 0.95									890	839	1467	

三、井筒施工井下供电 10/1.14 (0.693) kV

序号	设备名称	电动机型式	电动机额定容量/kW·台⁻¹	设备数量/台 安装	设备数量/台 使用	设备容量/kW 安装	设备容量/kW 使用	需用系数	$\cos\varphi$	计算容量 有功功率/kW	计算容量 无功功率/kvar	计算容量 视在功率/kV·A	备注
1	腰泵房水泵	鼠笼	185	2	1	370	185	0.85	0.82	157	110	191	
2	吊盘水泵	鼠笼	160	2	1	320	160	0.85	0.82	136	95	166	
3	液压站		55	2	2	110	110	0.85	0.82	94	66	115	
4	挖机		35	2	2	70	70	0.85	0.82	60	42	73	
5	井筒照明		4	4	4	16	16	0.8	1	13	0	13	
6	合计									460	313	558	选择 KS11-500/10/1.2 (0.693) 矿用变压器 1 台
7	同时系数：有功 0.9，无功 0.95									414	297	510	

B　地面供电变压器容量选择

地面供电最大负荷在起落吊盘时段，总负荷为 890 kW，根据《煤矿电工手册》第二分册式（10-3-1）：

$$S_j = \sum P_N \times K_r \times K_s / \cos\varphi_{pj} = 890 \times 0.8 \times 0.9 / 0.7 = 915 (kV \cdot A) \qquad (4-14)$$

式中　S_j——变压器的计算容量，$kV \cdot A$；

$\sum P_N$——由变压器供电的所有用电设备额定功率之和，kW；

K_r——需用系数，取 $K_r = 0.8$；

K_s——同时系数，取 $K_s = 0.9$；

$\cos\varphi_{pj}$——所有用电设备的功率因素，同上查表得 $\cos\varphi_{pj} = 0.7$。

根据以上计算，选择一台标准电力变压器 S11-1000/10/0.4 向地面用电设备供电。

4.3.5.3　高、低压电缆计算与选型

A　高压电缆型号及长度的确定

瑞海 2 号措施井临时变电所高压电缆须采用交联聚乙烯绝缘电缆，故选用两根 MYJV-8.7/15kV-3 ×95 交联聚乙烯钢带铠装阻燃电缆并联运行，两路电源一用一备。

按经济电流密度选择电缆截面，我国现行的经济电流密度见表 4-13。

表 4-13　经济电流密度 J_{ac} 值　　　　　　　　　　　　　　(A/mm^2)

导体材料	年最大负荷利用时间/h		
	3000 以下	3000 ~ 5000	5000 以上
铜裸导线和母线	3.0	2.25	1.75
铝裸导线和母线	1.65	1.15	0.9
铜芯电缆	2.5	2.25	2
铝芯电缆	1.92	1.73	1.54

a　按经济电流密度选择电缆截面

高压电缆最大工作电流（按最大负荷核算）为：

$$I_g = S_j / (1.732 \times U_e) = 5300 / (1.732 \times 10) = 306 (A) \qquad (4-15)$$

式中　I_g——高压电缆最大工作电流，A；

S_j——变压器与主提的计算容量，$kV \cdot A$；

U_e——变压器一次侧额定电压，kV。

按年利用时间为 3000 ~ 5000 h，选铜芯电缆，电缆经济电流密度 $J_{ac} = 2.25 \ A/mm^2$，故电缆的经济截面为：$S_{EC} = I_g / J_{ac} = 306 / 2.25 = 136 \ mm^2$。

故选用两根 MYJV-8.7/15 kV-3×95 交联聚乙烯钢带铠装阻燃电缆并联运行。

b　按长时间允许电流校验所选截面

MYJV-8.7/15 kV-3×95 交联聚乙烯钢带铠装阻燃电缆环境温度为 25 ℃ 时的长时间载流量为 270×2 = 540 A > 306 A，符合要求。

c 电压损失校验

高压 10 kV 配电线路允许电压损失为 5%，故：$U = 10000 \times 5\% = 500$ V；$U = \sqrt{3} I R \cos\varphi = \sqrt{3} \, IL/(DS) = \sqrt{3} \times 306 \times 100/(42.5 \times 95 \times 2) = 6.6$ V < 500 V，故电压损失符合要求。

B 低压电缆型号及长度的确定

（1）根据负荷统计表确定井下施工所用电缆，可选用 MYP-0.66/1.14 kV+3×95+1×25 型和 MYP-0.66/1.14 kV+3×70+1×25 型矿用移动橡套软电缆。

（2）电缆长度的确定。根据《煤矿电工手册》第二分册的要求，对于橡套电缆所需的实际长度 L_s 应比井筒实际长度 L 增加 10%，即 $L_s = 1.1L$（m）。

4.3.5.4 高、低压开关选型及整定计算

高压开关柜采用 XGN2-10Z/07T 型（进线柜）及 XGN2-10Z/03T 型（馈电柜），其容量及计算整定如下。

A 高压总开关容量选择

根据总计算容量选择高压开关运行电流 I_n：

$I_n = 5300/(1.732 \times 10) = 306$（A）；

通过上述计算进线柜高压总开关选用电流变比为 400/5 A 的电流互感器。

过载保护按高压开关运行电流 I_n 的 1.1 倍进行计算：

$I_z = 306 \times 1.1 = 337$（A），取 $I_z = 340$ A 计算。

根据 XGN2-10Z/03T 型高压柜技术参数，选择过载时间及速断整定值。过载时间整定：2.5 倍整定电流值时，动作时间在 10~14 s，速断电流的整定以避开系统内最大瞬时电流为原则，取 4 倍，速断短路整定电流选择 $I_{dZ} = 1360$ A。

B 主提升机馈电柜开关容量及计算整定

根据绞车电机容量确定运行电流 $I_n = 115$ A。

可确定主绞车馈电柜开关选用电流变比为 150/5 的电流互感器，过载保护按高压开关运行电流 I_n 的 1.1 倍进行计算：

$I_z = 115 \times 1.1 = 126.5$（A），取 $I_z = 130$ A 计算。

根据 XGN2-10Z/03T 型高压柜技术参数，选择过载时间及速断整定值。过载时间整定：2.5 倍整定电流值时，动作时间在 10~14 s，速断电流的整定以避开系统内最大瞬时电流为原则，取 4 倍，速断短路整定电流选择 $I_{dZ} = 520$ A。

C 副提升机馈电柜开关容量及计算整定

根据绞车电机容量确定运行电流 $I_n = 102$ A；

可确定副绞车馈电柜开关选用电流变比为 150/5 的电流互感器，过载保护按高压开关运行电流 I_n 的 1.1 倍进行计算：

$I_z = 102 \times 1.1 = 112.2$（A），取 $I_z = 115$ A 计算。

根据 XGN2-10Z/03T 型高压柜技术参数，选择过载时间及速断整定值。过载时间整定：2.5 倍整定电流值时，动作时间在 10~14 s，速断电流的整定以避开系统内最大瞬时电流为原则，取 4 倍，速断短路整定电流选择 $I_{dZ} = 450$ A。

D　井下供电变压器开关容量及计算整定

根据计算容量选择高压开关运行电流 I_n：

$I_n = 500/(1.732 \times 10) = 28.9$（A），取 $I_z = 30$ A 计算。

根据 XGN2-10Z/03T 型高压柜技术参数，选择过载时间及速断整定值。过载时间整定。2.5 倍整定电流值时，动作时间在 $10 \sim 14$ s，速断电流的整定以避开系统内最大瞬时电流为原则，取 4 倍，速断短路整定电流选择 $I_{dZ} = 120$ A。

E　地面供电变压器开关容量及计算整定

根据计算容量选择高压开关运行电流 I_n：

$I_n = 1000/(1.732 \times 10) = 57.7$（A），取 $I_z = 60$ A 计算。

根据 XGN2-10Z/03T 型高压柜技术参数，选择过载时间及速断整定值。过载时间整定：2.5 倍整定电流值时，动作时间在 $10 \sim 14$ s，速断电流的整定以避开系统内最大瞬时电流为原则，取 4 倍，速断短路整定电流选择 $I_{dZ} = 240$ A。

4.3.6　通信、信号及视频监控系统设计和布置

矿山提升信号系统是完成矿井施工生产任务、实现矿井施工经济效益的关键环节。一套完整的提升信号系统包括信号系统、通信系统和视频监控系统。通信系统是保证矿山施工过程中生产、调度、管理及救援等安全运转的关键点。矿山施工信号系统是提升系统的工作指示，也是保证矿井提升系统安全运转的重要装置。下面以竖井井筒施工为例阐述一下通信、信号及视频监控系统的设计和布置。

4.3.6.1　通信与信号系统的设计布置

通信线路及信号线路共用一根 ZR-KVV-500-19×2.5 通信信号电缆，悬挂于吊盘钢丝绳上。井筒中的通信信号电缆不得有接头。如果因井筒太深需设接头时，应将接头设在中段（水平）巷道内，以便检修维护。通信信号电缆应同电力电缆分挂在井巷的两侧；如果条件有限，在井筒内应敷设在距电力电缆 0.8 m 以外的地方。通信信号应保持完好可靠，保证井上下随时联系畅通。

A　通信

竖井井筒施工通信系统一般采用有线和无线方式，平时正常施工一般都采用有线通信方式。特殊情况下采用无线通信，如起落吊盘、井筒设备抢修及应急救援等情况一般采用远距离大功率无线对讲机。

竖井井筒正常施工有线通信联络系统主要由调度室机房系统主机设备（包括数字程控调度交换机、电话录音盒、矿用安全耦合器、防雷保安配线架、UPS 后备电源等及接地线工程），调度室（调度工作平台），布线系统（地面布线要规范，井下布线包括矿用通信电缆、矿用接线盒、矿用电话线等）及终端设备（地面普通电话机、井下本质安全型电话机）等 4 个部分组成，此外，还包括井下（腰泵房、吊盘及井底工作面）与井口及地面其他各作业点（提升机房、信号室、二平台翻碴台、地面变配电所、稳车群、材料仓库、领导值班室、机电值班室、掘进队干值班室）的通信联络。

B 信号

采用 KJTX-SX-1 型煤矿井筒信号装置作为主信号,另再自制一套简易信号系统作为备用,增设一套转换开关可以让备用信号系统随时投入使用。井口设信号控制室,各配备一套独立的声光信号系统。井下所有信号系统必须达到防淋水要求。

信号系统采用人工操作,提升机司机依据信号工所发送的声光信号决定采取何种工作方式,提升机司机在收到信号系统发出的开车或停车信号后,启动或停止运转设备。为了保证提升系统安全可靠地运转,提升信号发送时必须准确、清晰、可靠。

信号系统由电源变压器、开关、按钮、信号指示灯、电铃或电笛、继电器、线路及其他电气元件组成。必须按规范设计以下信号:

(1) 工作信号。能区分各种工作(作业)方式的开车信号及停车信号。

(2) 事故信号(急停信号)。在事故或紧急状态时,发送事故信号可使提升机立即实现安全制动。

(3) 检修信号。井筒检修或处理井筒故障等特殊作业时使用的信号。

C 通信信号系统运行指南

为保证通信信号系统的正常工作,信号工、提升司机等要害工种操作人员应选派责任心强、工作认真、培训考试考核合格、持有上岗资格证的人员担任。

(1) 应在信号室制定并张贴信号工操作规程、岗位责任制和交接班制度,明示信号的种类、用途和使用方法。

(2) 信号发送点,应设专职信号工负责信号的传递和接收。信号工应由经培训考核合格的人员担任。

(3) 各信号发送点每班只能由一名信号工负责发送信号。

(4) 各信号发送点应隔音,防止信号工受环境噪声干扰。

(5) 信号系统发生故障时,应使用备用信号装置,并及时向值班维修人员报告。备用信号装置应定期试验,确保可靠。

(6) 通信信号电缆的绝缘和外部检查每季度至少应进行一次,一旦发现问题,应指派专人限期处理,并将检查处理结果记入专用的记录簿内。

4.3.6.2 视频监控系统的设计布置

矿山竖井井筒施工是瑞海矿业的主打业务之一。在竖井井筒施工过程中,应重点关注如何对整个地面及井下施工现场进行实时远程监管和监控,以及如何加强施工现场的生产和安全管理。控制安全事故发生是安全管理的重要节点,也是一个生产安全上的难题。设计一套先进的视频监控系统,通过应用发达的网络和先进的视频监控技术,建立施工现场的局域网,通过因特网与瑞海矿业本部管理机构、移动视频终端形成监控系统。对经常变更地点的施工现场及施工现场的重要部位特别是二平台翻碴台、井口封口盘、腰泵房、移动工作吊盘及井底工作面等应进行实时动态监控,以解决矿山竖井施工过程中的安全生产难题和安全监管问题。

吊盘是竖井井筒施工中作业人员使用的工作平台,它随着工程的进展自井口开始逐步下移至井底，同时升降施工人员和下放材料所用吊桶随吊盘的移动也在变化。频繁移动的吊桶的准确停放位置需要随吊盘及时调整，传统的做法是依靠吊盘上的作业人员与井上操作人员通过发信号和语言通话进行信息沟通，这样给井上、井下作业人员的相互配合作业和管理带来困难。由于井筒作业的特殊环境（空间狭小、光线不足等）的限制，地面管理人员及生产调度人员和井口上相关配合作业的人员（提升机司机、信号工）由于不能直观井筒内吊盘作业人员的工作状态和分布情况，也曾出现过安全生产事故，所以解决竖井井筒施工的安全问题确保吊盘及井底作业人员、升降人员和下放材料的安全工作已成为竖井井筒施工过程中的重中之重。同时，瑞海矿业所承接的井筒深度越来越深（矿井深者上千米，有些已经超过 1500 m），这样井筒施工难度也越来越高。掌握施工现场的安全动态，使安全监督和生产管理部门可通过一种即时的可视图像掌握施工现场的安全生产状况，及时发现事故苗头和解决生产过程中出现的问题，是亟须解决的重要问题。

设计的视频监控系统通过马城项目部及瑞海项目部的使用，体现了该系统的安全性、经济性和实用性，在瑞海矿业竖井井筒施工方面具有极大的推广价值。

A　竖井井筒施工过程中远程视频监控的设计

为解决上述问题，借鉴矿山竖井永久提升系统的井口、下井口视频监控系统的经验，采用施工过程全程动态监控，实现对吊盘上及井底作业面的可视动态监控。一方面将采集到的视频信号传递给上井口信号工；当吊桶接近吊盘时，提升机司机及相应的信号工能直接通过视频看到吊桶位置、吊盘上和井底工作面的状态，准确发出停车信号，同时将这一信号传递给提升系统提升机房，使提升机司机能够看到视频图像，从而保证提升机司机可以准确安全地开车和停车；另一方面井上作业人员可以通过视频了解吊盘作业人员的工作进度准备材料的种类、数量及所需的工器具，以保障材料的及时供给，提高工作效率；项目管理人员及调度人员则通过观看井下和井上视频掌握各个部位的安全生产状况、协调和指挥生产。为实现上述目的，在施工现场井口建立一个局域网，解决现场的监控问题。然后通过互联网将井口、井筒吊盘工作的视频信号及工地主要场所（材料堆放场、工地出入口等）视频信号汇集起来传递给公司本部，实现公司本部对施工现场及要害部位的实时远程监控。

B　技术方案选择

根据矿山竖井井筒施工的特点，即工程地点的分散性、短时性。在矿山井筒中施工等，为实现各个施工现场的监控问题，首先应本着安全性、实用性的原则，构建各个施工工地的就地监控系统（局域网）；然后通过无线以太网建立各个施工工地与公司本部的视频信号传输系统，制定适用于矿山竖井井筒施工的数字视频监控系统方案（就地监控和远程监控相结合的技术方案），实现视频监控对象的视频信号采集和传输。

C　施工工地的就地监控系统

a　监控对象的视频采集

就是指对需要视频监控的各地点，如井筒吊盘上中下三层的喇叭口、井底工作面、井口、二平台翻碴台、材料堆放场、施工工地出入口等进行实时视频采集。监控设备可根据需求和地点选择不同的摄像头。各摄像头的数字视频信号汇总连接到交换机。

（1）摄像头安装位置选择。井筒内摄像头安装在吊盘上方，固定在吊盘绳上，并随吊盘升降同步移动，摄像头向下采集信号；所采集的信号包括吊盘上的工作状态、吊桶接近吊盘并通过喇叭口下放到井底时的运行状况。监控井底工作面的摄像头安设在下吊盘下，采集井底工作状况的视频信号。井口摄像头安装在井架侧上方，对着井口，采集井口工作状况的信号，包括封口盘的开启及关闭状况。在二平台翻碴台上的井架合适位置对着翻碴门安设摄像头，采集提升机吊桶翻碴的工作状况信号。材料场和工地出入口的摄像头分别安装在材料场侧上方和工地出入口侧上方，采集对应的工作状况信号。

（2）摄像头型号的选择。井筒内摄像头考虑到井筒内能见度低、潮湿、粉尘大及淋水等恶劣环境，选用超低照度的矿用隔爆型摄像头（具有矿用产品安全标志证书和防爆电气设备合格证），它配有专用镜头，可以在仅有一点星光的环境中，就能达到白天的效果，并具有防水、防尘、防腐的性能。对于在非煤矿山施工，从节约成本考虑，井口、翻碴平台、材料堆放场、施工出入口均采用普通的室外防水摄像头。

b　视频信号的传输

地面视频采用光纤传输，光纤具有容量大、不受外界磁场的干扰、不怕腐蚀、不怕潮等优点。光纤将各个监控点的视频信号通过光端机还原为数字视频信号传至千兆网络核心交换机。井下吊盘及井底视频在吊盘处汇总至网络交换机再采用无线视频传输器传至井口集中监控室的千兆核心交换机。

c　就地监控系统

对各个监控点传来的信号，地面和井下的各摄像头数字视频信号通过核心网络交换机接入 32 路 8T 存储的硬盘录像机进行视频监看，同时对井上下状况进行实时视频监控和录像。采用 MPEG5 数字压缩方式，200 万像素摄像头图像质量清晰，每天硬盘空间占有量才 10 GB，可大大节省硬盘空间。一般来说，竖井井筒施工各监控点共设置 24 路左右，所有安装摄像头每天的硬盘空间占有量为 240 GB，8000/240＝33 天，故硬盘录像机对 24 路摄像头的视频存储时间为 33 天，银行监控系统国家规定最少保存一个月的监控视频，对于施工工地，视频存储容量完全可以满足使用要求。

D　远程监控网的建立

32 路数字硬盘录像机自带有适用各种网络的 P2P 云服务平台，可以通过多选一的开关，远程观看其中的某一路视频信息。这样既可以使观看者看到多个监控点的视频图像，又可以大大降低整个系统的成本。远程观看视频的关键是需要将已采集的数字视频信息传输到网络中，由数字硬盘录像机完成这些功能。

a　远程监控端

将数字硬盘录像机接入互联网，远程监控设备可从互联网接收数据从而实现远程监控。瑞海矿业本部管理机构通过连接公共宽带网络或无线数据网络在电脑（或智能手机）

上浏览每个监控点的图像；换言之只要能上互联网，就能随时随地观看公司所属各项目部施工工地的情况。

b 系统安全性

视频监控系统经过授权并输入密码后才可以观看视频信息，因此可以满足网络视频监控的安全性要求。

4.4 竖井施工双提升机单边布置创新应用

在瑞海矿业进风井竖井工程施工中，因工业场地限制，只能单边布置提升系统。东、西方向狭窄、北边靠海，无法按常规双向对称布置双提升系统，只能将两套提升系统全布置在井架南侧。在提升吊挂系统布置时，北边多布置两台稳车（北向布置 10 台 25 t 稳车，南向布置 8 台 25 t 稳车），达到基本平衡。两台提升机都在南边，井架南侧受力偏重，为了确保提升系统布置的可靠性和安全性，对最大风力十二级风下凿井井架强度和稳定性进行专门验算，以确保其满足施工安全。

4.4.1 凿井井架受力不平衡分析

4.4.1.1 设计概况

Ⅵ型凿井井架可满足竖井井筒净直径 8~10 m、最大直径 12 m、井筒深度 1600 m 的施工要求。

目前Ⅵ型凿井井架施工井筒净直径 6.5 m、井筒深度 1520 m，其绞车布置方式与Ⅵ型凿井井架原设计绞车布置方式不同，考虑其安全性，对凿井井架强度、刚度和稳定性进行计算校核。

4.4.1.2 设计依据

A 《Ⅵ凿井井架设计提供的技术数据》和《进风井地面稳绞布置图》

设计依据《Ⅵ凿井井架设计提供的技术数据》《进风井地面稳绞布置图》。

B 设计载荷

凿井期间：主提升载荷 286.5 kN，钢丝绳破断拉力 2168 kN；副提升载荷 246 kN，钢丝绳破断拉力 1860 kN；吊盘及稳绳悬吊载荷：6×234 kN；钢模悬吊载荷：3×197 kN；风筒悬吊载荷：2×242 kN；风水管悬吊载荷：2×237 kN（含动力电缆）；排水管悬吊载荷：2×140 kN；安全梯：50 kN；抓岩机载荷：1×205 kN；以上载荷共计：4020.5 kN。考虑大井筒施工，增加主提升机 1 台，吊盘稳车 2 台，抓岩机悬吊稳车 1 台，钢模稳车 1 台，天轮平台总载荷按 5000 kN 设计。另：该设计中天轮平台天轮及钢梁质量共计 69300 kg，由于井筒直径加大，天轮平台上各种天轮及钢梁质量按 80000 kg 计算（10 kg/m²）。

改绞：罐笼载荷，221 kN，钢丝绳破断拉力 1719 kN；箕斗载荷，256.1 kN，钢丝绳破断拉力 1719 kN。

C 井架杆件布置图

井架杆件布置图如图 4-4 所示。

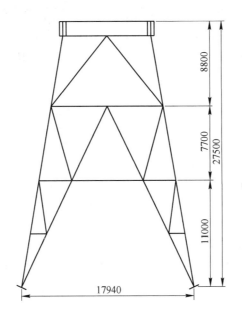

图 4-4 井架杆件布置图（单位：mm）

D 稳绞布置图

稳绞布置图如图 4-5 所示。

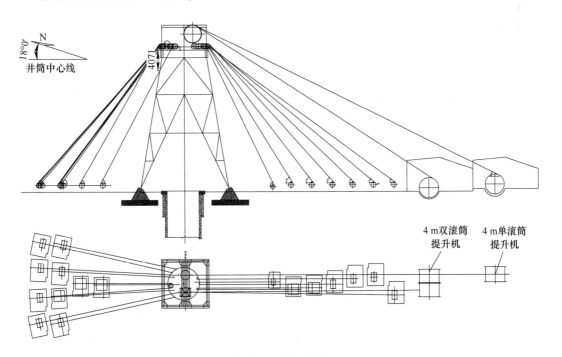

图 4-5 稳绞布置图

E　荷载整理

井架主要载荷为：（0）恒载（结构自重）；（1）钢模荷载；（2）电缆荷载；（3）吊盘荷载；（4）风筒荷载；（5）安全梯荷载；（6）风水管荷载；（7）放炮电缆荷载；（8）排水管荷载；（9）提升天轮 1 工作荷载；（10）提升天轮 2 工作荷载；（11）提升天轮 1 断绳荷载；（12）提升天轮 2 断绳荷载；（13）天轮平台荷载；（14）风荷载。

F　分析模型简介及荷载组合

计算程序采用同济大学开发的钢结构设计软件 3D3512.0 计算，采用空间杆系结构。

荷载组合如下：

（1）提升天轮正常提升荷载组合：

$1.25×1.2(0)+1.0×1.2(1)+1.0×1.2(2)+1.0×1.2(3)+1.0×1.2(4)+1.0×1.2(5)+1.0×1.2(6)+1.0×1.2(7)+1.0×1.2(8)+1.0×1.3(9)+1.0×1.3(10)+1.0×1.4(13)+0.7×1.4(14)$

（2）提升天轮 1 断绳荷载组合：

$1.25×1.0(0)+1.0×1.0(1)+1.0×1.0(2)+1.0×1.0(3)+1.0×1.0(4)+1.0×1.0(5)+1.0×1.0(6)+1.0×1.0(7)+1.0×1.0(8)+1.0×1.0(11)+1.0×1.3(10)+1.0×1.0(13)$

（3）提升天轮 2 断绳荷载组合：

$1.25×1.0(0)+1.0×1.0(1)+1.0×1.0(2)+1.0×1.0(3)+1.0×1.0(4)+1.0×1.0(5)+1.0×1.0(6)+1.0×1.0(7)+1.0×1.0(8)+1.0×1.0(12)+1.0×1.3(9)+1.0×1.0(13)$

（4）标准组合：

$1.25×1.0(0)+1.0×1.0(1)+1.0×1.0(2)+1.0×1.0(3)+1.0×1.0(4)+1.0×1.0(5)+1.0×1.0(6)+1.0×1.0(7)+1.0×1.0(8)+1.0×1.0(9)+1.0×1.0(10)+1.0×1.0(13)$

（5）倾覆荷载组合 1：

$1.25×1.0(0)+1.0×1.0(1)+1.0×1.0(2)+1.0×1.0(3)+1.0×1.0(4)+1.0×1.0(5)+1.0×1.0(6)+1.0×1.0(7)+1.0×1.0(8)+0.5×1.0(11)+1.0×1.3(10)+1.0×1.0(13)$

（6）倾覆荷载组合 2：

$1.25×1.0(0)+1.0×1.0(1)+1.0×1.0(2)+1.0×1.0(3)+1.0×1.0(4)+1.0×1.0(5)+1.0×1.0(6)+1.0×1.0(7)+1.0×1.0(8)+0.5×1.0(12)+1.0×1.3(9)+1.0×1.0(13)$

4.4.2　计算结果

计算结果如下：

（1）结构变形。在标准荷载组合下，结构的最大竖向移动为 13.9 mm，梁端和梁中的变形差值为 3.9 mm，位置为天轮平台中间梁梁中，满足规范要求；最大水平位移为 2.2 mm，方向为提升天轮的提升侧，满足规范要求。

（2）结构受力。天轮提升侧的控制荷载为钢丝绳破断力，斜撑柱最大轴压力为 2189 kN；另一侧为各种绞车的工作荷载组合，斜撑柱的最大压力为 1087 kN。各种荷载组合下，斜撑柱没有出现拉力，结构在现有布置及荷载作用下不会发生倾覆。

（3）结构应力比。根据计算：井架结构的最大强度应力比为 0.576，出现在天轮提升侧的斜撑柱上；最大稳定应力为 0.941，出现在与天轮提升侧垂直的天轮平台支撑杆上。应力计算满足要求。

4.5　无线监控视频系统在超深竖井中的应用

竖井施工中安装井下监控是必要的安全保证手段，而常见的视频传输模式为普通视频线传输和光纤传输，前者存在传输距离短、视频画面不清晰、容易断线等缺点；后者在施工中容易折断或撞断光纤。接光纤操作复杂，成本高，还需人工操作放光纤到井下，增加了井筒管线数量。瑞海矿业进风井竖井施工中采用无线 AP（无线接入点）传输监控视频。无线 AP 传输优点：视频画面清晰，不需要单独放视频线，减少了下放视频线的工序，无线 AP 安装示意图如图 4-6 所示。

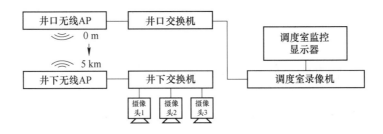

图 4-6　无线 AP 安装示意图

利用无线 AP 传输监控画面已在多个竖井项目部试运行成功，且已在瑞海项目部竖井施工中正式投入使用。瑞海项目施工某公司进风井竖井掘砌工程，竖井深度达 1520 m，现井筒深度施工至 1450 多米，监控画面质量达到预期效果，不卡图像，清晰可见，无干扰，实时可以监控井下工作面施工画面，是井下安全施工的有力保障，如图 4-7 和图 4-8 所示。

图 4-7　多画面监控

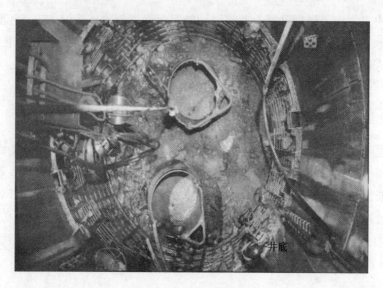

图 4-8　井底单画面监控

4.6　竖井液压钢模收缩装置的改进与应用

瑞海矿业进风井井筒净径 6.5 m，深 1520 m，岩石硬度系数达 12 级，井下掘进支护采用整体液压收缩模板。支护后钢模板不拆除继续掘进，所以钢模板要长期悬吊在工作面，每次放炮钢模板都要被爆破的碴石所冲击。井筒施工完毕钢模板要承受达 390 多次的爆破冲击（每次 850 kg 左右的炸药爆破），这给钢模板收缩装置的液压系统增加了破坏率，从而增加了维修量。为减少维修量，瑞海矿业项目部对液压系统进行了防护。

钢模液压系统主要由液压油缸、油管、阀、伸缩顶杆等组成，起收缩、支撑模板作用。在掘砌施工作业中，钢模液压系统要承受爆破时产生的爆破飞石和冲击波的作用，很容易导致钢模液压系统的损坏（液压油缸、油管、阀、伸缩顶杆等易被飞石冲击坏，导致漏油、损坏油缸等不安全情况发生），增加了钢模维修量，从而影响砌壁施工进度。进风井竖井施工中对钢模板液压系统进行了防爆处理，在液压系统的油缸、顶杆等重要部位安装活动保护罩（用槽钢制作的保护罩）进行保护，并且在油缸收缩位置处挂设两块 600 mm 宽、高度与钢膜高度相同的橡胶皮，橡胶皮厚 10 mm，防止放炮冲击。这样改进后可保护液压油缸、油管、阀、伸缩顶杆等不被损坏，收缩钢模板时可打开活动保护罩，等模板收缩完毕再把活动保护罩推至原位，保护油缸免受放炮冲击。现竖井施工已掘砌至 1450 多米，根据统计，井筒每掘砌 400 多米维修一次。这一改进降低了钢模维修成本，节约了维修时间，减少了劳动量，提高了工作效率，实现了竖井快速化掘砌施工的降本增效。

4.7　超深竖井通风系统的设计与应用

针对以往局部扇风机的风压低、风量小、噪声大的缺点，经多方调查发现，隧道专用风机具有风压高、风量大、噪声低的特点，并且在云南大红山废石箕斗竖井（井深 1279 m）、贵州李家湾主副井（主井深 1057 m、副井深 1127 m）试用效果很好。但是传统的胶质风筒承受不了高风压，而且风阻比较大，因此根据以往的经验改用组合式玻璃钢风筒，与以往使用的 PVC 双壁波纹管、胶质风筒等相比，虽然价格略高，但具有风阻更小、强度高、承压能力强的特点。改变风机型号及风筒后，在同样功率条件下目前瑞海矿业进风井竖井井筒已施工到 1450 多米，井下通风状况良好。尤其是放炮结束后通风效果很好，30 min 左右井下炮烟基本吹至井口。

在使用此风机时，因地理环境的不同，往往达不到想要的通风温度。冬季施工时井下温度很低，想要的通风温度增高，以改变井下施工温度，防止风筒内部结冰；夏季施工时井下温度很高，想要通风温度降低，以降低井下施工温度。总而言之就是改变施工环境温度，达到一个舒适的施工环境。为此想到的办法就是把风机安装在室内，通过改变室内温度来改变通风温度，另外一点好处是可以降低风机在施工现场的噪声。

4.8 液压伞钻的使用和维护

竖井传统施工中都是采用气动伞钻打眼施工，由于气动伞钻施工过程中噪声大、粉尘多、进眼速度比较慢等诸多缺点。瑞海矿业项目部决定采用全新液压伞钻。YSJZ4.8 型竖井伞钻是由张家口宣化华泰矿冶机械有限公司自主研发制造的先进竖井掘用机械化专用凿岩设备，该设备的钻孔动作（回转、冲击、推进）由两台 55 kW 电机提供推力，采取液压传动方式，所有动作实现机械化，钎杆移位迅速、准确、平稳，凿岩效率高。与传统气动伞钻相比，液压伞钻有如下优点：

（1）节约能源。电动液压系统所需功率只有气动伞钻推进功率损耗的 1/3，功率损失小，故可节约能源。

（2）凿岩效率高、速度快。在同类岩石相同孔径的条件下，凿深孔用液压凿岩比气动凿岩速率提高 2 倍以上，液压凿岩速率在 0.8~1.5 m/min。

（3）改善工作环境，噪声低。由于液压凿岩不必排除废气，因而没有废气夹杂的油污所造成的对环境的污染，提高了工作面的能见度，改善了操作环境；此外液压凿岩除金属冲击声外，无废气排放声音，故比气动凿岩噪声降低 5~10 dB。

（4）钻杆成本降低。由于液压凿岩参数可调，因此能在不同岩石条件下选择最优凿岩参数。由于液压凿岩冲击应力平缓，传递效率高，因此钻具和钎杆一般可节约 15%~20%。

YSJZ4.8 全液压伞钻采取工作液压站和检修泵站两套独立的液压系统。工作液压站由两台 55 kW 防爆电机和 4 台柱塞泵及 1 个容积为 730 L 的油桶组成，安装于吊盘，通过快速接头胶管与伞架联结，满足打眼过程中工作油压的需要。工作液压站电控部设计量相当合理，保护装置众多（如失压保护装置、过载保护装置、断项保护装置、短路保护装置、油箱漏油保护装置、漏电保护装置等）。检修泵站安装于地面，检修泵站压力低、流量小，通过快速接头与伞钻连接，分别对每个钻臂的功能完成检测和日常检查工作。

瑞海矿业项目部工作邻近大海，井下含盐成分高，有很大的腐蚀性，这给设备的保养和维护带来了很大的挑战。由于海水腐蚀大，对钻机和油管有很大的破坏性，要经常检查，涂抹黄油做保护。

液压伞钻的使用对井筒快速施工起了关键的作用。液压伞钻进眼速度快，提高了打眼效率，压缩了打眼时间，为单月进尺做出了很大的贡献。

4.9　钢丝绳托架托辊装置在提升系统中的改造应用

因受场地限制，某矿进风井施工两台提升机同侧安装，使从井筒中到提升机主轴中的钢丝绳弦长超过 60 m，需加装托架托辊解决提升机钢丝绳由于跨度过大造成的钢丝绳摆动幅度过大的问题，本节介绍原钢丝绳托架托辊的结构特点、存在的问题，以及改造后的结构特点与实际应用效果。

4.9.1　改造前托辊装置的结构特点

改造前托辊装置的结构特点如图 4-9 所示。其特点是：托辊轴上有一层由硬质耐磨橡胶做成的耐磨层，托辊轴内两侧压装双向推力球轴承，整体有衬滑动轴承座压装在最外两侧，采用螺栓固定在托架工字钢主梁上。原结构中，钢丝绳在托辊耐磨层上运动，当耐磨层磨损后，托辊装置需整体更换。

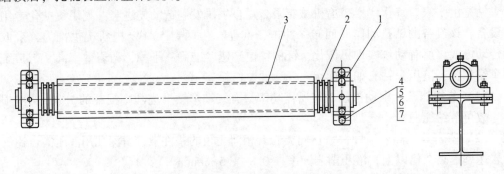

图 4-9　改造前托辊装置的结构示意图

1—整体有衬滑动轴承；2—双向推动轴承；3—托辊；4~7—螺栓、螺母、垫圈

钢丝绳摆动幅度的变化导致钢丝绳在改造前托辊上的位置来回摆动，在速度、井深变化时，钢丝绳在原托辊外圆上左右上下跳动，托辊磨损严重，使用寿命较短。

由于改造前托辊是固定安装无法随时调整，箕斗在竖井由浅往深运行时，钢丝绳受重力和张力影响会逐渐上扬，无法有效贴合托辊，起不到支撑作用从而产生跳动，跳动时托辊无法匀速旋转，摩擦力不足时甚至无法旋转，致使托辊磨出一道道深沟，如图 4-10 所示。

由于钢丝绳托架托辊不能很好地对钢丝绳进行支撑，钢丝绳存在摆幅大、跳动情况，造成钢丝绳咬绳，钢丝绳磨损及断丝情况严重（见图 4-11），大大缩短了钢丝绳使用寿命，甚至有跳出绳槽、井架天轮的风险，无法全速运行，只能维持在 3 m/s 左右的运行速度，系统风险大、提升效率低，存在极大的安全隐患。

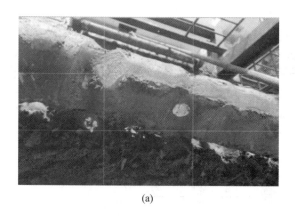

(a)　　　　　　　　　　　　　　　　　　　(b)

图 4-10　托辊改造前后现场图片

（a）改造前；（b）改造后

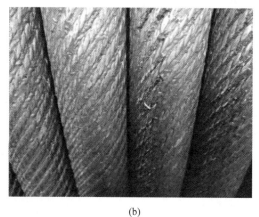

(a)　　　　　　　　　　　　　　　　　　　(b)

图 4-11　改造前后钢丝绳磨损及断丝图片

（a）改造前；（b）改造后

由于使用寿命短，频繁更换托辊，且是整体更换，极大地增加了维修量及维修成本。

4.9.2　改造后的托辊装置的结构特点

改造后的托辊装置的结构特点如图 4-12～图 4-14 所示。其特点是：在原托辊装置上加装由槽钢和矩形管制成的支架摆臂，在支架摆臂上安装弹簧和顶丝来调节托辊与钢丝绳之间的距离，形成托辊的弹性缓冲支撑。托辊支架能够跟随钢丝绳的受力大小进行上下自行调节，使托辊贴合钢丝绳平稳运行，因而对钢丝绳形成了良好的支撑作用。

4.9.3　托辊架改造后的使用情况及效果

托辊架改造后的使用情况及效果如下：

（1）提高设备效率。改造后，提升机速率由之前的 3 m/s 左右提升至 6.2 m/s，提升效率较改造前提升了 100%。

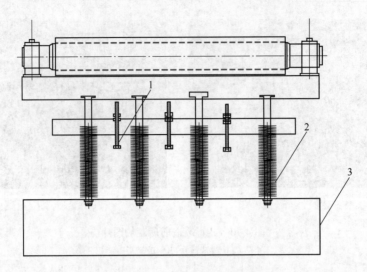

图 4-12 改造后托辊装置的结构示意图（Ⅰ）

1—调节螺栓；2—缓冲弹簧；3—主梁

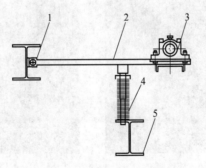

图 4-13 改造后托辊装置的结构示意图（Ⅱ）

1—摆动支座；2—支架；3—托辊；4—缓冲弹簧；5—主梁

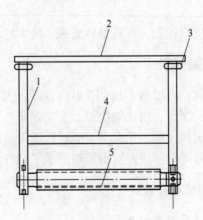

图 4-14 改造后托辊装置的结构示意图（Ⅲ）

1—摆动支座；2—主梁；3—摆动支座；4—矩形管支架；5—托辊

（2）降低成本。改造前进风井提升机钢丝绳由于摆动、跳动等原因，致使咬绳严重，使用寿命仅为 6 个月左右。改造后钢丝绳摆动、跳动现象基本消除，咬绳明显减轻，可大大延长钢丝绳使用寿命；且由于钢丝绳摆动、跳动幅度减小，托辊使用寿命也得到了可靠延长，极大地降低了维修量及维修成本。

（3）提升安全性能。钢丝绳运行平稳，极大减少了钢丝绳跳出绳槽、井架天轮的风险，同时因咬绳情况的减轻，钢丝绳的安全系数也有显著的提升，有效地避免了安全事故发生的可能性。

（4）瑞海项目进风井钢丝绳托架托辊经过改造后，运行效果良好，结构简单，无特殊加工部件，可自行加工，由于增加了弹性缓冲设计，消除了钢丝绳与托辊及托辊支架的硬性冲击，系统运行稳定可靠，在超深井、大弦长的缠绕式提升系统中可推广应用，如图 4-15 所示。

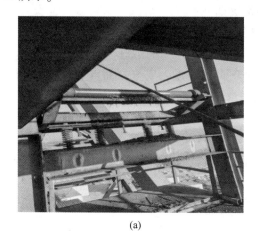

(a)   (b)

图 4-15　托辊架改造前后的现场图片

（a）改造前；（b）改造后

5 超深竖井快速施工组织与成本管理

5.1 超深井筒快速施工中的劳动力资源配置

5.1.1 管理人员配备及职责

项目组织机构框图如图 5-1 所示，其基本情况如下：

（1）项目经理。配备 1 人，主持该项目的全面工作，并兼管经营管理工作。其主要职责如下：

1）项目经理为本工程第一责任人，对整个项目的质量、安全全面负责，应遵守国家有关政策法规，认真履行承包合同，督促公司规章制度的执行。

2）根据工程合同范围，协调好与业主方的关系，按时参加协调会，征询业主对工程的建议和要求。

3）组织建立并执行项目管理体系、规章制度，制定项目质量、安全方面的管理制度，加强项目班子管理及班组建设，并兼管综合经营部的工作。

4）负责项目部组织机构的确定，授予项目部副职领导成员和各部门、队及其负责人的职责、权限，并规定其相互关系。

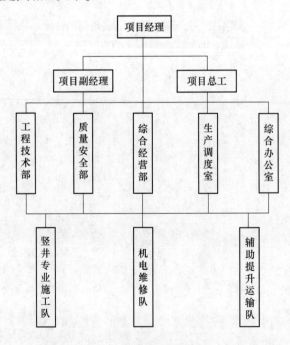

图 5-1 项目组织机构框图

5）负责项目部人才资源的合理调配，确保提供满足各岗位安全规定要求的合格人员，并进行考核和评定。

6）负责确定部门负责人的任职要求和培训计划的审批。

7）批准、发布《施工质量保证大纲》和项目部管理程序、制度。

8）负责协调项目部内部工作接口和外部重要事宜的工作接口。

（2）项目副经理。配备2人，分管项目部的安全生产、机电安装维护管理等工作。其主要职责如下：

1）在项目经理的领导下，直接负责项目工程施工计划落实，并在质量、安全、文明施工等方面接受上级主管部门的监督检查，使本项目安全生产工作顺利进行。

2）组织承包范围内的质量、安全检查，及时纠正施工中的质量通病和消除事故隐患。负责机械设备的日常管理，保证设备设施的正常运转。

3）积极改善劳动条件，保证安全措施费用的使用，保证提供工作面及产品保护。

4）搞好劳动力、材料、机具的合理安排和使用，保证合同工期的实现，不得安排无证人员上岗作业。

5）认真抓好安全生产的现场管理，负责实施"标准化工地"的创建，杜绝重大伤亡事故的发生。

6）主持生产会议和安全例会，负责协调施工现场的内、外部接口工作。

（3）项目总工程师。配备1人，主要职责如下：

1）在上级技术质量部门的指导下，对承包范围内的工程技术、质量管理负直接责任，负责贯彻国家技术标准、规范、规程，接受上级部门的监督检查。

2）组织专业技术人员进行承包范围内的工程质量检查，并将工程质量检查结果通知相关单位，及时处理各种技术问题，参与分部分项工程的质量评定工作。

3）参加审核、修订《施工质量保证大纲》和分管的程序文件。

4）制定项目技术管理制度、质量保证措施方案，全面负责质量管理工作。

5）积极推广新技术，降低工程成本，解决施工技术难题，组织编制技术总结，参与项目经济活动分析会。

6）参与项目部质量、安全、现场标准化检查，监督、指导、协调技术质量部门的各项管理工作。

（4）工程技术部。配备5人，其中矿建工程师1人、测量工程师1人、地质工程师1人、机电工程师1人，资料员1人，分别负责工程的施工技术、地质、测量放样、机电安装维护、资料管理等专业技术工作，指导督促各施工队严格按照设计、方案、措施和作业规程要求进行施工。

（5）质量安全部。配备专职安全员3人、质量员2人，负责日常安全监督、检查和管理，以及原材料检验和现场质量监督检查和管理工作。

（6）综合经营部。配备4人，负责财务、劳资、材料设备供应、预结算等经营管理工作。

（7）生产调度室。配备3人，全面负责项目部的生产组织、协调平衡和调度指挥，保证生产的正常连续进行。

（8）综合办公室。配备5人，负责接待、卫生、保卫、后勤福利工作和对外联系。

5.1.2 各施工队人员配备

该工程配备的总人数为 110 人。竖井专业掘砌施工队、机电维修队和辅助提升运输队的劳动力配备情况如下：

（1）竖井专业掘砌施工队。共配备 44 人，负责通风竖井打眼、放炮、抓岩、混凝土搅拌及装运和浇筑、井下看盘、井底信号等的全部掘砌相关施工。掘砌施工队将配备素质较高、技术全能的施工作业力量，在遇井筒涌水量增大需要进行井筒工作面预注浆和壁后注浆治水时，掘砌施工队可以快速转换为注浆施工队，实施对井筒工作面的防治水施工。

（2）机电维修队。共配备 15 人，其中：电修 3 人、机修钳工 6 人、焊工 3 人，负责对工程中整个机电设备的安装、检修和维修、管线安装、加工制作、临时措施工程安装等具体工作。

（3）辅助提升运输队。共配备 25 人，其中绞车工 12 人、井口信号工 6 人、翻碴工 2 人、水泵司机 3 人、装运司机 2 人，负责井筒掘砌施工过程中的辅助提升、信号、翻碴和排碴运输等工作。

以上人员及数量均按照本工程竖井施工的实际需要进行合理配置，各主要工种和人员均由项目部组织，由公司统一选派和调配，并按施工进度要求分批组织进场。

工程施工准备期间，地面均实行"三八制"作业方式；竖井掘砌施工期间，井下工实行"滚班制"作业方式，地面辅助工均实行"三八制"作业方式。

确定的入矿人员需确保已经过三级安全教育培训并考试合格，各相关专业管理人员和特殊工种作业人员资质证照应齐全有效，达到 100% 的持证上岗率，这样才能保证本工程的正常施工。此工程的劳动力计划见表 5-1。

表 5-1 劳动力安排计划表

序号	工　种	劳动力/人	备　注
一	项目部	26	
①	项目部领导	4	项目经理 1 人、副经理 2 人、项目总工 1 人
②	工程技术部	5	工程、测量、地质、机电技术及资料等
③	质量安全部	5	专职安全员 3 人、专职质检员 2 人
④	生产调度室	3	
⑤	综合经营部	4	财务、材料、劳资、预结算
⑥	综合办公室	5	接待、卫生、保卫、后勤福利和对外联系
二	竖井专业施工队	44	
①	施工队长	1	
②	抓岩机司机	3	
③	伞钻工	6	

序号	工　种	劳动力/人	备　注
④	爆破工	2	
⑤	出碴工	12	
⑥	浇筑工	10	
⑦	看盘工	3	
⑧	井底信号工	4	
⑨	小挖机司机	3	
三	机电维修队	15	
①	维修钳工	6	
②	维修焊工	3	
③	电工	3	
④	压风机司机	3	
四	辅助提升运输队	25	
①	地面绞车工	12	
②	井口信号工	6	
③	翻碴工	2	
④	装运司机	2	
⑤	水泵司机	3	
合计		110	

5.1.3 施工组织管理措施

施工组织管理措施如下：

（1）根据本工程特点，加强项目施工组织机构的建设和管理，组建高效精干、机制灵活、运转流畅的项目部承担该标段的施工和管理。

（2）配备高素质管理人员。选派具有一级项目经理资质、责任心强、综合素质高、同类工程施工经验丰富的人员来担任项目经理。其他管理层面上的人员应具备工程师以上职称，且实践经验丰富；施工作业层面上的人员应爱岗敬业、吃苦耐劳、一专多能，且有同类工程施工经验。

（3）科学合理有效地进行组织管理，不断改善劳动组织。抓好多工序平行交叉作业，实行正规循环。作业面推行滚班作业制，提高生产效率。

（4）采用先进合理的机械化作业线组织快速施工，采用深孔光面爆破施工技术，并且在实际施工过程中不断予以完善、改进和优化，以全面提高平均单进水平，满足工期要求。

（5）采用工业监控电视及计算机辅助施工管理，提高施工管理水平。

（6）配备坚强有力的机电设备维护人员，采用包机制，加强机电设备的日常检修、维护和保养，提高设备的完好率和使用效率。

（7）作业层采用专业化综合施工队形式，固定工序和关键岗位的人员应相对固定，以提高操作水平。

（8）定期组织开展各种形式的劳动竞赛活动和小班达标竞赛活动，有效及时调动员工的积极性和劳动热情，提高工效，加快施工进度。

（9）加强现场管理，不断改善生产现场工作环境和劳动条件，提高劳动生产率。

（10）强化职业技能培训和安全技术培训工作，定期组织开展技术比武，不断提高员工的操作技术水平。

（11）实行承包人、组室负责人风险抵押金制度。实行考核评分制，充分调动承包人、管理人员的积极性。

（12）加强计划管理和控制，必须将月进度逐旬逐天逐班分解，及时协调处理好施工中的问题，确保正常连续施工。

5.2　超深竖井施工进度信息化管理

5.2.1　超深竖井施工工程进度影响因素

竖井施工的工程进度一般受工程地质条件、属地环境条件、工程管理水平、装备技术水平等因素的影响，对于超深竖井施工，高水平的项目管理、工程施工技术水平是工程成功的重要条件。超深竖井施工进度除了有着传统竖井施工的共同影响因素外，由于1200 m深度的超深竖井施工经验匮乏，因此还有更多其他因素将对工程施工进度产生影响。

5.2.1.1　工程地质条件因素

相对于深度在千米以内的竖井，1200 m以上深度的竖井地压显现更加明显，岩体岩爆倾向性增大。井筒深度越大，垂直应力及水平应力都呈增加趋势。工程开挖所引起的水平应力集中远大于工程岩体的强度，致使围岩在高水平应力作用下，造成井壁产生大变形破坏及岩爆风险性增加。而地压灾害的显现必将影响竖井施工进度。

超深竖井还将面临工作面高温的不利因素。据资料统计，工作环境温度每增加1 ℃，工人的劳动生产率将降低7%~10%。铜陵冬瓜山铜矿在井深1100 m处，温度高达40 ℃，作业人员的劳动效率较浅部水平明显降低。高原岩温度将进一步恶化工作面作业环境，严重影响施工效率、危害人员安全。

井筒深度的增加、井筒断面的增大将导致井壁总涌水量的增加，对凿井工作面造成不利影响，并增加排水费用。淋水量的增加对工作面凿岩、爆破效率造成影响，将降低作业人员在井下工作的环境舒适度，影响工作效率。

5.2.1.2 装备工艺因素

传统的深度在千米以内的竖井施工已形成较成熟的装备配套及施工工艺，随着井筒直径增大，深度增加，为形成匹配的生产能力，一般通过增大装备的型号，如采用大提升机、大吊桶提升碴石，选用大型抓岩机，增大井壁衬砌模板高度，布置多套提升等方式。现有的凿井装备无法满足 10 m 大断面超深竖井的施工要求的情况普遍存在。如现有适用于千米深井的凿井井架无法满足 1500 m 竖井的施工要求。国内现有定型的千米深井凿井井架适用于 8 m 以下断面，悬吊的装备质量不超过 300 t，但对于 10 m 大直径断面 1500 m 竖井，可以采用大型多层吊盘、重型凿岩装备等，其悬吊总质量近 500 t。新型装备的应用过程必然存在摸索、试验的过程，对工程施工进度必然存在一定的影响。由于这些大型化装备的首次应用存在凿井施工时不配套的可能，甚至会出现凿井施工工艺与装备不匹配的情况。这将极大影响竖井施工的效率，对工程工期造成延误。因此选用正确的装备配套，应用合理的施工工艺并针对井筒工程条件进行优化是提高工程施工进度的重要途径。

5.2.1.3 施工管理因素

传统的竖井施工，对于工程关键装备的监控仍然采取传统人工观察、查验的方式，信息化施工技术在竖井建设过程中极少得到应用。由于检查不及时、人员失误等导致凿井装备故障甚至质量、安全事故时有发生，对于大断面超深竖井，这种事故造成的危害将更严重，对工程进度的影响也更为明显。由于工程地质条件的变化，大断面超深竖井施工过程中面临的安全风险增加，增加了工程安全管理难度；首次装备的应用与工艺的尝试对工程质量的管理均带来不利影响；由于工程规模的增加，作业人员也将增多，必将要求形成一套与工程相适应的管理模式。

5.2.2 施工准备期对施工进度的影响

施工准备期是施工过程中的一个重要阶段。从工程开工之前到每个分部分项工程的施工，有一系列的施工准备工作，因此，施工准备工作应贯穿于整个施工过程中。根据施工条件的不同，施工准备工作可分为普通施工条件下的施工准备工作和特殊施工条件下的施工准备工作。

施工准备工作是施工单位为进场施工而提前所做的准备工作，是结合特定的施工场地，按施工准备工作要求进行施工综合性管理技术活动。它的任务是根据建设项目施工组织的要求，依据施工现场施工条件及施工企业施工技术组织，对项目施工前期工作做全面科学合理的组织，使准备工作能满足现场施工要求。

5.2.2.1 开工前的施工准备工作主要内容

开工前的施工准备工作主要内容有：

（1）根据建设单位提供的设计资料及承包合同规定的施工任务、工期、报价、质量要求，编制单项工程和单位工程施工组织设计。

（2）根据井筒施工图及井筒检查孔地质资料，编制井筒施工组织设计或特殊施工组织设计，以及施工预算。

（3）现场进行施工测量，设计永久的经纬坐标桩、水准基桩，标定井筒中心基桩及十字中心线基桩。

（4）根据建设单位提供的场区平整施工图，供水、供电、公路、通讯及建设期间拟利用的永久建筑、设施施工图，编制这些工程的施工组织设计和施工预算。并在施工现场清理障碍物，进行场地平整和施工。

（5）根据施工组织设计和施工预算，编制施工计划和劳动器材供应计划。

（6）根据施工组织设计的要求，绘制大型临时工程、设施的施工图，并编制相应的施工预算，修建必要的为施工服务的大临工程。

（7）调集施工队伍，调整和健全施工组织机构，进行技术安全培训。

（8）调整、采购施工设备，机具及材料进场，并进行安全检验、试运转，半成品加工成品订货及施工机具的检修。

（9）进行材料、构配件的技术检验、试验和新产品的试制工作。

（10）研究和会审施工图纸及施工技术组织措施等。

5.2.2.2　做好施工准备工作的主要措施

矿井建设由两个以上的施工单位共同施工时，全面施工准备工作一般由总承包单位负责组织进行；在矿井和露天矿建设中，一般应由矿建工程施工单位主持规划，组织土建、设备安装单位共同进行。矿井建设的矿建、地面建筑、设备安装三类工程的施工准备工作，分别由承担该类工程的施工单位组织进行，并用网络技术，合理安排各项准备工作的顺序、进度。

各施工单位的施工准备工作的具体组织、规划者为各单位的总工程师（技术负责人）。

5.2.2.3　采取"五结合"的方法，保证准备工作的质量和进度

（1）设计与施工相结合。设计部门要及时提供施工准备工作需要的施工图、资料、数据，保证各项准备工作顺利进行，避免因设计造成延误和不必要的返工。所以设计与施工单位要互通情况，通力合作。

（2）室内准备与室外准备相结合。室内准备工作主要包括熟悉施工图、审核图纸、编制施工组织设计与施工预算。室外准备工作主要包括建设项目施工区的自然条件和技术经济条件的调查，为室内准备工作提供资料和数据。在室内准备工作的同时，凡有条件的室外准备工作应尽快开工，确定一项，施工一项。

（3）主体工程与配套工程相结合。在负责主体工程部分明确施工任务的同时，及时进行配套工程及材料运输、水电等配套尽早落实，为主体工程尽早开工创造条件。

（4）现场准备与半成品加工相结合。大量的施工准备工作需要大量的预制构件加工、非标准构件金属品加工，因此在进行现场准备的同时，及早落实预制构件和非标件加工的落实。

（5）整体工程准备与施工队伍落实相结合。整体工程施工准备工程量大，施工条件复杂，工种多，因此整体工程施工准备工作能否顺利进行，与施工队伍落实、工种落实密切相关，因此积极做好施工准备期劳动力调配尤为重要。

5.2.2.4 建立施工准备工作责任制，使各项准备工作层层落实

（1）工程项目技术负责人负责组织有关部门编制和审查各时期的施工准备工作计划、督促检查各项准备工作的进度与质量、协调和处理各项准备工作之间的关系和发生的问题。

（2）施工管理部门要对施工准备工作加强管理，负责制定各阶段工作计划，组织各有关部门共同研究、规划、实施和检查，及时填写开工报告申请开工。

（3）技术管理部门应协助施工单位和有关部门解决施工准备工作中出现的各项技术问题，制定和审查各项技术方案和施工安全措施，组织会审施工图。

（4）计划管理部门负责将施工准备工作纳入施工计划，实行计划管理，加强综合平衡、检查和调度施工准备工作进度，督促按计划工期完成各项准备工作。

（5）供应部门及时做好材料、设备、机具的保质、保量供应。

（6）劳动工资部门按时调配施工队伍、劳动力。

（7）机电管理部门按时调配、检修施工设备，并与电力部门联系办理供电协议，尽早接通电源。

（8）财务部门准备和筹集施工准备期各阶段需要的资金。

5.2.2.5 建立施工准备工作检查制度及开工报告制度

（1）在编制计划和安排施工任务时，必须留有一定的施工准备工作时间，明确准备工作完成的时间，在检查计划完成情况时，亦要检查准备工作进行情况。

（2）每个单项工程或单位工程开工前，须由项目负责人组织有关部门对各项准备工作进行检查，当各项准备工作完成后，方准提出开工报告，经施工单位上级主管部门批准后，才能纳入施工计划，组织施工。

5.2.2.6 尽量利用永久的、原有的建筑和设施

（1）为了缩短施工准备时间，节约临时工程费用，施工期间需要的房屋建筑和设施，应尽量利用永久的、原有建筑和设施。利用永久建筑、设备和设施，应贯彻技术经济的合理性，尽量利用结构特征、技术性能能满足施工需要的永久工程，以及耐磨、耐用，使用寿命长、不影响投产后正常使用的设备。

（2）若需要利用永久建筑、设施、设备，必须事先征得建设单位同意，并在施工合同中注明，要求建设单位在施工图、设备供应及计划安排上，为利用永久建筑、设施、设备创造必要的条件。同时要征得设计部门的配合，进行复核计算，对一些永久设施、设备进行必要的补强、加固、预留施工条件。

5.2.3 网络计划确定建井准备期

建井准备期指的是自征购井筒的建设用地开始，至施工作业人员入场、竖井封口、组装供风供电系统、提升悬吊设备、凿井井架吊盘等设备、井筒正式开始下掘时为止的这段时间。建井准备期作为施工总工期的一部分，其充分与否，必然影响施工总工期和井筒质量的好坏。在完善各种设备和场地需求下，合理安排施工组织，尽可能地优化准备工作，

缩短准备工作时间，可以实现更高的经济效益。

工期优化是提高竖井施工经济效益的最佳目标。竖井施工工期的优化一般有两种办法：一是缩短各施工工序的持续时间，也就是加快施工速度；二是改变组织关系。在技术水平一定的条件下，通过加快施工速度来缩短竖井施工工期的难度较大。所以缩短施工工期主要通过技术改进和科学组织、施工方案优化来实现。良好的科学组织可以通过合理的网络计划来实现，由于建井准备期的场地和设施准备工作较多，各项工作间需要统筹规划时间，详细且全面地分析准备工作的流程和内容，制定准备工作网络示意图，确定准备期和各项工作的时差，考虑各方面的条件进行平衡，并进行具体计划安排。采取措施找出技术上可行、经济上最有利的建井准备期。

建井准备工作是直接为建井工程连续施工创造条件和物质保证而进行的经常性的准备工作。

建井施工前的准备工作如下：

（1）场地选址。根据设计图纸和施工组织设计，进行购地和拆迁工作。

（2）"四通一平"工作。包括平整场地满足凿井设备布置需要、平整道路保证厂区道路通畅、根据厂区资源条件满足供排水、供电和通信需要。

（3）人员组织及培训。成立竖井施工项目组织部，负责分配工程项目的施工任务，化整为零，建立层层管理体系确保各项工作正常运转。根据施工准备网络计划和施工总体网络计划，合理配置劳动力，进行人员进场培训，为竖井正常施工做好人员准备。

（4）技术准备。组织全体施工人员学习有关施工规范、规定及标准，研究竖井施工技术上的重点和难点问题。施工技术人员应根据现场情况，及时编制、报批实施性施工组织设计，并按程序进行公司内部审批后，在开工前报业主、监理批准。对测量三角网点及水准点的数据进行复核验算，确认无误后进行现场测量标定及放线工作，确定施工测量方案。建立健全技术管理规章制度，规范交接验收工序，规范复测复量和工程交接记录。

（5）布置临时工程。根据厂区平面图和现场勘察，在井口附近合适场地统一规划生活办公区，具体包括生产性办公用房、生产性辅助用房和职工生活用房。并根据施工现场地形、地貌特征以及施工工艺要求，综合布置凿井工业设施。

（6）设备组织准备。根据施工图纸和施工组织设计，分批次确定设备进场时间。对于施工中使用的大型设备，如提升机、稳车、空压机、井架、装载机等，可指派专人落实设备购置、装卸、运输情况。同时根据施工进度计划编制施工材料供应计划，确保材料供应充足。

建井施工准备完后，开始进行正常施工作业。施工准备期主要工程和施工顺序如下（见图5-2）：

（1）全部生活临建、办公临建、工业临建施工（包括提绞、空压机、水泥仓及搅拌机基础开挖、浇筑及养护等）→井颈段开挖、支护→马头门开挖、支护→井架组装、起立。

（2）天轮平台、翻碴平台及溜槽安装→主副提升机、各种提绞稳车、钢丝绳安装及调试→吊盘组装、吊挂→封口盘及搅拌站安装→压风、供水管安装→井口配电室、变压器及吊盘配电箱、各稳车配电柜等供电系统安装及调试→整体模板组装下放、中心回转悬挂等井筒具备正式掘进条件的其他施工内容。

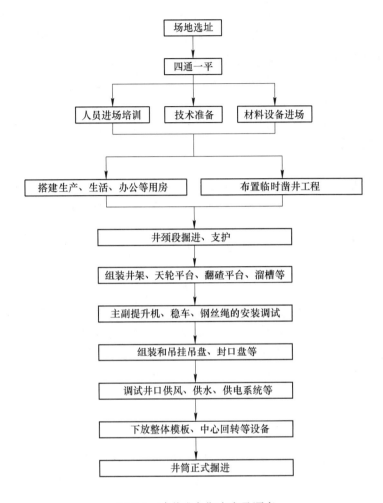

图 5-2　建井准备期内容及顺序

5.2.4　施工过程中的节点管理

5.2.4.1　工程项目管理节点控制法概述及意义

工程项目节点控制工作是指根据工程项目的建设目标，立足于实际情况，根据工程相关管理理念来制定兼具经济性与科学性的施工项目节点技术，之后再根据这一节点来对工程项目的安全、质量、进度及所需要的成本进行控制。这种做法广泛运用在各种不同的工程中，尤其是业主项目管理工程、总承包工程及业主的单体工程收效甚大。在企业工程建设工作中，工程项目管理工作的加强是一项非常重要的工作，加强企业的工程项目管理能够提高企业的市场竞争力。所以在工程管理中推广与运用节点控制法是十分有必要的，它会使得整个工程建设工作能够顺利地开展下去。

在编订项目节点控制计划的过程中，主要有以下4个重要内容需要进行控制。（1）施工安全。对于工程项目管理工作来说，施工安全管理是一项十分重要的内容，只有实现了安全施工才能保证施工项目的平稳有序进行。因此，为了实现项目管理科学化，就需要在节点控制计划中体现施工安全管理的相关内容。（2）施工质量。工程施工一方面需要做好成本、工期的控制，另一方面更需要保障施工质量。工程项目管理的节点控制作为现代工程管理的有效手段，更需要重视施工质量的控制。（3）施工工期。对于一项工程项目来说，施工工期是项目节点的最直接体现，也是施工单位对于节点进行分步实施的依据。因此，对于项目节点控制技术来说，施工工期是重要的内容。（4）项目工程成本。随着矿山行业市场竞争压力的不断激烈化，企业需要通过科学管理手段来实现项目工程成本的降低，进行科学合理的项目节点控制工作是企业有效降低施工成本的重要途径。

工程项目管理中节点控制在企业健康发展中有着重要的意义。首先，可持续发展是我国目前在经济建设工作中的重要内容，企业做好工程项目管理的节点控制工作是保证企业健康持续发展的重要保障。在激烈的市场竞争环境之下，要实现更好的发展，就需要通过科学合理的项目节点控制，做好工程施工项目的安全、质量、工期、成本四方面的控制。其次，重视项目工程施工的节点控制是企业践行社会主义科学发展观的不可或缺的重要过程。在企业的日常生产经营活动中应从细节出发，在施工过程中实现科学化管理，在工程施工过程中的每一个节点做好质量把控，降低施工成本，用科学的管理手段与先进的施工技术来保证施工项目成本的有效控制，从而在发展中实现可持续发展，真正践行我国社会主义科学发展观。在项目的管理过程中，采取节点控制法可以帮助企业建立好管理目标和规则，对企业的目标资源系统组织全面地进行和分配，从而达到企业的目标资源最佳分配模式。

5.2.4.2　工程项目管理节点控制的关键点

工程项目的节点控制就是要紧紧围绕管理目的这条主线，从各环节的关键点入手，实现节点的可控在控，从而使工程项目管理的质量得到提高，企业的管理成本降低，企业效益增加。

（1）建立和完善工程项目关键点管理控制措施。当前工程项目管理节点控制中存在着很大的问题，像工程项目管理中的基础管理薄弱、业务管理不全面；有些项目管理责任在实施过程中没有得到落实，在关键环节缺乏内部的控制机制。例如，在财务项目管理中存在着由于财务支出与工程进度不匹配而出现的难以控制工程造价、无法有效使用资金等问题，造成了工程项目建设工作不能有效开展的不良后果。因此为了加强工程项目管理工作的质量和效率，必须要建立和完善科学合理的工程项目管理节点控制措施。

（2）科学合理地选择是提高工程项目管理效益的关键点。企业有效的工程项目管理离不开关键点的控制管理。在关键节点的选择中，要结合企业工程项目管理的总目标和现状，合理科学地进行选择。关键点的选择能够细化每个工程项目的管理工作，明确每个关键节点的职责、目标和方式，提高项目管理工作的质量和效益。

5.2.4.3　工程项目管理节点控制措施

工程项目管理节点控制措施如下。

（1）编制完善的施工节点计划。项目工程管理节点计划是指导施工项目每一个步骤进行的重要依据。对于施工节点计划的制定应当做到以下几点。1）施工项目管理人员要做好项目的考察工作。在实际情况中，各个施工项目都存在较大的不同，因此在开始一项新的工程项目时，需要做好实地考察工作，综合考虑施工环境，对于施工现场周围的环境要有清楚的认知。2）要做好沟通工作。一方面是与客户的沟通，另一方面是与施工队伍的沟通，立足客户需求，与施工队伍探讨合理的工期计划与节点。3）要根据实际情况做好节点计划的编订。综合考虑工程项目内容中的诸多因素，包括工程设备、工程队伍、工程技术、工程材料等，结合施工进度做好施工计划编制。

（2）健全工程项目节点控制保证体系。工程项目施工进度必须符合合同中的工期规定，为了保证施工企业的经济效益，确保项目施工节点控制的有效性，需要对工程建设的目标进行分解，对不同节点实施相应的控制措施。在施工的前期准备阶段，需要完善工程项目的管理队伍人员配置，提高管理层的专业水平，同时做好施工现场实地考察，针对施工现场的环境条件及基础设施建设状况确定恰当的施工计划和施工技术。除了前期准备工作保证之外，还需要加强工程项目的技术保证和管理制度保证。根据施工计划进行实时工程进度的追踪，利用现代计算机互联网技术提高工程监控的效率，实行动态管理。技术人员要加强对施工人员的技术培训，注重施工新技术、新材料的应用，通过施工方案的优化及管理制度的完善，提高工程节点控制的成效和工程的整体质量。

（3）加强工程项目管理控制人员的培训。工程管理人员的项目管理专业水平会对项目节点控制的成效产生直接的影响，对此企业需要建立完善的管理人员培训和绩效考核制度，定期对节点控制人员进行专业知识的培训，提高管理人员的专业素养和综合素质，促进工程项目施工的顺利进行，为工程项目施工质量的提高提供保障。一方面企业要适当提高项目节点控制人员的准入门槛，通过工资待遇福利水平的提高以及完善的激励制度，提高对工程项目专业管理人才的吸引力；同时加强对在职管理人员工程项目先进管理理念和管理方法的培训，促进管理人员观念的更新和知识体系的完善。计算机互联网的基础应用已经成为现代管理人员的必备技能，企业也需要引进高素质的精尖管理人才，通过计算机软件进行施工项目节点控制计划的编订以及施工偏差情况的分析。

综上所述，工程项目从开始筹划到竣工都要经历管理和控制的过程，在整体工程的要求得到实现、问题得到解决时，其管理工作也就得到了落实。因此管理人员需要不断更新施工理念，通过科学的方法，不断提高施工过程中各方面控制的科学性与合理性。工程项目管理的节点控制管理是我国建筑行业目前需要重视的一项重要工作，施工单位要重视工程项目管理中的节点控制的重要作用，通过建立完善科学合理的管理制度，不断提高相关工作人员的队伍建设工作，提高管理系统的信息化水平，从而实现对工程项目管理节点的有效控制，确保工程项目顺利实施，最终达到提高企业经济效益的目的。

5.2.5 凿井工序优化

5.2.5.1 工序重要性模型

对凿井施工工序的重要程度，运用区间层次分析法将其重要性构建出模型后再深入分析。副井井筒混合作业施工工序主要包括井壁浇筑、出碴、照明、压风、供水、凿岩爆破、排水、通风等 8 种工序，利用字母可表示为 $U = \{U_1, U_2, \cdots, U_8\}$。运用相对重要性相关等级计算法计量每个指标的优先权重。具体计算方法阐述见表 5-2 和表 5-3。

表 5-2 相对重要程度相关等级计算法

标度	含义
1	两因素相比，同等重要
3	两因素相比，一因素较另一因素稍微重要
5	两因素相比，一因素较另一因素明显重要
7	两因素相比，一因素较另一因素强烈重要
9	两因素相比，一因素较另一因素极端重要
2, 4, 6, 8	上述两相邻判断值的中值
倒数	因素 i 与 j 比较为 a_{ij}，因素 j 与 i 比较为 a_{ji}，$a_{ij} \cdot a_{ji} = 1$

表 5-3 因素相对重要性比较表

工序	U_1	U_2	...	U_8
U_1	a_{11}	a_{12}	...	a_{18}
U_2	a_{21}	a_{22}	...	a_{28}
...	...	...	...	...
U_8	a_{81}	a_{82}	...	a_{88}

计算每个指标因素的相对权重：

$$W_i = a_{ii} \sum_{j=1}^{8} a_{ji} \tag{5-1}$$

式中 W_i——各指标因素的相对权重值；

a_{ii}，a_{ji}——因素相对重要性。

各因素的权重分配矩阵：$W = \{W_1, W_2, \cdots, W_8\}$；$i$，$j$ 为工序，$i = 1, 2, \cdots, 8$；$j = 1, 2, \cdots, 8$。

对权重构造进行一致性检验，当计算比率小于 0.1 时，一致性被认可。

随机一致性比率计算公式如下：

$$R_C = I_C / I_R \tag{5-2}$$

式中 R_C——随机一致性比率；

I_R——一致性指标；

I_C——判断矩阵一致性时常用的指标，其值与最大特征根 $\lambda_{\max}$ 有如下关系：

$$I_C = \frac{\lambda_{\max} - n}{n - 1}$$

I_R 的取值见表 5-4。

表 5-4 I_R 的取值

n	1	2	3	4	5	6	7	8	9
I_R	0	0	0.58	0.90	1.12	1.24	1.32	1.41	1.45

完成各工序的权重计量并按照大小顺序列举之后，可实现对凿井施工各工序进行重要程度排序，筛选出主要工序，并进行相应的优化，以加快施工进度。根据对现场施工每次循环时间的统计和对现场工人的调查问答，得到凿岩爆破（U_1）、提升排碴（U_2）、供压风（U_3）、供水（U_4）、排水（U_5）、通风（U_6）、砌壁（U_7）、照明（U_8）等 8 道主要工序的相对重要关系，见表 5-5。

表 5-5 工序的相对重要关系

工序	U_1	U_2	U_3	U_4	U_5	U_6	U_7	U_8
U_1	1	2	5	5	4	4	2	6
U_2	1/2	1	2.5	2.5	2	2	1	3
U_3	1/5	2/5	1	1	4/5	4/5	2/5	6/5
U_4	1/5	2/5	1	1	4/5	4/5	2/5	6/5
U_5	1/4	1/2	1.25	1.25	1	1	1/2	3/2
U_6	1/4	1/2	1.25	1.25	1	1	1/2	3/2
U_7	1/2	1	2.5	2.5	2	2	1	3
U_8	1/6	1/3	5/6	5/6	2/3	2/3	1/3	1

得到该矩阵最大特征根 $\lambda_{max} = 8.5134$，各工序权重计算为：掘进：$W_1 = 0.3261$；出碴：$W_2 = 0.1630$；供压风：$W_3 = 0.0652$；供水：$W_4 = 0.0652$；排水：$W_5 = 0.0815$；通风：$W_6 = 0.0815$；砌壁：$W_7 = 0.1630$；照明：$W_8 = 0.0543$。一致性检验 $I_C = 0.0733$，根据 $n = 8$，经查 $I_R = 1.41$；一致性比率 $R_C = I_C/I_R = 0.0520 < 0.1$，一致性检验合格，权重构建合理。

对权重进行大小排序，得：$W_1 > W_2 = W_7 > W_5 = W_6 > W_3 = W_4 > W_8$。

因此，得出该井混合作业施工的主要工序为凿岩爆破、出碴及井壁浇筑；辅助工序为供压风、供水、排水、通风及照明。

5.2.5.2 考虑施工成本的凿岩、装岩、支护时间合理分配

A 模型的建立

井筒施工深度不同，每月的施工进度也不同。假设井筒在 600 m 以上，正常段计划成井 115 m/月；井筒在 600～1000 m 段，正常段每月成井 105 m；井筒在 1000～1500 m 段，正常段每月成井 70 m。在保障井筒施工速度的前提下，选择成本最优的方案。

一次循环的凿岩、装岩以及支护时间的总和用公式表达如下：

$$X_1 + X_2 + X_3 = T - X_6 = T \qquad (5\text{-}3)$$

式中　X_1——凿岩时间，h；

　　　X_2——装岩时间，h；

　　　X_3——井壁浇筑时间，h：

　　　T——每个进尺总时间，h；

　　　X_6——爆破、通风等其他辅助时间，h。

当该井筒施工到井深 600~1000 m 段，每循环进尺 4.5 m，正规作业率取 90%，考虑施工中探水注浆等因素影响，每月进尺定为 90 m。

$$T = \frac{720 \times 0.9 \times 4.5}{90} = 32.4 \text{ h}$$

根据现场施工记录，凿井循环中各工序所需时间见表 5-6。

表 5-6　竖井掘进工作循环表

序号	工序内容	时间	
		h	min
1	交接班		10
2	下钻定钻		20
3	钻孔	X_1	
4	伞钻升井		20
5	装药联线	1	40
6	放炮、通风		30
7	交接班		10
8	安全检查、扫盘		20
9	出碴	X_2	
10	平底	1	
11	收落模板、立模找正		
12	安装浇筑漏斗		
13	浇筑混凝土		
14	拆浇筑漏斗	X_3	
15	卷扬调绳深度		
16	交接班、出碴准备		
17	出碴	X_2	
18	清底		

从现场施工看，X_6 为 4.5 h，$T_0 = 32.4 - 4.5 = 27.9$ h。

根据网络优化的需要，一个工程（或工序）如果要缩短完成时间，那么必须额外增加费用。时间缩短的范围越大，那么需额外增加的费用越多。此外，缩短时间的可行范围是有限的。如果正常凿岩时间用 X_{1max} 表示，那么比此时间短就会增加凿岩费用，对应的凿岩费用用 $C_{X_{1min}}$ 表示，缩短时间的可行范围中最大值用 X_{1min} 表示。凿岩的最高成本用 $C_{X_{1max}}$ 表示，凿岩成本函数 $C_{X_1} = f(X_1)$ 可能是曲线，大致可将其看作线形变化，可表示为：

$$\Delta C_{X_1} = \frac{C_{X_{1max}} - C_{X_{1min}}}{X_{1max} - X_{1min}}$$

凿岩时间的变化范围为：$0 < X_{1min} \leq X_1 \leq X_{1max}$。

同理，对于装岩时间 X_2、支护时间 X_3，也存在最大值和最小值。假设施工成本的增加量与时间的减小量呈线性变化，建立如上模型。

于是凿岩、装岩、支护时间的合理分配变成求一组变量 X_1、X_2、X_3，满足如下约束条件：$X_1 + X_2 + X_3 \leq T_0$；$0 < X_{1min} \leq X_1 \leq X_{1max}$；$0 < X_{2min} \leq X_2 \leq X_{2max}$；$0 < X_{3min} \leq X_3 \leq X_{3max}$。

设缩短凿岩、装岩、支护施工时间对应的成本增加值总和为 C，若使凿岩、装岩、支护时间合理分配，只需使目标函数 C 最小。目标函数 C 的表达式为：

$$C = (X_{1max} - X_1)\Delta C_{X_1} + (X_{2max} - X_2)\Delta C_{X_2} + (X_{3max} - X_3)\Delta C_{X_3}$$

B 实际工程中参数的确定

根据现场数据，井筒施工到近 1000 m 处，考虑 800~1000 m 井深段，不考虑马头门段的施工，每月正常段可进行 23 个工作循环，统计每个工作循环的凿岩、装岩、支护时间（见表 5-7）。

表 5-7 工序施工时间

深度/m	T_0/h	X_{1max}/h	X_{1min}/h	X_{2max}/h	X_{2min}/h	X_{3max}/h	X_{3min}/h
800~1000	27.9	12	7	18	12	10	6

假设工人的劳动效率是一致的，工序时间的缩短主要由设备的改进和配套引起，基于之前的施工经验和现场记录，各项施工成本极值见表 5-8。

表 5-8 工序施工成本极值 （万元）

深度/m	$C_{X_{1min}}$	$C_{X_{1max}}$	$C_{X_{2min}}$	$C_{X_{2max}}$	$C_{X_{3min}}$	$C_{X_{3max}}$
800~1000	7.5	10.5	11	13	4.5	6.5

基于施工成本的极值和施工时间的极值，推断各项工作的单位成本增加值，列举见表 5-9。

表 5-9 施工单位成本增加值 （万元）

深度/m	ΔC_{X_1}	ΔC_{X_2}	ΔC_{X_3}
800~1000	0.6	0.33	0.5

C 线性规划问题求解

将上述参数代入建立的模型公式中：

$C = (12-X_1) \times 0.6 + (18-X_2) \times 0.33 + (10-X_3) \times 0.5 = -0.6X_1 - 0.33X_2 - 0.5X_3 + 18.14$

$X_1 + X_2 + X_3 \leqslant 27.9$；

$0 < 7 \leqslant X_1 \leqslant 12$；

$0 < 12 \leqslant X_2 \leqslant 18$；

$0 < 6 \leqslant X_3 \leqslant 10$。

即求线性规划问题中：$C_1 = -0.6X_1 - 0.33X_2 - 0.5X_3$ 的最小值，求解：

$f_1 = [-0.6 \ -0.33 \ -0.5]$

$A = [1 \ 1 \ 1]$

$b = [27.9]$

$lb = [7; \ 12; \ 6]$

$ub = [12; \ 18; \ 10]$

解得：$X_1 = 7.8$；$X_2 = 13.2$；$X_3 = 6.9$

优化的结果为：对于井深 800~1000 m 段的井筒正常段施工，当凿岩时间为 7.8 h 时，装岩时间为 13.2 h，支护时间为 6.9 h，施工成本增加值 C 最少为 5.151 万元。

依据上述计算，发现对结果产生最大影响的优化因素是装岩时间，所以施工控制应当将其作为重点把控对象，优化后的施工时间对比实际生产中每个循环的实际成本，可在理论上节省成本 10%~20%；当井筒深度逐渐增大时，随着装岩时间的增大，优化的效果会更明显。

5.2.6 施工进度信息化管理趋势与技术实践

5.2.6.1 信息技术与工程进度管理的内涵

信息技术（IT）主要是用于管理和处理信息所采用的各种技术的总称，它主要应用计算机和通信技术来设计、开发、安装和操作信息系统及应用软件。计算机信息技术是第三次科技革命的产物，在不断改变人们生活的同时也改变着经济发展的方向。

工程进度管理是在项目建设中按已经审批的工程进度计划，运用适当的方法定期对工程的实际进度进行跟踪检查，并与计划进行对比，分析两者之间的偏差，以及组织、指导、协调各建设相关单位，及时采取有效措施调整工程进度计划。工程进度管理的主要目标是通过对现场工程的实际进度的检查，分析工程调度管理报表，并将分析结果和施工计划进行比较，从而发现和纠正与施工计划不符的地方。工程进度管理的目的是保证工程项目建设过程中的质量。总的来说，凡是涉及工程的任何方面和步骤都要运用必要的管理手段进行管理。因此，工程进度管理作为一项复杂且难度较大的工作，需要借助信息技术来提高工程管理的质量和效率。

5.2.6.2 工程项目进度管理信息化应用的必要性

进度控制是工程建设项目管理"四大控制"工作之一，是项目控制的主要目标，是决定项目建设成功与否的重要因素，控制的好坏将对项目建设产生重大影响；进度管理工作涉及大量信息和数据的统计、分类归纳、汇总分析等操作，日常管理工作中存在频繁申请、审批等工作流程。

随着工程建设项目日趋大型化，项目管理的信息处理量越来越大，在缺少高效的数据处理、流转审批、信息共享的工具及平台的情况下，进度管理费时、费力，管理水平及工作效率低下。主要体现在难以规范、统一计划和计划管理结构；基于 Excel 办公软件建立进度检测系统，为具体的计划作业分配资源的难度和工作量非常大；进度检测与详细计划作业脱节的情况较为普遍，查找检测对象既麻烦又费时，填报容易出错；进度、工程量等数据需要耗用大量时间进行统计、编制报表；进度和进度款报审依靠邮件往来、人工传递纸质文件审批，不仅效率低，过程又难以跟踪和追溯；工程图册、工程进展、大事记、工程照片、气候情况等工程建设信息难以共享；进度分析、统筹管理项目进度的难度非常大。

针对上述情况，为提高工程建设项目进度控制的管理水平、工作效率及准确性，实现业主、监理、承包商进度管理工作的信息共享、统筹规划、集成管理，达到事半功倍效果，有必要应用现代化信息技术，建立科学、高效的进度控制管理平台。

5.2.6.3 国内外工程项目管理信息化的发展现状

自 20 世纪 90 年代以来，随着工程项目 EPC（总承包）管理模式的推广，以及 IT 技术的进步，项目管理信息系统被逐渐应用到工程项目管理中。目前大多数国际大型工程公司建立了自己的工程项目管理信息系统，并且将其作为核心竞争力之一，多数是在 20 世纪 90 年代开始建立，并随着 IT 技术发展不断改进。

国外大型工程公司的业务多为综合性业务，各家公司所涉及的行业、项目类型以及地理分布不尽相同，其工程项目管理信息系统多为自主开发，支持系统的管理方法也不尽相同，管理思路有所差异，侧重点有所区别，很少有通用的商业化软件支持 EPC 项目管理，一般工程公司也不愿意将自己应用的软件商业化。当前主要的工程项目管理软件列举如下：

（1）沃利公司（Worley，现为 Worley-parson）的 InControl 软件；

（2）甲骨文公司（Oracle）的 Priamvera 软件；

（3）阿美克公司（AMEC）的 Convero 系统；

（4）福禄公司（Fluor）的 MasterPlant 系统；

（5）埃森兰万灵公司（SNC-LAVALIN）的 PM+系统；

（6）柏克德（Bethtel）、ABB 鲁玛斯公司（ABB Lumnus）的工程项目管理软件系统。

国外工程项目管理系统大致可以分为以下三种类型：

（1）项目控制专业软件。如 InControl、Priamvera 等，专注于项目的计划和进度控制、费用控制、合同控制、文档控制等信息的管理，为项目的进展情况提供数字描述，为项目控制管理提供支持。

（2）集成的工程项目管理软件。如 Convero、MasterPlan 等，不仅包含项目的控制信息，还将项目管理中的各项设计、采办、施工、材料等管理业务流程进行集成，将项目管理全过程信息化。

（3）组合的工程项目管理系统。如 Bethtel 的项目管理软件体系，选择多个专业项目管理软件，以一定的接口形式进行组合，形成工程项目管理系统，这种情况也多见于业主的工程项目管理系统中，如 BP、Shell 等，BP 采用 P6+kidrummy+Projectnet 的方式。

国内工程项目管理信息化软件应用较晚，且多采用或借鉴国外较为成熟的管理理念和软件系统。国内软件代理商在此基础上也进行了一些自主研发工作，其中：应用于小型项目的管理软件有微软公司的"Project"、智通公司的"项目经理"、同望公司的"EasyPlan"等；应用于超大型、大中型建设项目的管理软件有 Oracle 公司的"Priamvera"、Welcome 公司的"OpenPlan"、北京梦龙软件公司的"LinkProject"、新中大软件股份有限公司的"Psoft"、上海普华公司的"PowerPIP""PowerON"等。

5.2.6.4　进度管理信息化应用的前提条件和基本要素

工程项目进度管理信息化应用的首要前提条件是必须以工程量清单报价，即以综合单价的方式进行工程招标，因为只有如此才能获得各分部、分项工程的合同费用，按照赢得值法进行工程进度检测。

其次，需要提前规划好进度管理信息化应用的管理体系，制定进度管理相关的管理制度、办法及细则，规划好企业项目结构（EPS）、企业组织分解结构（OBS）、工作分解结构（WBS）、作业代码结构、资源库、作业步骤模板、资源曲线模板、统计周期等；除了项目进度管理相关的一般规章制度外，还需要制定进度管理信息化应用的管理办法和细则，明确相关干系人的责任、分工及权限，同时规划好以下管理要素，以确保进度管理信息化软件顺利的应用。

理清项目进度管理的基本架构：通常在项目定义阶段结束即基础设计完成时，工程项目的总体框架和主项单元才能最终确定，企业项目结构（EPS）应依据项目的总体框架分级别、分区块地逐层建立，企业组织分解结构（OBS）应依据项目组织管理结构逐级建立，并以主项单元作为进度管理的单位工程。这些是进度管理信息化应用规划的初始输入条件，在此基础上才能规划好项目进度管理各参与方（业主、监理、承包商）的管理范围和管理权限。

制定项目统一的工作分解结构（WBS）编码原则：以规范各单位工程的工作分解结构，从而达到规范计划、进度检测结构和层次的目的。在单位工程招标结束后，其工程内容得以基本确定，此时可依据合同工程量清单的工作内容，遵循项目统一的 WBS 编码原则划分出单位工程、分部工程、分项工程的 WBS 编码，这是编制计划、建立进度检测系统的初始输入条件，也是作业及数据筛选的输入条件之一。

制定项目统一的作业代码结构原则：规范工程计划的作业代码结构，这也是作业及数据筛选的输入条件之一。

制定规范的资源库和作业步骤模板："资源库"用以统一项目进度、工程量的统计口径，"作业步骤模板"用以统一采用赢得值法计算进度的准则，同时可以大大提高计划编制、建立进度检测系统的工作效率；资源库、作业步骤模板的制定不仅要符合行业的工作要素内容和工作程序，还须"见仁见智"、符合当前工程项目的特点，以及要符合当前项目管理的特殊要求，这是由项目的独特性所决定的。

制定资源曲线模板：对作业资源制定、选取统一的或特定的资源分布曲线，利用软件可以自动计算出每个统计周期的计划资源数量，无须人工根据经验逐一去估算，既可大大提升计划资源分配的工作效率，又可大大降低计划资源分配的工作强度。

统一项目进度管理的统计周期：这是确保进度、工程量统计数据正确的必需条件，一般以周为单位设定统计周期，比如"上周五至本周四"，总体周期的开始和完成时间须涵盖项目的整个建设工期，即须涵盖项目的开工和完工日期。

5.2.6.5 施工进度信息化的应用案例

A 工程概况

李家湾锰矿开采项目主副井井巷及安装工程含矿建工程、土建工程、安装工程。主要建设内容为：主井井径 5.5 m，井深 1121 m；副井井径 6 m，井深 1071 m，6 对双向马头门；部分中段、车场、采切系统；井架制作、安装；披绳挂罐、提升系统及供电系统等永久设备安装调试；地面设备设施安装及其配套土建工程。该工程在施工过程中存在矿建、土建、安装三专业工作的交叉作业管理问题，矿建、土建、安装三方的一方滞后，其他两方面的工作也会受到很大的影响，而交叉作业计划安排不当，也直接影响计划的执行。因此在准备初期就开始利用 Project 软件做进度计划管理，施工过程中，对矿建工程、土建工程、安装工程均通过信息化掌握工程进度。在施工过程中取得了较好的成绩，如主副井生产正掘首月双双超 120 m，最高主副井正掘双双均达到 150 m，并连续实现主井 8 个月平均月进尺超 110 m，副井超 100 m；主井挖掘比合同工期提前 75 天完成，副井挖掘比合同工期提前 58 天完成。该工程项目实际竣工日期为 2017 年 4 月 17 日，比原定工期提前 8 天进入试生产阶段。

B 工程项目进度计划

该工程于 2013 年 9 月 1 日正式开工建设，计划 2017 年 4 月 25 日竣工，项目建设工期 1332 天。

5.3 机械化配套成本优化实践总结

5.3.1 正规作业循环时间计算

主井井筒净径 6.3 m，井口标高 +7 m，井底标高 −1410 m，井深 1417 m。基岩段掘进断面面积 $S = 39.592$ m²，井身 C30 混凝土壁厚 400 mm。

井筒出碴采用 1 台 JKZ-4×3 型和 1 台 JKZ-4×3.5 型凿井单筒提升机，配 1 台 HZ-6 型中心回转式抓岩机出碴，各提升 1 个 TZ-5 m³ 座钩式吊桶出碴；提升 2 个 3 m³ 底卸式吊桶送灰浇注混凝土；采用 YSJZ4.8 型液压伞钻配 4 台 HYD-200 凿岩机打眼；采用 MJY 型整体下滑金属模板砌壁，段高 4.5 m。

基岩段井筒施工进度指标：井深小于 1000 m，进度每月为 120 m；工作面实行正规循环，并实行滚班作业方式，正常情况下，基岩正常段井筒 25.1 h 完成一个循环，循环进尺 4.5 m，正规循环率取 0.93，月进度：30 d×24(h/d)×0.93/25.1(h/循环)×4.5(m/循环) = 120 m。本节介绍井筒各工序。

5.3.1.1 井筒出碴

（1）井筒一个循环出碴量 $Q = S×H×K_1×K_2 = 39.592×4.5×1.25×1.6 = 356.33$ m³；

$S = 39.592 \text{ m}^2$；段高 $H = 4.5 \text{ m}$；K_1 为井筒超挖系数，取 $K_1 = 1.25$；K_2 为岩石松散系数，取 $K_2 = 1.6$。

一个循环出碴桶数：$356.33 \text{ m}^3 \div (5 \text{ m}^3/\text{桶} \times 0.9) + 8 \text{ 桶水} = 87 \text{ 桶}$。

（2）出一桶碴石的时间：

1）井底 0.5 m^3 抓斗抓装 1 斗碴石需要 30 s，抓装 10 斗碴石需时间 $t_1 = 300 \text{ s}$。

2）井底至吊盘时间：高度 20 m+8 m=28 m，绞车提升速度为 0.5 m/s，则 $28 \div 0.5 = 56 \text{ s}$，稳吊桶需 15 s，小计 $t_2 = 56 + 15 = 71 \text{ s}$。

3）吊盘以上 40 m 过卷保护段：高度 40 m，绞车提升速度 1 m/s，则 $t_3 = 40 \div 1 = 40 \text{ s}$。

4）井筒正常提升段：高度 872 m，绞车提升速度 5 m/s，则 $t_4 = 872 \div 5 = 174 \text{ s}$。

5）过井盖门前 40 m 减速段：高度 40 m，绞车提升速度 1 m/s，则 $t_5 = 40 \div 1 = 40 \text{ s}$。

6）井口至二平台段：高度 20 m，绞车提升速度 0.2 m/s，则 $t_6 = 20 \div 0.5 = 40 \text{ s}$。

7）放翻碴溜槽、吊桶倒碴和起翻碴溜槽时间：$t_7 = 20 + 100 + 20 = 140 \text{ s}$。

8）吊桶下放至井底时间：同上 $t_6 \sim t_2$，$t_8 = 40 + 40 + 174 + 40 + 71 = 365 \text{ s}$。

合计 $T = 40 + 40 + 174 + 40 + 71 + 365 + 140 = 870$（s/桶）。

出 44 桶碴石及水需要的时间：44 桶 × 870 s/桶 = 10.6 h。

（3）下放提升挖机清底时间：下挖机 0.5 h，提升挖机 0.5 h，人工清底 1.5 h，小计 2.5 h。

出碴工序总时间：10.6 + 2.5 = 13.1 h。

5.3.1.2　井筒掘进工序

井筒掘进工序为：

（1）伞钻打眼时间。井筒布置 5 圈孔，共 102 个孔，每个孔直径为 51 mm，孔深 5.2 m，采用 4 臂液压伞钻打眼，单个炮孔需 9 min，则打眼需要时间：$t_1 = 102 \text{ 个} \div 4 \text{ 臂} \times 9 \text{ min}/\text{个} = 229.5 \text{ min}$。

（2）伞钻起落。伞钻下放 25 min，夺钩摆正、撑臂固定、连接各管路、开机需 20 min；收钻、收管路需 20 min，伞钻提升并放在指定位置需 25 min，小计 $t_2 = 25 + 20 + 20 + 25 = 90 \text{ min}$。

（3）放炮前。装药 45 min、联线 15 min、起吊盘 20 min，小计 $t_3 = 80 \text{ min}$。

（4）放炮后。排炮烟 25 min，落吊盘清扫吊盘 30 min，小计 $t_4 = 55 \text{ min}$。

打眼工序合计：182 + 90 + 80 + 55 = 407 min = 6.8 h。

5.3.1.3　井筒浇筑混凝土工序

井筒浇注混凝土工序：

（1）打灰前。井筒验模 30 min，吊桶摘钩、挂溜灰斗 30 min，小计 60 min。

（2）打灰。商品混凝土需 40~42 m³/模，放一桶灰 3 m³ 需 20 min（地面从罐车放灰至吊桶内需 2 min，吊桶上下运输需 12 min，吊盘卸灰 6 min），放灰需要时间：42m³ ÷ 3 m³/桶 ÷ 2 钩提升 × 20 min/桶 = 140 min，第四车测方、报量、等灰需要 40 min，小计 180 min。

（3）打灰后。拆脚踏板 15 min，拆溜灰斗、提升、放至地面指定地点 32 min。挂吊桶、人员坐吊桶、收拾脚踏板等工器具 25 min，小计 72 min。

浇筑混凝土工序合计：60 + 180 + 72 = 312 min = 5.2 h。

综上所述，井筒掘砌一模循环时间：13.1 + 6.8 + 5.2 = 25.1 h，见表 5-10。

表 5-10 井筒掘砌正规循环作业图表

工序名称	工时		时间/h											
	h	min	2	4	6	8	10	12	14	16	18	20	22	24	26
交接班		15													
伞钻下放及打眼准备		30													
伞钻打眼	3	2													
伞钻拆除并提至地面		45													
下放炸药、装药连线		60													
起吊盘		20													
放炮排炮烟		25													
落吊盘延接风水管路		30													
小计	6	47													
交接班		15													
出碴	5	36													
平底		45													
小计	6	36													
验模、落支钢模		30													
浇筑混凝土	3	30													
拆脚踏板、溜灰槽管等	1	12													
小计	5	12													
出碴排水	4														
挖机及人工清底排水	1	30													
提升挖机上下井		60													
小计	6	30													

注：掘砌循环时间为25.1 h，循环进尺4.5 m，月进尺120 m。

5.3.2 伞钻凿岩时间与成本分析

在凿岩工作中，采用哪种钻机从根本上决定了凿岩的作业时间、人员配置及成本控制。国内施工单位传统采用 SJZ6.9 型气动伞钻打眼，操作时间平均长达 16 h，最长达21 h，工人作业时间长，劳动强度大，且气动凿岩机凿岩时产生的噪声和粉尘也给工人的身心健康造成了极大损害；现在超深竖井施工中广泛采用的全液压伞钻，与之相比，展示出了其优越的性能，受到了工人欢迎。其主要优点有：

（1）凿岩速度快、效率高。在同类岩石和相同炮眼直径的条件下，液压凿岩机凿岩速度比气动凿岩机快 2 倍以上，加快了凿井速度，实现了快速施工。

（2）节能。采用 SJZ6.9 型气动伞钻凿岩，地面需开 2 台排气量 40 m³/min 的空压机，电机功率 500 kW；每循环打眼 16 h，至少耗电 6000 kW·h。而采用 YSJZ4.8 型全液压伞钻凿岩，电机功率 110 kW；每循环打眼 4 h，耗电约 1500 kW·h。按此计算，每循环放 1炮，后者比前者可节电 4500 kW·h，相当于节约资金 2700 元 ［按 0.6 元/（kW·h）计］；每施工 100m 井筒，可节约资金 6.75 万元。

（3）钻具消耗少。由于液压凿岩参数可随时调整，能在不同岩石条件下选择最优凿岩参数；同时液压凿岩冲击应力波平缓，传递效率高。因此，钎头和钎杆消耗少，一般可节约 15%~20%。

（4）凿岩成本低。由于液压压力比压气压力高 10 倍左右，因此在同样冲击功率时，液压凿岩机活塞受力面积小，冲击活塞面积接近钎尾面积，应力传递损失小，受力均匀，使用寿命长，故障少，凿岩成本可降低 30% 左右。

（5）作业环境好，体现了以人为本的理念。液压凿岩一是采用水力冲孔，因而不产生粉尘，提高了工作面能见度，有利于施工安全；同时减轻了对工人呼吸系统的损害。二是不排出废气，因而也就不存在废气夹杂的油污所造成的环境污染；同时因无废气排放声音，工作面噪声大大降低，比气动凿岩可降低 10 dB 以上，减轻了噪声对工人的损害。

（6）提高了爆破质量。由于液压凿岩更能保证钻孔深度和间距精度，故可提高爆破质量。

例如：全断面共 8 圈 278 个炮孔，施工需在确保安全的前提下，安排伞钻与人工风钻同时进行打眼作业，每循环炮眼总长度为 1053.5 m。

采用 FJD-6 伞架配 6 台 YGZ-70 凿岩机凿岩及多台型 YT-29 高频人工抱钻辅助伞钻凿岩。伞钻的速度为 0.2 m/min，人工抱钻的速度为 0.06 m/min，由于两者同时工作，故凿岩最终时间取决于两者较大者。为了使两者时间尽可能保持一致，仍采用 FJD-6 伞架配 6台 YGZ-70 凿岩机仅改变人工抱钻的台数。设人工抱钻有 b 台，设伞钻完成的打眼长度为a m，则人工抱钻完成的长度为（1053.5-a）m，根据两者完成工作所用的时间一致可得：

$$\frac{a}{6 \times 0.7 \times 0.20} = \frac{1053.5 - a}{b \times 0.7 \times 0.06}$$

$$b = 20(1053.5 - a)/a$$

凿岩工作时间为 X_1 h，也就是 $60X_1$ min，根据上面的公式可以计算出 $a = 50.4X_1$ m。可以看出，凿岩时间 X_1 由人工抱钻的台数 b 决定，即当 b 大时，X_1 小；b 小时，X_1 大。所以，在优化过程中，把 b 作为一个变量，根据实际通风和施工安全情况，b 不能太大，因此，限定 b 的取值范围为 $15 < b < 40$。

5.3.3 装岩提升时间与成本分析

在装岩提升工作中，装岩能力要与提升能力相配合。例如提升设备选用 2 台 2JK-3.0 型凿井绞车，根据提升机强度验算，主、副提升容器均选用 4.0 m³ 座钩翻碴吊桶，由于提升设备的能力跟整个施工工序都有关，因此，在优化配置时，保持提升设备不变。

根据计算，可得绞车在不同井深时的提升能力：

（1）50~200 m：平均提升高度为 125 m，利用线性插值，主、副总提升能力为 94 m³/h。

（2）200~350 m：平均提升高度为 275 m，利用线性插值，主、副总提升能力为 73 m³/h。

（3）350~500 m：平均提升高度为 425 m，利用线性插值，主、副总提升能力为 58.5 m³/h。

以此类推。由上述分析可知，在不同的阶段，提升能力是不同的。提升能力随着井深加大而减小，通常根据提升能力确定装岩设备。

为满足所有阶段的提升能力，也就是装岩机的装岩能力要大于 94 m³/h，如选择 2 台 HZ-6b 型装岩机，每台的装岩能力为 50 m³/h，总装岩能力可达 100 m³/h。

此时，所有阶段的装岩时间均由提升能力决定。

每循环爆破方量：2.8（每循环进尺）× 121 × 1.7（松散系数）= 574.5 m³（虚方）。

（1）50~200 m：$X_2 = 574.5/94 = 6.11$ h。

（2）200~350 m：$X_2 = 574.5/73 = 7.87$ h。

（3）350~500 m：$X_2 = 574.5/58.5 = 9.82$ h。

此时的施工成本为：

$$C_{X_2} = 2 \times C_{\text{HZ-6b}} + 10C_{\text{rgf}} + C_{\text{tsf}}$$

式中　$C_{\text{HZ-6b}}$——1 台 HZ-6b 型中心回转抓岩机的费用；

　　　　C_{rgf}——1 个抓岩机操作及维修人员的费用；

　　　　C_{tsf}——提升系统的费用，包括提升设备费及操作人员的费用。

5.3.4 井壁支护时间与成本分析

井壁支护的时间依据施工方案和设计要求，根据不同围岩类别，采用不同的支护结构，以及相应采用的支护施工机械设备的不同进行确定。

示例：井筒下掘时采用锚喷作为主要支护形式，各段喷混凝土的工程量见表 5-11。

表 5-11　各段混凝土用量

井深/m	长度/m	净断面面积/m²	掘进断面面积/m²	混凝土消耗量/m³
50~105	55	98.47	115.3	925.65
105~125	20	98.47	120.70	444.6
125~385	260	98.47	115.3	4375.8
385~405	20	98.47	120.70	444.6

井深/m	长度/m	净断面面积/m²	掘进断面面积/m²	混凝土消耗量/m³
405~636.1	321.1	98.47	115.3	3889.41
636.1~650	13.9	98.47	122.66	336.24

根据施工组织设计，在井口东西侧各设一座搅拌站，每座搅拌站内设 1 台 JS750 型混凝土搅拌机，工作面安设转Ⅶ型喷浆机，石子和砂子由地面通过 ϕ159 mm 溜灰管输送到井底工作面进行喷射混凝土。喷射混凝土的强度等级为 C25，水灰比为 0.42，混凝土配合比为水泥：砂：石子：速凝剂 = 1：1.57：1.84：0.04。

两台 JS750 型混凝土搅拌机的生产能力为 80 m³/h，比喷射机的生产能力要大得多。因此，支护阶段的工作时间主要由喷射机的喷射能力决定，在优化配置中保持搅拌机及其他设备配置不变。

（1）第 1 阶段（50~200 m）。先计算出此段的总混凝土消耗量，再平均到此段的每一个循环进尺中：

$$V_总 = 925.65 + 444.6 + 4375.8 \times 75/260 = 2632.5 \text{ m}^3$$

则每一循环混凝土消耗量为

$$V_支 = V_总/150 \text{ m} \times 2.8 \text{ m} = 49.14 \text{ m}^3$$

（2）第 2 阶段（200~350 m）。

$$V_总 = 4375.8 \times 150/260 = 2524.5 \text{ m}^3$$

则每一循环混凝土消耗量为

$$V_支 = V_总/150 \text{ m} \times 2.8 \text{ m} = 47.12 \text{ m}^3$$

（3）第 3 阶段（350~500 m）。

$$V_总 = 4375.8 \times 35/260 + 444.6 + 3889.41 \times 95/231.1 = 2632.5 \text{ m}^3$$

则每一循环混凝土消耗量为

$$V_支 = V_总/150 \text{ m} \times 2.8 \text{ m} = 49.14 \text{ m}^3$$

（4）第 4 阶段（500~650 m）。

$$V_总 = 3889.41 \times 136.1/231.1 + 336.21 = 2626.78 \text{ m}^3$$

则每一循环混凝土消耗量为

$$V_支 = V_总/150 \text{ m} \times 2.8 \text{ m} = 49.03 \text{ m}^3$$

由上可知，第 1、2、3、4 阶段每循环混凝土消耗量基本相同，因此，在喷浆支护中，第 1、2、3、4 阶段同样考虑，按每循环消耗混凝土 49 m³计算。

方案 1：若配置 2 台转Ⅶ型喷浆机，则喷浆支护工作时间：

$$X_3 = (49 \times 1.2)/(2 \times 7) = 4.2 \text{ h}$$

此时，施工费用为

$$C_{X_3} = 2 \times C_{Z7} + 6 \times C_{rgf} + C_{else}$$

式中　C_{Z7}——1 台转Ⅶ型喷浆机的费用；

　　　C_{rgf}——1 个喷射机操作人员和维修人员的劳动工资（1 台喷射机配 2 个工人，2 台喷射机另配 2 名维修人员）；

C_{else}——其他喷浆支护工作的费用，设这一部分在优化配置时是不变的，故不单独列出。

方案2：若配置3台转Ⅶ型喷浆机，则喷浆支护工作时间：

$$X_3 = (49 \times 1.2)/(3 \times 7) = 2.8 \text{ h}$$

此时，施工费用为

$$C_{X_3} = 3 \times C_{Z7} + 8 \times C_{rgf} + C_{else}$$

1台喷射机配2个工人，3台喷射机另配2名维修人员，所以共8个人。

方案3：若配置4台转Ⅶ型喷浆机，则喷浆支护工作时间：

$$X_3 = (49 \times 1.2)/(4 \times 7) = 2.1 \text{ h}$$

此时，施工费用为

$$C_{X_3} = 4 \times C_{Z7} + 11 \times C_{rgf} + C_{else}$$

1台喷射机配2个工人，4台喷射机另配3名维修人员，所以共11个人。

5.3.5 月进尺时间与成本分析

月进尺时间由施工组织设计的机械设备选型及科学高效的劳动组织管理所决定，如确定不变的设备后，则只讨论不同可变设备及人员配置下的各阶段凿岩、装岩、支护时间（见表5-12～表5-14）。

表5-12 凿岩设备人员配置与施工时间关系表

阶段	设备及人员配置	凿岩时间 X_1/h
第1、2、3、4阶段均相同	b 台 YT-29 型高频手抱钻和 b 个钻工（$15 < b < 40$）	$X_1 = 1053.5/(2.75b + 51.4)$

表5-13 装岩设备人员配置与施工时间关系

阶段	配置方案1	装岩工作时间 X_2 /h	配置方案2	装岩工作时间 X_2 /h	配置方案3	装岩工作时间 X_2 /h	配置方案4	装岩工作时间 X_2 /h
1阶段 （50~200 m）		6.11		6.79		8.89		11.49
2阶段 （200~350 m）	2台 HZ-6b 型装岩机和10名操作及维修人员	7.87	1台 HZ-6b 装岩机、1台 YC85-6 小型挖掘机和10名操作维修人员	7.87	1台 HZ-6b 装岩机、1台 YC85-6 小型挖掘机和10名操作维修人员	8.89	1台 HZ-6b 装岩机和5名操作维修人员	11.49
3阶段 （350~500 m）		9.82		9.82		9.82		11.49
4阶段 （500~6500 m）		14.96		14.96		14.96		14.96

表 5-14　喷浆支护设备人员配置与施工时间关系

阶段	配置方案 1	喷浆工作时间 X_3/h	配置方案 2	喷浆工作时间 X_3/h	配置方案 3	喷浆工作时间 X_3/h	配置方案 4	喷浆工作时间 X_3/h
第 1、2、3、4 阶段均相同	2 台转Ⅶ型喷浆机和 6 名操作及维修人员	4.2	3 台转Ⅶ型喷浆机和 8 名操作及维修人员	2.8	4 台转Ⅶ型喷浆机和 11 名操作及维修人员	2.1	5 台 HZ-6b 装岩机和 5 名操作维修人员	1.68

　　月进尺是由每循环作业时间决定的，每循环作业时间根据不同的设备及人员配置各不相同：

$$T_1 = X_1 + X_2 + X_3 + 7.2$$
$$T_2 = X_1 + X_2 + X_3 + 7.2$$
$$T_3 = X_1 + X_2 + X_3 + 7.2$$
$$T_4 = X_1 + X_2 + X_3 + 7.2$$

　　T_1、T_2、T_3、T_4 分别为第 1、2、3、4 阶段的循环时间，由凿岩时间 X_1、装岩时间 X_2、支护时间 X_3 决定，而 X_1、X_2、X_3 又由设备及人员决定，所以 T_1、T_2、T_3、T_4 是不同设备及人员的函数，也就是施工费用的函数。

　　月进尺：

$$L_1 = (30 \times 24)/T_1 \times 2.8 \text{ m}$$
$$L_2 = (30 \times 24)/T_2 \times 2.8 \text{ m}$$
$$L_3 = (30 \times 24)/T_3 \times 2.8 \text{ m}$$
$$L_4 = (30 \times 24)/T_4 \times 2.8 \text{ m}$$

　　不同井深处的凿岩、装岩和支护的时间不同，对应的工作循环时间 T_1、T_2、T_3、T_4 也不同，因而计算得出的不同井深阶段的月进度也各不相同，分别为 L_1、L_2、L_3、L_4。

　　不同施工设备及人员配置方案下月进尺及工期会随之变化，虽然工期可能提前，但施工费用也将会增加，只有从循环作业时间优化、机械化配套优化、人员配置优化的角度分析超深竖井成本优化的平衡点，才能在效益最大化的前提下优化施工设备及人员配置方案。

5.4　超深井筒快速施工中的材料管理措施

　　材料管理是施工企业加强成本控制管理的重中之重，在施工企业成本费用构成中，材料费的占比一半以上，因此加强材料管理，降低材料消耗是控制工程成本最重要的手段，对施工企业的盈亏起着决定性影响。施工现场材料管理是全员的管理、系统的管理、全过程的管理，涉及从材料计划编制到材料使用、核算等各个环节，本节介绍加强施工企业材料管理的措施。

5.4.1　材料人员的选择和分工

　　要加强项目材料管理，杜绝劣质材料进入施工现场，并使各项管理到位，必须培养和建立一支思想好、觉悟高、作风正、业务精的高素质的材料管理人员队伍，明确职责和工作内容。只有这样，才能不断提高材料管理的水平，适应企业生产和成本控制的需要。

A 人员的选择

在人员的选择上必须符合以下几个条件：一是责任心要到位；二是要不怕吃苦；三是要学习熟悉业务；四是要怀公正之心；五是要诚实守信。瑞海矿业在工作中按照以上条件选择了一些素质相对较高的人员充实到材料管理的队伍里，收到了较好的效果。

B 明确工作分工

明确分工和职责范围是做好材料管理工作的前提和基础。瑞海矿业项目部对材料人员进行了明确的分工，让每个人都明白自己应干什么，并提倡相互勉励相互督促，避免工作脱节减少工作失误，同时也提高了办事效率。项目中各工作人员具体分工如下：

（1）材料主管。负责项目材料管理的全面工作，审核材料采购价格，督促指导部门人员的具体工作，掌握大宗材料的收销存情况和周转材料的进出场情况，为项目成本核算提供真实准确的材料信息。

（2）仓库保管员。侧重仓库的收、发、存管理，兼顾周边范围内材料的管理工作（包括协助管理周转材料、钢材等）。建立到货登记台账并登记齐全，严格限额领料并分类存放。收集符合贯标要求的各种资料并记录，负责登记装卸、搬运、清理、车用台班次数和用工信息。库内保持干净整洁，五五码放整齐，标识明确，做好盘点工作随时掌握库内物资动态，账、卡、物相符，对关键和特殊使用的机具掌握其分布使用情况。收集各种材料结算小票，与供货商对账填制验收单，统计结算并定期编制报表。

（3）土产材料员。侧重水泥、土产材料收、发、存工作。严格执行到货登记、限额领料制度，反映每天进货情况，日清月结，对期间发生的问题及时报告，及时分析解决。负责收集材料合格证和检验报告，填写试验委托单，并要求供方提供营业执照和生产许可证复印件且加盖红章。

（4）钢材保管员。侧重钢材、周转材料的收、发、存工作。核对计划，收集合格证及相关资料，并要求提供营业执照和生产许可证复印件且加盖红章。严格执行到货登记，以及与劳务队钢筋加工负责人入场签字交接台账等制度，并监督材料的使用情况，月末盘点掌握库存动态。填写试验委托单并做好记录。

（5）采购员。严格遵守财经纪律，负责材料采购工作，核对库存，编制采购计划并经相关人审批。及时办理材料结算工作并负责向甲方申报部分材料价格签证，及时调查掌握市场变化动态并保存记录询价资料，真正做到货比三家，协助主管协商签订材料供货合同，兼管周转材料进出场联系工作，协助管理周转材料、钢材等。

5.4.2 流程的策划和梳理

明确人员分工和工作职责后，接下来是如何履行岗位职责，根据现场材料管理实际情况，主要有两个流程。

流程为：

（1）项目工程材料需用计划编制到材料合同签订的流程。工程技术部门编制工程材料需用计划、技术主管审核—材料部门复核材料需用计划的内容和可行性及核定库存后编制采购计划—项目经理审批后材料部门实施计划采购—项目部材料组按规定上报主管部门复审，确定采购方式，指导实施—自行采购部分材料，材料组经市场调研后制作比价采购单—项目经理审核—选择供应商—拟订合同文本—相关部门会审—项目经理审核合同—项目部材料组上报处主管部门，由其复核、指导签订合同—合同签订实施。

（2）项目工程材料进场到材料核算的流程。物资进场保管员验收—验收合格后做到货登记—核对票据并结算—供货商开具发票填制物资验收单—审核无误后转财务挂账；工程技术部门开具限额领料单—保管员审核，领用人签字领取—汇总单据、存货盘点—填写整理耗料单—审核无误后和物资验收单并入材料明细账—财务签收后编制月度材料报表—分析成本节超情况。

注意事项为：

（1）强化细节管理。施工企业由于竞争激烈，工期紧，让利多，利润空间小，只有强化内部管理，向管理要效益，才能在竞争中求生存，在生存中求发展。

（2）严格按计划采购，从源头上控制采购量。计划是材料采购工作的依据和开始，计划的准确性和严肃性直接影响了材料采购工作的质量和效率，其及时性和有效性也是能否保证施工生产需要的前提，所以必须对计划的编制和执行作出明确要求。

1）计划的开具与审核。工程用料计划由技术员开具并交技术主管审核，辅助施工用料计划由工地负责人开具，对于急需的材料由材料员补填计划后由负责人签字审核。

2）采购计划的审批。严格按计划中的数量、规格、质量、供货时间要求执行，材料员核定库存后填报采购计划，再经项目经理审批，然后由采购员分类别、分单位工程实施采购计划。按采购处《关于加强招标比价采购的补充规定》，项目部大宗材料采购计划须向采购处物资管理部门报审后指导执行。

3）采购的执行。多渠道多方式了解市场价格，建立"三比一算"的采购询价、比价制度，特别是大宗材料，要公开竞价招标并做好书面登记工作，同时要求项目部、采购处物资设备管理部派人参与指导，严格执行采购处《物资及劳务采购招标办法》。采购员应有针对性地选择供应商（供应商要提供相关的资质证明复印件和相应产品的合格证及检验报告），根据供应商管理程序评审合格后填写合格供应商清单。供应同种材料的供货商可选择几家，同比中优选或淘汰，这样可随时掌握市场动态以便在采购过程中达到控制采购成本的目的，尽量避免采购选定的供应商经营范围之外的材料，减少中间环节，先算后买并及时保证生产需要。赊购零星材料也应在采购过程中及时标明定价以便准确反映市场动态，防止供应商钻时间差的价格空子。

（3）严格进货环节，核定实际进货，把好进货关。

1）采购与验收相分离原则。材料进货验收要以计划为依据，采购员应提供物资进货清单并标明单价，保管员负责核对。现场材料进场应与工地负责人及时沟通，确定合适的存放位置。严格验收标准，杜绝人情关，严把质量关、数量关，验收过程中若发现货物与采购要求不符，应立即与供应商洽谈，或退货或更换或采取其他方式，做好善后处理工作。因供方原因违反合同符合索赔条件的，按照法律规定程序与供应商交涉。

2）健全到货记录并及时登记，收取和保存好各种相关质量证明资料，对验收合格并提供相关资质完整的部分材料填写物资验收单。物资验收单必须3人签字（对于工地分散，材料员不足的工地可由工地负责人签字），必要时在验收单上标明备用方向。

3）对于工程施工的主要材料如钢材、水泥、木材等必须有产品质量合格证明书，在验收过程中应注重材料实物与合格证明书真实性的检查。如钢材的合格证与实物批号、炉号应一致。对供货商提供的产品要认真核对其产品的品种、规格、质量和数量是否与合同相符，按照验收标准规定进行验收。材料管理人员对于进入施工现场的任何材料都必须做到以下几点：①检查产品的出厂合格证明书是否齐全，如果不全应及时向供货方索取，否则，暂不办理结算手续；②要仔细检查产品实物与其证明书中的内容和各项技术指标是否相符；③检查产品的外观形状，包括其包装、标识及相关内容是否合格；④检查同一批进场的产品批号、规格等是否一致，防止质量不同的产品混杂进场；⑤对于进场的材料必须认真做好进货检验和抽样检测，确保质量，经试验后不合格的材料要坚决退场。此外，材料管理人员对库存的材料应做到经常性地查看，注意有保质期要求的材料的存放，防止其变质损坏，严禁不同材料混合存放。

（4）严格材料的使用管理制度，加强有效控制。

1）完善限额领料制度。

①限额单的开具与审核。限额单的开具有严格性和可操作性。工程用料由技术员开具，辅助施工用料由工地负责人开具，对于急需的材料须相关负责人通知材料员知情后才能发放，事后应由材料员补填限额单，并由相关负责人审核追签。

②限额的执行。限额领料单是目前材料发放最有效的一种控制手段，关键要落实在执行上。严格限额领料制度，严禁无票发放及有票超发、混发。水泥及其他对保质期有严格要求的物资发料时按先进先出的原则。对于一张有效的限额单据，要求载明使用单位工程、工程量、物资名称、规格、需用量、签发人、领用人，对用量大、价值大的材料还需项目负责人审批。

③限额单的保管。材料限额单应按月、按单位工程、按主辅材料汇总装订成册，特别是对主材限额单位做好可追溯性保管，以备查对。

2）完善周转材料的使用管理。由于部分项目负责人管理意识不到位，在周转材料的使用管理、成本核算上缺陷漏洞较大，给企业带来了不应有的损失。从目前情况看与劳务队协商管理是一种较好的举措，具体做法如下：

①与劳务队协商管理周转材料的保管及使用后的清理、维修、堆放工作，并将其作为劳务招标中的一项考核内容。

②完善签字移交手续，专账记录，其数量以双方签字确认的现场交接数量为准。

③项目部应根据施工现场的具体环境，确定合理的看护保管费用。看管时间由项目部根据施工工期要求而定。

④界定周转材料回收责任，明确使用损耗标准和费用承担责任。

⑤对退回的周转材料应按采购处周转材料管理要求进行验收，并由双方共同检查、验收登记。对不同程度的毁坏，按"周转材料损坏扣款一览表"进行处罚，丢失和损坏赔偿部分标准，按市场价格执行。

3）工器具领用采取以旧换新制度。登记工具领用卡片，领用人必须签字对交回的工器具注明毁坏程度并要求说明原因，分情况处理，丢失按原价赔偿。施工配置的配电箱、电焊机、灰浆车等编号登记发放，便于回收管理。平车、灰浆车交回库前要做除灰清理。

（5）做好材料使用管理的监督检查工作。对使用不当、管理不善、活完不清的材料浪费要敢于说、勤说，建立监督记录，对存在的问题及时进行整改，并对造成的损失做好书面记录，结算时在任务单中扣除。对应回收的包装物，规定回收标准，做好回收记录，严格执行回收材料奖罚制度。

（6）加强劳保用品专门验收和发放管理，执行到位，减少安全风险。

1）严格劳保用品计划采购审批手续。按照公司《劳动保护用品管理办法》的规定执行。

2）规范比价采购程序。审查供货商关于安全防护设施用品和劳动防护用品的《生产许可证》《出厂合格证》及地方政府安监部门颁发的《准用证》，必须做到"三证齐全"，且保留存档。

3）规定领用标准和期限。按工种、工作环境、劳动条件及劳动强度发放劳保用品。劳保用品实行按月领用，对照发放标准，按季平衡。特殊用品一次性发放，再次领用严格按使用期限办理，并按"以旧换新"的办法予以发放。

4）建立完善领用、发放个人台账。各部门安全员或指定责任人负责本部门劳保用品的申领及发放管理，对员工按岗位标准规定建立健全劳动保护用品发放台账。

（7）严格材料的结算和核算，准确反映材料成本。

1）结算原则。按验收和结算分离的原则，由材料保管员负责现场验收并及时正确填写计量验收单，由仓库保管或其他材料员负责对账结算。回收各种作为结算依据的票据，分类处理并装订成册。

2）时间性要求。按施工企业财务核算要求，对供应商明确规定对账结算时间。及时索要发票报销入账；盘点材料库存，按实际用量填写耗料单，准确核实成本费用。

3）严格审核制度。审核经办人是否签字、结算要求和方式是否遵守合同、票据是否填写规范完善及发票的真伪、费用核算对象是否准确等。

4）熟悉掌握电算化。充分利用材料核算软件，提高核算的准确性和工作效率。通过准确的分析，发现工作中的不足，积极寻找改进的意见和措施，努力降低材料的成本。

全过程全方位加强材料管理，特别是关键环节的控制，就能有效地控制材料进场，减少材料浪费，节约材料成本，切实提高企业的经济效益。

5.5　超深井筒快速施工中的设备保养及管理维修

超深竖井井筒施工主要包括冻结掘进、凿眼、出碴、筑壁及井筒支护等施工环节，施工过程中根据井筒断面、深度及地质条件，合理配置电气机械化装备，采用大型凿井井架、大型液压伞钻、大型提升机、大吊桶、大模板等综合机械化与中深孔钻爆施工技术配套的新型"五大一深"施工技术，实现超深超大竖井的安全快速施工。最近几年随着超深竖井建设增多，超深井筒施工的凿井工艺、技术、设备配套能力及机械化水平已有新的突破和提高，同时对大型配套设备的保养及管理维修提出了更高的要求。

瑞海矿业主井井筒净径 6.3 m，井深 1417 m，属于超深井。井筒施工采用 1 台 JKZ-4×3 型和 1 台 JKZ-4×3.5 型凿井单筒提升机，各提升 1 个 TZ-5m³ 座钩式吊桶；采用 18 台凿井绞车悬吊吊盘、钢模、供风供水管、排水管、风筒、井下电缆、放炮电缆及液压伞钻（工作时）等设施；采用 1 台 YSJZ4.8 型液压伞钻打眼；采用 1 台 HZ-6 型中心回转式抓岩机出碴，2台40 m³和2台20 m³的螺杆式空压机供风；通过1个10 kV变配电所系统供电。下面以瑞海主井为例阐述一下超深井快速施工中提升机、凿井绞车、液压伞钻、中心回转抓岩机、空压机及变配电所等大型机电设施的维修和保养措施及设备管理。

5.5.1　提升机的维护保养检查及维修

主井配置了2台大型提升机，提升机是集机、电、液技术于一体的大型机械设备，是超深竖井施工安全高效、至关重要的提升设备，担任着升降工作人员、运送各种材料等重要任务，做好提升机的日常与定期的维护保养检查工作，可以延长其使用寿命，提高其使用效率，创造更大的价值。

5.5.1.1　做好提升机的润滑保养工作

提升机在运转过程中会产生摩擦，摩擦就会产生磨损。具体来说，就是提升机在运行作业时，各个部分会处于相对运动的状态，零部件之间的表面会相互作用，势必会产生一定的摩擦和磨损，若是长期受到磨损而放任不管，会影响提升机的安全性和使用寿命，甚至会使某些关键零件报废，而导致提升机难以继续工作。而解决这个问题最有效的方式就是润滑，润滑能够极大程度降低摩擦阻力，使得零部件的损耗程度减小和损耗速度降低，也能起到疏散摩擦时产生的热量的作用，同时也具有防尘和防锈的作用。

（1）润滑剂的选择。对提升机润滑所选用的润滑剂有一定的指标要求，最值得注意的是黏度指标，并尽可能选择矿物型的。这是因为黏度较低润滑剂宜在提升机部件速度高、负载较小、温度较低时使用，而黏度较高的润滑剂宜在提升机部件速度低、负载大、温度高时使用，需要具体情况具体分析。

（2）润滑方式的选择。提升机的润滑方式有很多种，常见的有润滑脂润滑、滴油润滑、飞溅润滑、喷油润滑、油雾润滑、油链润滑、浸油润滑、固体润滑、集中润滑、循环润滑、全损耗性润滑等，润滑方式的选择最应该顾及的是成本最低原则，且应保证润滑系统的正常工作。

5.5.1.2　提升机部件的定期维护检查

在井筒施工过程中，要对提升机进行定期维护检查，一般分为日常检查（以下简称日检）、周检和月检等。以下对提升机零部件日检、周检、月检的内容进行阐述。

（1）日检维护保养。日检主要是为了确定提升机零部件的使用状况，保证其日常稳定运行。主要检查内容包括：运转过程中的声响、振动是否正常；各转动或连接部分的情况，如轴承是否松动、滚筒是否窜动，各机座和基础螺栓是否松动等，并及时调整和紧固；各部分的连接零件是否松动；减速器齿轮的啮合和主轴工作机构是否正常；各部位是否有漏油现象，润滑油量及温升情况；制动系统动作是否正常，闸轮、闸瓦磨损状况及抱闸间隙是否合适，并适当调整；天轮运转情况；提升容器及附属机构的情况；断绳保护器动作是否可靠；提升钢丝绳的断丝变形、撞伤、伸长和润滑情况；设备及其周围的卫生和工具备件保管情况；等等。运转人员需要将每天的检查内容根据相关的指标要求填入运转工作日志中，以供相关实际操作人员参考。

（2）周检维护保养。周检应该以专职检修人员为主，并让日检的运转人员做配合工作，联合进行维修。周检内容也包括日检基本任务，除此之外，还必须检查：轴瓦间隙和大轴有无窜动、振动、制动动作情况，并适当调整；详细检查各部零件，并适当调整、紧固；机械与电气保护装置的动作可靠程度；钢丝绳在滚筒与提升容器两端的固定情况，钢丝绳除垢、涂新钢丝绳油的情况等。做好上述工作以保证提升机的正常运转。

（3）月检维护保养。月检是排除提升机潜在故障的重要步骤，是不可或缺的，需要切实完成。月检除了检查周检和日检的基本任务之外，还要仔细对以下这些项目进行检查和维护：检查减速器齿轮啮合情况，调整齿轮啮合间隙或更换齿轮；检查保险制动系统和机械保护装置及制动系统的动作情况；拆洗并修理制动系统机构，必要时可更换闸瓦；必须更换各部分润滑油，清洗润滑系统的部件；更换转动销轴等，检查制动系统动作可靠性，并适当调整制动力矩和二次制动时间；检查联轴器是否松动或磨损等。周检和月检之后，为了便于下次检修或者发生故障时的查询，必须由专职检修人员将检查和处理结果详细地填写在检修记录本中，并由机电技术员负责存档。

5.5.1.3　提升机设备的定期维修

提升机的维修一般分为小修、中修、大修三种。小修就是对日检中出现的较小问题进行修补，比如排查轮齿的裂缝，查看轴颈和轴瓦之间是否有裂缝需要加垫片，润滑系统及时进行排污和清洗工作等。中修是指在周检时所作的维修工作，比如必要时更换制动系统的闸瓦和转动销轴、更换滚筒木衬等，是小修不能解决和处理的项目。大修是指更换减速器的传动轴、齿轮和轴承，重新进行调整；加固或者更换滚筒等。对提升机设备的日检、周检和月检工作要充分重视，一旦发现问题要及时处理，对提升机设备要定期维修，保证其日常稳定运行，延长使用寿命和提高使用效率。

5.5.2　凿井绞车的维护保养检查及维修

主井井筒施工用于悬吊凿井设备设施的凿井绞车多达 18 台，承担着吊盘、钢模、供风供水管、排水管、风筒、井下电缆、放炮电缆及液压伞钻（工作时）等设施的悬吊，任意 1 台凿井绞车有故障都会影响生产，在使用时如果出现问题需要尽快处理。所以凿井绞车的维护保养管理工作非常重要。

凿井绞车安装投入使用前必须做好以下工作：

（1）凿井绞车各润滑点的加油。主轴轴承、联轴器、开式齿轮传动部分等需要润滑的部位应注入润滑油（脂），其余需润滑部位应在投入使用后定期加油润滑。

（2）蜗轮减速机的加油。须在使用前加 CKE/P-320（或 460）重负荷蜗轮蜗杆油，并使油面高于蜗杆，且视油的清洁情况定期更换新油；在减速机各滚动轴承处涂以钙基润滑油脂。

（3）电动液压推进器应装入合成锭子油或变压器油。机电维护人员必须每日对凿井绞车各部分进行认真保养及检查，停车时清除脏物，凿井绞车在开启运行前先进行检查，观察润滑状况是否正常，不能使用不清洁、不合格的润滑油，还要注意温升是否正常。凿井绞车出现故障时不能正常工作，此时最重要的是消除故障，检修工作人员必须定期对绞车做全面检查，防止故障及事故发生，并做好检修记录。如果凿井绞车长期搁置不用，应采取适当措施加以保护，以防锈蚀或损坏。

（4）凿井绞车必须有计划地按规定时间进行小修、中修与大修。凿井绞车工作时，应经常检查安全制动器的传动部位是否灵活，各联结部位是否松动，定期更换磨损的闸带并调整闸带和闸轮的接触面积，以防止事故的发生。

5.5.3　中心回转抓岩机的维护保养及检查

5.5.3.1　抓岩机操作要求及注意事项

抓岩机操作要求及注意事项：

（1）必须将各个油杯及油孔加油后方可开车运转。正式操作前，要清除机器上的浮碴和杂物，然后空车运转，待机器运转正常后再工作。

（2）操作司机必须经过操作技术培训，在其操作技术尚未十分熟练之前暂不要交叉操作，以保安全。

（3）操作司机离开机器时，必须将操作阀的搭扣搭在手柄上，以防发生事故。

（4）零件如发现磨损、变形严重或紧固件松动时，则应立即停止工作，进行修理或更换新零件，待修复完毕后，方可继续使用。

5.5.3.2　抓岩机的润滑保养工作

（1）及时充分的润滑是保证机器正常运转和延长使用寿命的必要措施。规定加油及检查时间，一定要定期搞好油位检查及加油工作。

（2）为统一起见，所有风动机、减速机箱体、油雾器等都用 20 号机油或透平油进行润滑，各滚动轴承均用钙基脂（黄油）润滑，各操纵阀、配气阀、气缸等装配时都应加适当的机油或黄油以助润滑。

（3）润滑油的材质必须符合要求，不得混有灰尘、杂物及其他腐蚀性杂物。

（4）抓斗的连接盘和 8 根拉杆连接销，均应定期加油。

5.5.3.3　机器的维护和检修

对抓岩机的经常性定期检修是保证机器正常工作、安全生产的有效措施，尤其是悬吊件更应特别注意。

（1）钢丝绳要经常检查，发现断丝、松股、压痕等时应立即更换。

（2）机架、臂杆、绳轮支承座、连接螺栓等，要经常检查焊缝有否开裂，机件有否变形，螺栓有否松动等，如发现问题及时解决。

（3）气路系统应保持密封，不得漏气；滤气器要定期清洗，每周一次；油雾器要经常加油，保持正常滴油。

（4）其他各部件的检修要根据具体情况及生产安排进行，但原则上不得使机器带病工作。

（5）检修机器时，应系好安全带（用户自备），上检修台时，不允许由高处跳到检修台上。检修机器时，台上不允许超过 1 人，不允许置放超过 50 kg 的物件。

总之，为不影响生产，维护大抓时，换钢丝绳及运转部位加注机油、黄油等工作一般放在大抓停止使用时进行。在更换一些大型笨重的部件时，充分利用井下吊盘的有限空间，在吊盘下挂置绳头，用手拉葫芦做牵引，使之安装到位，节省大抓升井检修的时间，还有同期可以进行更换旋转马达、减速器等工作。

5.5.4　液压伞钻的维护保养检查及维修

主井井筒施工采用 YSJZ4.8 型液压伞钻打眼，配套 HYD-200 凿岩机 4 台。为满足施工的需要，液压伞钻需做好下述工作：

（1）液压伞钻上井后，按下井前的准备工作进行检查，保证下一循环的使用。特别要给注油器加满润滑油，以保证凿岩机和气动马达润滑，延长使用寿命，且要经常打开立柱下部螺塞将积水排出。

（2）经常检查提升钩环有无变形和裂纹等现象，检查悬吊伞钻钢丝绳扣有无断丝和松开现象。伞钻上井时应将伞钻底座贴住地面，以减轻吊环受力。

（3）拆装凿岩机时，不要用锤子直接敲，以免损坏机件，破坏密封。拆下检修风机马达、油泵及各阀时，应用干净的布将油管包好，防止脏物和灰尘进入管道。

（4）经常检查油箱油位及加油工作。检查油管接头是否漏油，软管是否磨损，各风管是否有损坏并定期在各黄油嘴中注油以润滑回转轴套。

（5）液压油的选择。液压传动中油的正确选择是保证液压传动系统正常工作的关键环节。一般要求液压油不得含蒸气杂质，具有良好的防腐性和抗氧化、抗乳化性，对密封件和各零件呈中性。液压油应根据油泵、阀及工作环境温度等条件进行选择，故液压油可选择黏度范围均在 $18 \sim 27 \ \mathrm{mm}^2/\mathrm{s}$（50 ℃），推荐用 20 号机械油。不同规格的液压油勿混合使用。

（6）安装油泵时要特别小心，不可敲打，只能用手推或铜棒轻敲。

（7）制定检修制度，以便有较高的设备利用率，一般应一个月小修一次，半年中修一次，一年大修一次。

5.5.5　螺杆式空压机的维护保养检查及维修

5.5.5.1　螺杆式空压机日常巡回检查维修保养制度

（1）空气压缩机维修工每班应不少于两次巡回检查压缩机的运转情况及运转现象。

（2）维修工每次检查时，必须检查空气压缩机的排气压力、排气温度，油位是否符合规定要求，如有不符合即停机查明原因并及时处理，而后方可开机工作。

（3）维修工每次检查时，应仔细辨听压缩机的运转声音是否正常，以及运转有无振动现象，如有停机查明原因并进行处理，而后方可开机工作。

（4）维修工日常维护保养压缩机时，必须使用厂家指定的螺杆式空压机专用润滑油。

（5）维修工须根据当地的环境情况对压缩机进行相应的维护保养。对处于高温高湿环境的连续运转的空压机，每周至少进行 1 次 10 h 以上的排出润滑油中冷凝水的工作，避免润滑油乳化。对处于严寒环境的压缩机，应时刻确保润滑油不凝结。

（6）维修工会经常紧固空压机各部的连接螺栓，并经常除尘，确保空压机在良好环境中运转。

5.5.5.5.2　螺杆式空压机定期检修

（1）空压机要定期换油，新空压机使用 500 h 后进行第 1 次换油，1000 h 后进行第 2 次换油，以后每正常运转 2000 h 更换 1 次润滑油。

（2）空压机使用两年后，做一次油"系统清洁"工作，即更换新润滑油，让空压机运转 6~8 h 后，再次更换润滑油彻底清洗原本系统中残存的各种有机成分。

（3）空压机每运转 500 h，必须清洗一次空气滤清器，即取下滤芯，用低压空气将尘埃由内向外吹除。空压机每运转 2000 h，必须更换空气滤清器滤芯。如环境恶劣则必须缩短更换周期。

（4）空压机油过滤器必须定期更换。新机运转 500 h 即应更换，以后每运转 2000 h 更换 1 次。每次更换润滑油时亦必须更换。

（5）空压机油细分离器必须定期更换，即空压机工作 3000 h，必须更换，如环境污染严重，可缩短更换周期。

（6）每年应对空压机的电控制系统进行一次全面的打开检查，对不能保证运转的部件必须更换，对电机轴承必须加一次润滑油。

在对空压机做任何机械维修之前，必须做好下列几项准备工作：切断电源开关，确保空压机处于断电状态；确保机组内的压力已降至大气压力。

5.5.6　10 kV 变配电所系统的运行维护管理

10 kV 变配电所是主井井筒施工的重要供电系统，变配电所的运行、维护和管理水平直接关系着供电系统的安全运行，对井筒快速施工会产生很大的影响。为保证主井井筒快速施工要做好以下工作：

建立完善的运行维护管理制度，制定相应的变电所设备巡回检查制度、闭锁装置防误管理制度、培训制度等并下发，要求高压电工严格遵守以下制度：

（1）设备巡回检查制度。制定变电所设备巡回检查制度，明确变电所的巡回检查周期、检查项目及标准要求，要求巡查人员严格按规定的路线和检查项目及标准逐项进行检查。

（2）闭锁装置防误管理制度。为贯彻"安全第一、预防为主"的安全生产方针及"保人身、保电网、保设备"的原则，防止变电所电气误操作事故的发生，根据变电所设备性能和特点以及有关规程规定，专门制定变电所闭锁装置防误管理制度，要求电气操作人员严格执行防误闭锁装置管理制度，使防止电气误操作的措施贯穿于变电所管理的全过程。

（3）认真执行"两票三制"（"两票"指工作票、操作票，"三制"指交接班制度、巡回检查制度、设备定期试验轮换制度），精心操作，切实做好变电所运行维护工作，确保安全运行。

（4）培训制度。为使项目部电气操作人员熟练掌握设备性能、运行及操作要领，项目部根据规定的培训制度和培训计划要求，结合工作实际，专门明确有关培训要求及培训内容，并认真开展培训工作。

加强变配电所的巡视和检查。要求当班电气人员严格按规定认真巡视检查设备，提高巡视质量，及时发现异常和缺陷，并及时汇报给调度和上级，杜绝事故发生。明确各种情况下对变电所的巡视时间、次数、内容等，明确的具体检查项目及标准如下：

（1）对 10 kV 变电所进行的一般检查项目及标准：

1）设备表面应清洁，无裂纹及缺损，无放电现象和放电痕迹，无异声、异味，设备运行正常。

2）各电气连接部分无松动发热。

3）各连接螺栓无松动脱落现象。

4）电气设备的相色应醒目。

5）防护装置完好，带电显示装置配置齐全，功能完善。

6）照明电源及开关操作电源供电正常。

7）表计指示正常，信号灯显示正确，设备无超限额值。

8）开关柜无锈蚀，电缆进出孔封堵完好。

（2）对 10 kV 变电所进行的分项检查项目及标准。

1）10 kV 开关：

①真空泡表面无裂纹，SR 开关气压指示正常。

②分、合闸位置正确，控制开关与指示灯位置对应。

③操动机构已储能、外罩及间隔门关闭良好。

④端子排接线无松动。

2）隔离开关：

①隔离开关的触头接触良好，合闸到位，无发热现象。

②操作把手到位，轴、销位置正常。

③隔离开关的辅助开关接触良好。

3）避雷器：

①避雷器外壳无损。

②避雷器的接地可靠。

4）互感器：

①互感器整体无发热现象。

②表面无裂纹。

③无异常的电磁声。

④电流回路无开路，电压回路无短路。

⑤高、低压熔丝接触良好，无跳火现象。

5）母线：

①母线无严重积尘，无弯曲变形，无悬挂物。

②支持绝缘子无裂缝。

③各金具牢固、无变位。

④绝缘子法兰无锈蚀。

6）电力电缆：

①终端头三岔口处无裂缝。

②电缆固定抱箍坚固，电缆头无受力情况。

③电缆接地牢固，接地线无断股。

7）土建、环境及其他：

①10 kV变电所门窗完好无损，门锁完好。

②10 kV变电所整体建筑完好，地基无下沉，墙面整洁、无剥落。

③防鼠挡板安装了密封条与地面无缝隙，电缆层、门窗铁丝网完好。

④户内、外电缆盖板完好，无断裂和缺少盖板。电缆孔洞防火处理完好，电缆沟内无积水，进出洞孔封堵牢固，排水、排风装置工作正常。

⑤接地无锈蚀，隐蔽部分无外露。

⑥室内、柜内照明系统正常。

（3）遇下列情况之一者，应对10 kV变电所做特巡检查：

1）10 kV变电所设备新投入运行，设备经过检修或改造、长期停运后重新运行。

2）遇台风、暴雨、大雪等特殊天气。

3）与10 kV变电所相关的线路跳闸后的故障巡视。

4）10 kV变电所设备变动后的巡视。

5）异常情况下的巡视，主要是指设备发热、跳闸、有接地故障情况等，应加强巡视。

超深井井筒施工都是用的大型设备，主井的用电负荷最大达到了5395.4 kV·A，故对于其运行维护管理工作提出了更高要求，只有做好变电所设备运行维护管理工作，确保其安全运行，才能充分发挥其应有的作用和效果，更好地服务于超深井井筒施工生产的需要。

5.5.7 机电设备管理

机电设备管理的重点在于修理维护及保养，多年的矿山机电工作实践证明，机电设备管理应从预防出发，在机电设备发生故障前就去进行预防性的修理及改进加强。因为机电设备在使用运转过程中会磨损和损坏，这是客观规律。预防维修可以根据设备实际运转情况来编排计划。不重要的设备采用事后维修，关键设备则进行预防维修。有计划地预防维修是设备管理工作的重要环节，可以缩短设备停机时间，减少修理费用，做到生产、维修两不误。有计划地进行周期性的维护检修，是维持设备正常运转、最大限度发挥其功能的重要保证。

（1）新安装的设备或大修完的设备应做好保养工作，此时应做的首要工作是紧固。比如提升机，当安装后运行了一段时间后，首先要检查并紧固各处的连接螺丝，因为经过一段时间的运转，各处的螺丝必然会发生松动，及时紧固后，可保证其必要的连接强度。这项工作做好了，可避免许多大修之后的再修理。此外，应注意各项性能指标是否达到了规定的要求、如油压、气压、电流、温度等，如果达不到标准，必须立即查明原因并彻底解决，以绝后患。否则，如果带病运行，对小问题视而不见，必然会引起更大的问题。

（2）根据主井井筒靠近海边的现场实际，对设备的关键部位要进行详细的检查和维护。井下设备使用环境恶劣，湿度大、温度高、淋水、围岩、腐蚀性气体等普遍存在，地面设备也需防海水腐蚀，故要加大对设备的维护。例如应保护好井下电气设备，以免淋水进入，同时应对设备内部进行防潮处理，可以考虑放入硅胶或加装PTC加热板等进行吸潮除潮处理，并经常检查及更换；对提升机、凿井绞车等地面设备也要做好防腐工作，并应对一些活动部位经常加油润滑。不过在维护保养过程中，对于设备的各项性能参数不得随意进行调整，如压力、过流保护、漏电保护等，否则将不能保证设备的正常运行，并且还有可能会造成事故。在设备维护过程中，一是重点关注易损部位，二是对设备进行改进，对于不适应生产的部分要进行技术改造。

（3）对于老设备要加大维修力度，并备好充足的配件以便应急。老设备的维修量相对比较大，应确保关键部位的正常运转。任何事故的发生均有一个过程，机电维护人员不可忽视。须将事故消灭在萌芽状态。

（4）要保证设备的正常运行，应当从使用、维修、管理等多方面入手。在使用方面操作人员除了需按规程操作之外，还应当熟知设备的性能、参数及内部结构，否则将很难用好设备，误操作是损坏设备的一个重要原因，因此，应当严禁误操作。

（5）机电设备管理的指导思想应当放在预防上面，始终应把预防工作放在重要位置，凡事预则立、不预则废，防患于未然，将机电事故消灭在萌芽状态，实践早已证实，下一分力气抓预防，胜于用十分力气进行抢修。

做好机电设备维修保养和管理工作的具体做法是实行包机保修制，即成立由机修工和电工组成的包机组，如是提升机设备还要将提升机司机纳入包机组。日常维护保养工作尽量安排在工序转换的空闲时间或者在平时作业的休息时间进行，以保证设备能够时刻保持良好的运行状态。另外应在每循环施工结束之后进行设备检修，针对设备检修情况实施相应的奖罚考核制度，尽量减少辅助作业时间。

利用先进的施工机电设备进行超深井井筒施工，采用上述设备维护保养方法，管理好这些大型设备，充分发挥这些大型机电设备的生产潜力是超深井快速施工的关键。

5.6　超深井筒快速施工中的质量管理

质量是企业的生存之本，竖井施工的质量不仅关系着企业的发展，更是关系着人员的安全，因此做好竖井质量管理尤为重要。

5.6.1　工程质量的影响因素

5.6.1.1　人的因素

施工人员是矿井施工的主体，是影响工程质量的主要因素，由于部分施工人员的专业水平较低，因此要采取措施提高施工人员的素质与职业道德，以及施工技术。随着施工难度的增加，施工技术也要改进，但许多施工人员的施工技术相对比较落后，所以应加强施工人员的技术培训，提升施工人员掌握新的施工技术的能力。

5.6.1.2　材料的因素

材料选用不合格，会给整个过程质量上埋下隐患，给人的生命财产造成威胁，且有可能引发"蝴蝶效应"，因此加强材料质量的控制尤为重要，应从材料的选型、质量上严格把关。

5.6.1.3 管理制度的因素

施工质量管理制度是规范施工行为、保障施工质量的重要因素，直接影响工程质量，因此应建立并完善施工质量制度，为施工管理工作提供制度保障。对发生的质量事故应及时处理，完善质量检查程序，尽可能减少损失，以保证工程质量。

5.6.2 施工质量管理内容

5.6.2.1 钢筋质量管理

钢筋质量的好坏也直接关系着井筒质量的好坏，首先要从原材料上进行控制，进场后的钢筋都要按照规范进行抽样检验，在确保合格的前提下方可使用。井筒井颈段钢筋采用的是螺纹连接，连接套和钢筋车丝情况的好坏直接影响钢筋连接质量，因此在施工过程中，每一个循环都要对连接的钢筋外露丝进行检验，并形成自检资料。加强连接套筒的进场检验工作，一定要用有保护装置的连接套；钢筋的丝扣要有保护措施，丝扣加工好以后立即安装保护帽，装入吊桶前再进行一次检查，以防脱落；环筋采用绑扎连接，确保截头不要在同一截面上。

5.6.2.2 混凝土质量管理

在井筒施工过程中，混凝土作为一个重要的材料在质量方面起着重要的作用。在浇筑前，监理和技术人员必须下井进行断面检查，查看施工毛断面、净断面是否达到设计要求，只有达到了设计要求，才可进行稳模。稳模时应保证上一模的模板已找平，且模板尺寸在范围内，施工段高要找平，落模板时，要均匀下落，当落到位时，量模板吊点尺寸，吊点的尺寸和模板的接茬一致，然后将模板撑开到最大位置，使模板基本符合尺寸要求后再适当调整模板达到设计尺寸，并且督促检查混凝土振捣质量，严格控制混凝土分层浇筑厚度和对称浇筑的顺序。

严格控制水灰比。在施工过程中，为了方便下料，尤其是采用溜灰管下料时，更容易加大水的用量，这样就加大了水灰比，影响混凝土质量，因此在施工过程中应严格控制水灰比。

加强振捣。每根溜灰管下面都必须有一个振动棒，在下料过程中加强振捣，以保证振捣密实混凝土。

若井壁有淋水，混凝土浇筑距模板上沿 500 mm 时，应停止振捣，让混凝土把模板内的水压出来后，再加强振捣。下料口必须填满，等到混凝土量下降后再加混凝土，填满、抹平浇筑口，尽量使下料口钢板紧贴井壁。

每模混凝土浇筑都必须由监理进行见证取样，并每隔 30 m 设置一个监测点，每一个监测点取 8 个井筒数据、4 个壁厚数据、2 个观感数据；每隔 30 m 取一组试块，养护 28 天后送质监站进行压力试验。

5.6.2.3 观感质量管理

表面观感质量对工程质量的评价非常重要，表面观感质量的好坏直接反映混凝土浇筑质量的好坏，因此提高井壁表面质量尤为关键。

（1）钢模板在地面时一定要进行清理、刷油，且清理一定要到位，不留死角。如果刷油做不好，模板上粘的混凝土越来越多，影响表面质量。

（2）混凝土要分层浇筑，加强振捣，防止混凝土内部特别是靠近模板的地方产生气泡。

（3）为了防止蜂窝麻面的产生，混凝土振捣应安排专人负责，浇筑时由技术员负责督促，确保混凝土振捣到位。井筒观感质量图如图5-3所示。

图 5-3　施工现场质量管理

（4）随时观察地质情况，根据岩石情况采取支护措施，遇到岩石较为破碎时，采取锚网喷支护。做好地质预报预测工作，预计出施工中存在的问题，提前做好预防工作，从而对施工质量做好事前控制。

（5）利用质量管理（QC）法解决施工中遇到的质量问题，对施工质量问题实施事中控制。不管是钢筋绑扎、模板、浇混凝土哪一个工序循环出现问题，都必须用 QC 法取证，从人、机、料、法、环五个方面分析，查找出原因，然后找出最重要的原因，制定制度加以改正，用来提高工程质量。

（6）每个月应由业主和监理一起验收井筒质量，在解决存在问题的同时要加以总结，用以指导后续施工，即做好事后总结与事后质量控制。

（7）加强班组建设。加大质量与班组安全管理力度，从班组建设抓起，提高员工的质量意识与技能水平。最好每月进行质量与安全教育培训，从思想上提高员工的质量意识。

5.6.3　技术质量管理

5.6.3.1　技术人员的技能

施工现场技术人员是施工的具体执行者，是整个建设工程的核心之一，思想技术水平的高低直接关系着施工质量的高低。瑞海矿业为了提高技术人员的技能，在项目总工的带领下，组织技术人员熟悉图纸，进行安全技术交底，并要求技术人员每天下井稳模检查施工质量，严格按照质量标准，积极采取可行的质量管理措施，将井筒质量控制在受控范围内，且要求技术人员在业余时间不断地学习，在实践中总结经验教训，提高自身的业务水平。

5.6.3.2 监管人员的管理

工程质量的好坏除了技术人员之外，管理人员也起着重要作用。瑞海矿业项目部各级领导具有较强的质量规划、目标管理、施工组织技术指导能力，从宏观上进行质量控制，建立了明确的质量保证体系和质量责任制，明确各自责任，在施工过程中对各个环节进行严格控制，分项工程均全面实施到位管理，根据施工队伍自身情况和工程特点、质量通病，确定质量目标和攻关内容。监理每一模都必须下井验收施工质量，对于存在的问题，当场提出，立即处理，确保工程质量达到设计要求。

5.6.4 施工质量管理措施

（1）确保施工质量和施工进度的措施的落实，加强安全技术培训，特殊工种持证上岗，技术力量雄厚的施工队伍互相协调配合，有效地提高了施工效率。

（2）认真编写质量计划、作业指导书，明确质量目标和要求，并及时向操作人员进行技术交底，了解分部分项工程的工艺流程，确保施工过程质量控制，做好图纸会审工作，明确设计意图绘制施工草图，按照设计图纸施工，一丝不苟，达到优质工程标准要求。

（3）每掘进一个段高后由技术员和监理一起检查荒径，监测点为8个，合格后方可落模。落模时准确量取几何尺寸，必须在允许范围内。

（4）使井筒施工各工序规范作业，精细施工，确保循环进尺在4 m以上，循环时间控制在20 h以内，并保证工程质量，取得了连续9个月超百米的成绩。

5.7 超深竖井设备管理存在的问题

随着矿山机电设备自动化程度的不断提高，机电设备的安全管理变得越来越重要，没有机电设备的安全运行，就无法保证矿山的安全生产，所以不断加强矿山机电设备安全管理是十分必要的。

5.7.1 安全管理体系的问题

矿山企业对于机电安全管理有一定的重视度，但不全面；企业内部虽已制定管理措施，但没有健全安全管理措施，安全管理人员没有工作上的指导标准，工作中出现随意性管理办法，导致各施工项目自成一套管理办法，这套管理办法不健全甚至与标准规范不符。再加上各项目的人员流动性很大，每个项目的管理标准又不一样，这样管理执行起来就有水分，员工的工作行为就得不到规范，容易产生潜在的安全隐患。

5.7.2 机电设备维护的问题

随着时代的进步，机电设备及系统也不断升级，如煤矿用电动挖机在竖井工作，风动竖井钻机改用液压钻机，串电阻调速提升机改用PLC变频提升机等。而维护人员的水平和技术却停留在早期时代的层面，这样新设备的维护保养就不到位，运行时间久了就会产生问题，存在巨大安全隐患。再加上矿山生产多在自然环境相对恶劣的野外，除了风吹日晒、雨水侵蚀外，还有海水腐蚀等多种因素影响，导致机械设备等提前锈蚀、老化，使用寿命缩短，这样给机电设备的安全管理带来了很大的困难。

5.7.3   管理人员技术的问题

随着新设备和新技术的应用，很多维修、维护及管理人员的技术水平跟不上，达不到新设备使用技术水平。并且随着我国科学技术的不断发展，机电设备换代频率不断增加，很多有经验技术的员工都退休或者退出生产一线，而新生技术员却不断减少，面对恶劣的矿山环境，大部分年轻人不愿从事此行业，导致青黄不接，现有的技术人员越来越少，并且杂乱，没有专业的技术人员，导致机电设备管理人员素质偏低。

5.8   超深竖井提升钢丝绳咬绳的处理与预防

在超深竖井施工时，现有的大型提升机缠绕钢丝绳都上二层至三层，并且在矿井建设中由于提升机的安装误差或利用双滚筒提升机进行一期工程的施工设计误差，往往都会造成提升机出现咬绳现象，给钢丝绳的维护和使用造成很大的困难。对于已安装好的提升机，针对咬绳问题常规的处理措施有：（1）定期错开咬绳点；（2）更换钢丝绳；（3）安装排绳器等。但对于 1500 m 以上的深竖井施工，方法（1）施工困难，不合适；方法（2）成本很高；方法（3）安装烦琐，三层钢丝绳缠绕不能用排绳器。

瑞海矿业施工的瑞海矿业进风井竖井工程，安装两台 4 m 凿井提升机进行施工。使用状况：缠绕的钢丝绳选型及长度相同，35 W×7-ϕ48 交右，弦长主提 67 m、副提 56 m，最大绳偏角主提 1°20′、副提 1°29′，绳头固定位置主提右手侧、副提左手侧。实际运行过程中主提升机运行正常，副提升机运行咬绳严重。针对这种咬绳情况，采取了以下措施：

（1）调整钢丝绳间隙，将钢丝绳间隙由 4 mm 调整到 5 mm。

（2）安装过渡块。一层上二层处安装过渡块，二层上三层处安装过渡块。

（3）钢丝绳重新选型。将副提钢丝绳更换为 18×7-48 型左交钢丝绳，更换后使用状况良好，咬绳现象有所改善。

针对以上咬绳问题的初步分析：

（1）钢丝绳在滚筒上缠绕 1.7 层以上时，绳偏角最大不超过 1°15′。超过 1°15′将会发生咬绳现象，尤其是 1.7 层位置处开始至 2.1 层之间的钢丝绳咬绳很严重。

（2）提升机多层缠绕时增大绳槽间隙。如 4 m 提升机根据滚筒衬板选择绳槽间隙时可以选择 3.5~4 mm，而实际使用过程中用 5 mm 间隙，咬绳最为轻微。

（3）改变钢丝绳在滚筒上的缠绕方向。按标准钢丝绳在滚筒上的缠绕方向，左捻钢丝绳上出绳左边固定，右捻钢丝绳上出绳右边固定。在进风井 2 台提升机钢丝绳安装主提钢丝绳时，未按此标准安装，反而运行起来不咬绳时，副提钢丝绳缠绕是按标准安装的，但是运行起来咬绳，后来更换的新绳改为左捻，左边安装，运行起来没有以前咬绳严重。

6 超深竖井施工之安全管理

6.1 我国安全生产方针与安全生产理念

6.1.1 安全生产方针

"安全第一、预防为主、综合治理"的安全生产工作"十二字方针"，明确了安全生产的重要地位、主体任务和实现安全生产的根本途径。

"安全第一"是指生产经营活动中，在处理保证安全和实现生产经营活动的其他各项目标的关系上，要始终把安全特别是从业人员和其他人员的人身安全放在首要位置，实行"安全优先"原则。坚持以人为本，在确保安全的前提下，实现生产经营的其他目标。当然，对于"安全第一"的方针也要正确理解，不是说安全投入越多越好，安全系数越高越好，更不能理解成为保证安全而将一些高危行业统统关闭，而是要在保证生产安全的同时，促进生产经营活动的顺利进行，促进经济发展，"生产必须安全，安全为了生产"与"安全第一"的提法是一致的。

"预防为主"是指把预防生产安全事故的发生放在安全生产工作的首位，努力做到事前防范，而不是事后补救。按照系统化、科学化的管理思想，按照事故发生的规律和特点，千方百计预防事故发生，做到防患于未然，将事故消除在萌芽状态。虽然人类在生产活动中还不能完全杜绝事故的发生，但是只要思想重视，预防措施得当，事故是可以预防和减少的。

"综合治理"就是要标本兼治，重在治本。党的十六届五中全会第一次把"综合治理"充实到安全生产方针当中，2021年《安全生产法》修订，又将这一概念写入法律，反映了国家对安全生产工作的重视，同时也反映了安全生产发展的规律特点。在采取有力措施遏制重特大事故、实现治标的同时，积极探索和实施治本之策，综合运用科技手段、法律手段、经济手段和必要的行政手段，从发展规划、行业管理、安全投入、科技进步、经济政策、教育培训、安全立法、激励约束、企业管理、监管体制、社会监督，以及追究事故责任、查处违法违纪等方面着手，解决影响制约我国安全生产的历史性、深层次问题，做到思想认识上警钟长鸣，制度保证上严密有效，技术支撑上坚强有力，监督检查上严格细致，事故处理上严肃认真。

6.1.2 安全生产理念

《安全生产法》将"以人为本，坚持安全发展"确立为安全生产理念。

（1）必须以人的生命为本。人的生命最宝贵，生命安全权益是最大的权益。发展决不能以牺牲人的生命为代价，这是一条不可逾越的红线。

（2）经济社会持续健康发展必须以安全为基础、前提和保障。国民经济和区域经济、各个行业和领域、各类生产经营单位的持续健康发展，要建立在安全保障能力不断增强、安全生产状况持续改善、劳动者生命安全和身体健康得到切实保障的基础上，做到安全生产与经济社会持续健康发展各项工作同步规划、同步部署、同步推进，实现可持续健康发展。

（3）构建社会主义和谐社会必须解决安全生产问题。安全生产既是人民群众关注的热点、难点，也是和谐社会建设的切入点、着力点。只有搞好安全生产，实现安全发展，国家才能富强安宁，百姓才能平安幸福，社会才能和谐安定。对生产经营单位来讲，安全发展是落实科学发展观，实现科学、持续、有效、较快和协调发展的必然要求和重要保证，是履行经济、政治和社会责任的重要体现，是增强市场竞争力的重要基础。坚持安全发展，就是最大限度地提高发展效益，降低发展风险，实现社会又好又快发展。实现安全发展的根本和落脚点是认真切实地贯彻落实好安全生产法规、制度和措施。

6.2　安全管理制度体系的建设

6.2.1　制度建设的内涵

建立健全安全生产规章制度是生产经营单位的法定责任。生产经营单位是安全生产的责任主体，《中华人民共和国安全生产法》第四条规定"生产经营单位必须遵守本法和其他有关安全生产的法律、法规，加强安全生产管理，建立健全全员安全生产责任制和安全生产规章制度，加大对安全生产资金、物资、技术、人员的投入保障力度，改善安全生产条件，加强安全生产标准化、信息化建设，构建安全风险分级管控和隐患排查治理双重预防机制，健全风险防范化解机制，提高安全生产水平，确保安全生产"；《中华人民共和国劳动法》第五十二条规定"用人单位必须建立、健全劳动安全卫生制度，严格执行国家劳动安全卫生规程和标准，对劳动者进行劳动安全卫生教育，防止劳动过程中的事故，减少职业危害"；《中华人民共和国突发事件应对法》第二十三条规定"矿山、建筑施工单位和易燃易爆物品、危险化学品、放射性物品等危险物品的生产、经营、储运、使用单位，应当制定具体应急预案，并对生产经营场所、有危险物品的建筑物、构筑物及周边环境开展隐患排查，及时采取措施消除隐患，防止发生突发事件"。所以，建立健全安全生产规章制度是国家有关安全生产法律法规明确的生产经营单位的法定责任。

建立健全安全生产规章制度是生产经营单位安全生产的重要保障。安全风险来自生产、经营过程之中，只要生产、经营活动在进行，安全风险就客观存在。客观上需要企业对生产工艺过程、机械设备、人员操作进行系统分析、评价，制定出一系列的操作规程和安全控制措施，以保障生产经营单位生产、经营工作合法、有序、安全地运行，将安全风险降到最低。在长期的生产经营活动中积累的风险辨识、评价、控制技术，以及生产安全事故教训，是探索和驾驭安全生产客观规律的重要基础，只有形成生产经营单位的规章制度才能得到不断积累和实践。

建立健全安全生产规章制度是生产经营单位保护从业人员安全与健康的重要手段。国家有关保护从业人员安全与健康的法律法规、国家和行业标准在一个生产经营单位的具体实施，只有通过企业的安全生产规章制度体现出来，才能使从业人员明确自己的权利和义务。同时，也为从业人员遵章守纪提供标准和依据。建立健全安全生产规章制度可以防止生产经营单位管理的随意性，有效保障从业人员的合法权益。

6.2.2 安全管理制度

针对超深竖井施工，可建立管理制度，来保障工程建设的正常运行和管理，做到管理有章可循，有规可依，具体的管理制度为《安全生产目标管理制度》《安全生产例会制度》《安全检查制度》《安全教育培训制度》《设备管理制度》《重大危险源监控和重大隐患整改制度》《"双重预防机制"建议与推进管理制度》《标准化管理制度》《安全生产事故管理制度》《应急救援管理制度》《安全技术措施审批制度》《职业危害预防制度》《职业危害告知制度》《职业危害防治责任制度》《职业病危害申报制度》《职业健康监护管理制度》《安全生产档案管理制度》等。

6.2.3 安全管理体系的建设

6.2.3.1 安全管理体系引用标准

安全管理体系的引用标准涵盖了多个方面，包括《中华人民共和国安全生产法》《中华人民共和国劳动法》及与矿山、建筑工程、爆破安全等相关的法律法规和技术规程。这些标准和规程旨在确保各行业在工作中遵循相应的安全标准和程序，保障员工的安全健康，识别和管理重大危险源，对作业场所空气中的粉尘进行测定，并规定了劳动防护用品的选用规则，以此建立和维护一套完善的职业健康安全管理体系。

《中华人民共和国安全生产法》   978-7-5216-1908-9

《中华人民共和国矿山安全法》   ZDGC 0521

《中华人民共和国劳动法》   ZDGC 0370

《中华人民共和国职业病防治法》   ZDGC 0490

《建设工程安全管理条例》（国务院令第 393 号）   ZDGC 0524

《非煤矿山外包工程安全生产管理暂行管理办法》（国家安监总局令第 62 号）

《金属非金属矿山安全规程》   GB 16423—2020

《建筑机械使用安全技术规程》   JGJ 33—2012

《施工现场临时用电安全技术规范》   JGJ 46—2005

《爆破安全规程》   GB 6722—2014

《危险化学品重大危险源辨别》   GB 18218—2018

《生产性粉尘作业危害程度分级》   GB 5817—1986

《OHSAS18001 职业健康安全管理》   OHSAS 18002—2008

《建筑业安全和卫生公约》   ZDGC 0398

《ILO/OSH2001：职业安全健康管理体系导则》   BIP 3094—2013

《矿山安全标志》   GB/T 14161—2008

《劳动防护用品选用规则》   GB/T 11651—89

《工作场所空气中粉尘测定》   GB 5748—1985

6.2.3.2 安全生产保证体系

建立健全安全生产保证体系，围绕安全生产目标，加强施工过程中对安全生产的领导，强化管理，全面贯彻执行相关的职业安全健康法律、法规及其他要求，推行安全标准化作业，通过各种行之有效的手段和途径，采取积极措施防止发生与作业相关的工伤、疾病和事件，保护全体员工的安全和健康，实现安全生产。安全生产保证体系如图6-1所示。

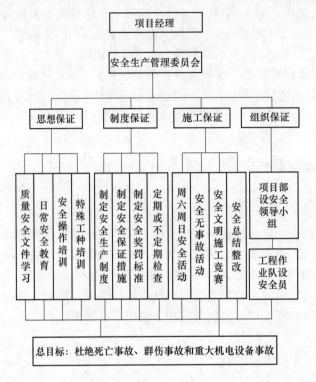

图6-1　安全生产保证体系

6.2.3.3　安全生产组织体系

　　建立以项目经理为首的安全生产管理小组，明确岗位职责，层层签订安全生产责任目标，实行安全生产"一票否决"。项目部下设安全环保部，具体负责项目部的日常安全检查、监督、管理职责，积极主动地消除安全生产隐患。

　　按照超深竖井工程施工和安全管理要求，项目部将配置安全副经理、专职安全员、兼职安全员若干人，在项目经理的领导下全面开展各项安全管理工作。安全管理人员必须通过政府安监部门的考核，取得"安全管理资格证书"后方可上岗；项目安全管理人员不得随意更换，确因工作需要变更工作岗位的须向公司安全监察部报批，并调配持有"安全管理资格证书"的其他人员接替。各班、队长对各自管辖范围内的安全工作负责。

6.3　"双重预防机制"的建设与实施

6.3.1　"双重预防机制"的构建背景

6.3.1.1　"双重预防机制"的提出

　　2015年12月，习近平总书记在第127次中央政治局常委会上指出："对易发重特大事故的行业领域采取风险分级管控、隐患排查治理双重预防性工作机制，推动安全生产关口前移。"

2016年1月，国务院全国安全生产电视电话会议明确要求，要在高危行业领域推行风险分级管控和隐患排查治理双重预防性工作机制。

6.3.1.2 提出构建"双重预防机制"的原因

近年来发生的重特大事故暴露出当前安全生产领域"认不清、想不到"的问题突出。针对这种情况，习近平总书记多次指出，对易发生重特大事故的行业领域，要将安全风险逐一建档入账，采取安全风险分级管控、隐患排查治理双重预防性工作机制，把新情况和想不到的问题都想到。构建"双重预防机制"就是针对安全生产领域"认不清、想不到"的突出问题，强调安全生产的关口前移，从隐患排查治理前移到安全风险管控。要强化风险意识，分析事故发生的全链条，抓住关键环节采取预防措施，防范安全风险管控不到位变成事故隐患、隐患未及时被发现和治理演变成事故。

6.3.2 "双重预防机制"的相关知识点

6.3.2.1 事故隐患

事故隐患是指生产经营单位违反安全生产法律、法规、规章、标准、规程和安全生产管理制度的规定，或者因其他因素在生产经营活动中存在可能导致事故发生的人的不安全行为、物的危险状态、场所的不安全因素和管理上的缺陷。

6.3.2.2 隐患的分级

隐患的分级是根据隐患的整改、治理和排除的难度及其导致事故后果和影响范围为标准而进行的级别划分。可分为一般生产安全事故隐患和重大生产安全事故隐患。其中：一般生产安全事故隐患，是指危害和整改难度较小，发现后能够立即整改排除的隐患或者虽然不能立即整改但不影响矿井生产的隐患的；重大生产安全事故隐患，是指危害和整改难度较大，应当全部或者局部停产停业，并经过一定时间整改治理方能排除的隐患，或者因外部因素影响致使生产经营单位自身难以排除的隐患。

6.3.2.3 隐患排查

企业组织安全生产管理人员、工程技术人员和其他相关人员对本单位的事故隐患进行排查，并对排查出的事故隐患按照事故隐患的等级进行登记，建立事故隐患信息档案的工作过程。

6.3.2.4 隐患治理

隐患治理就是指消除或控制隐患的活动或过程，包括对排查出的事故隐患按照职责分工明确整改责任、制定整改计划、落实整改资金、实施监控治理和复查验收等。

6.3.2.5 完善企业事故隐患排查治理闭环工作机制的重点

完善企业事故隐患排查治理闭环工作机制要重点做好哪几件事？

（1）完善企业隐患排查治理体系建设，建立自查、自改、自报事故隐患的信息管理系统。

（2）建立健全事故隐患闭环工作机制，实现隐患排查、登记、评估、治理、报告、销号等持续改进的闭环管理。

（3）从排查发现隐患、制定整改方案、落实整改措施、验证整改效果等环节实现有效闭合管理。

（4）建立完善事故隐患登记报告制、事故隐患整改公示制、重大事故隐患督办制等工作制度，使隐患从发现到整改完毕都处在监督管理下，使排查治理工作成为一个"闭合线路"。

（5）对查出的隐患做到责任、措施、资金、时限和预案"五落实"，对重大事故隐患严格落实"分级负责、领导督办、跟踪问效、治理销号"制度。

6.3.2.6　隐患的发生

所有的隐患都是风险管控失效或者弱化造成的。风险管控失效或者弱化通常表现为如下一种或多种情况：（1）未进行风险点排查；（2）危险源辨识不全；（3）风险分级错误；（4）未针对不同风险级别制定相应的管控措施；（5）风险管控措施落实不到位。

6.3.2.7　风险分级管控的基本程序

风险分级管控程序包括：（1）排查风险点；（2）危险源辨识；（3）风险评价和定级；（4）策划风险控制措施；（5）效果验证与更新等。

6.3.2.8　风险点的概念

风险点是指伴随风险的部位、设施、场所和区域，以及在特定部位、设施、场所和区域实施的伴随风险的作业过程，或以上两者的组合。

排查风险点是风险管控的基础。对风险点内的不同危险源或危险有害因素（与风险点相关联的人、物、场所及管理等因素）进行识别、评价，并根据评价结果和风险判定标准认定风险等级、采取不同控制措施是安全风险分级管控的核心。

6.3.2.9　危险源的概念

危险源是指可能导致人身伤害和（或）健康损害和（或）财产损失的根源、状态或行为，或它们的组合。

6.3.2.10　风险的概念

风险是指生产安全事故或健康损害事件发生的可能性和后果的组合。

风险有两个主要特性，即可能性和严重性。可能性，是指事故（事件）发生的概率。严重性，是指事故（事件）一旦发生后，将造成的人员伤害和经济损失的严重程度。风险 = 可能性×严重性。

6.3.2.11　风险与危险源之间的关系

风险与危险源之间既有联系又有本质区别。首先，危险源是风险的载体，风险是危险源的属性。即讨论风险必然是涉及哪类或哪个危险源的风险，没有危险源，风险则无从谈起。其次，任何危险源都会伴随着风险。只是危险源不同，其伴随的风险大小往往不同。

6.3.2.12 风险和隐患的区别

风险来源于可能导致人员伤亡或财产损失的危险源或各种危险有害因素，是事故发生的可能性和后果严重性的组合，而隐患是风险管控失效后形成的缺陷或漏洞，两者是完全不同的概念。

风险具有客观存在性和可认知性，要强调固有风险，采取管控措施降低风险。

隐患主要来源于风险管控的薄弱环节，要强调过程管理，通过全面排查发现隐患，通过及时治理消除隐患。

但两者也有关联，隐患来源于风险的管控失效或弱化，风险得到有效管控就会不出现或少出现隐患。

6.3.2.13 风险与隐患之间的关系

风险和隐患的递进关系：风险在前、隐患在后。

安全生产领域形成的共识：把安全风险管控挺在隐患前面、把隐患排查治理挺在事故前面。

6.3.2.14 危险源辨识

危险源辨识是识别危险源的存在并确定其特性的过程。

危险源辨识的基本方法：工作任务辨识法和事故机理分析法等。

6.3.2.15 风险评价

对危险源导致的风险进行评估，对现有控制措施的充分性加以考虑以及对风险是否可接受予以确认的过程。

6.3.2.16 风险辨识和评价的方法

风险辨识和评价的方法很多，各企业应根据各自的实际情况选择使用。本小节介绍常用的几种风险辨识和评价方法。

A 工作危害分析法

工作危害分析法（JHA）是一种定性的风险分析辨识方法，它是基于作业活动的一种风险辨识技术，用来进行人的不安全行为、物的危险状态、场所的不安全因素以及管理缺陷等的有效识别。即先把整个作业活动（任务）划分成多个工作步骤，将作业步骤中的危险源找出来，并判断其在现有安全控制措施条件下可能导致的事故类型及其后果。若现有安全控制措施不能满足安全生产的需要，应制定新的安全控制措施以保证安全生产；危险性仍然较大时，还应将其列为重点对象加强管控，必要时还应制定应急处置措施加以保障，从而将风险降低至可以接受的水平。

B 安全检查表分析法

安全检查表分析法（SCL）是一种定性的风险分析辨识方法，它是将一系列项目列出以检查表形式进行分析，以确定系统、场所的状态是否符合安全要求，通过检查发现系统中存在的风险，并提出改进措施的一种方法。安全检查表的编制主要依据以下四个方面的内容：

（1）国家、地方的相关安全法规、规定、规程、规范和标准，行业、企业的规章制度、标准及企业安全生产操作规程。

（2）国内外行业、企业事故统计案例、经验教训。

（3）行业及企业安全生产的经验，特别是本企业安全生产的实践经验，引发事故的各种潜在不安全因素及成功杜绝或减少事故发生的成功经验。

（4）系统安全分析的结果，如采用事故树分析方法找出的不安全因素，可作为防止事故控制点源列入检查表。

C　风险矩阵分析法

风险矩阵分析法（LS）是一种半定量的风险评价方法，它在进行风险评价时，将风险事件的后果严重程度相对定性分为若干级，将风险事件发生的可能性也相对定性分为若干级，然后以严重性为表列，以可能性为表行，制成表，在行列的交点上给出定性的加权指数。所有的加权指数构成一个矩阵，而每一个指数代表了一个风险等级。$R = L \times S$；R 为风险程度；L 为发生事故的可能性，重点考虑事故发生的频次及人体暴露在这种危险环境中的频繁程度；S 为发生事故的后果严重性，重点考虑伤害程度、持续时间。

D　作业条件危险性分析法

作业条件危险性分析法（LEC）是一种半定量的风险评价方法，它用与系统风险有关的三种因素指标值的乘积来评价操作人员伤亡风险大小。三种因素分别是：L（事故发生的可能性）、E（人员暴露于危险环境中的频繁程度）和 C（一旦发生事故可能造成的后果）。给三种因素的不同等级分别确定不同的分值，再以三个分值的乘积 D（危险性）来评价作业条件危险性的大小，即 $D = L \times E \times C$。D 值越大，说明该系统危险性越大。

E　风险程度分析法

风险程度分析法（MES）是一种半定量的风险评价方法，它是对作业条件危险性分析法（LEC）的改进。风险程度 $R = M \times E \times S$。其中，M 为控制措施的状态；E 为暴露的频繁程度，在原有影响因素基础上增加了职业病发病情况、环境影响状况两项影响因素；S 为事故的可能后果，包括伤害、职业相关病症、财产损失和环境影响。MES 法对 M、E、S 分别制定了相应的取值标准。

6.3.2.17　风险分级

风险分级是指通过采用科学、合理方法对危险源所伴随的风险进行定量或定性评价，根据评价结果划分等级，进而实现分级管理。风险分级的目的是实现对风险的有效管控。

风险一般分为四级，分别是重大风险（红色风险）、较大风险（橙色风险）、一般风险（黄色风险）和低风险（蓝色风险）。

注：对采用 5 级分级的风险评价方法，可建立级别对应关系，例如，将风险最高的两级定为重大风险（红色风险），以适应评价和管理的要求。

6.3.2.18 风险分级管控

风险分级管控是指按照风险的不同级别、所需管控资源、管控能力、管控措施复杂及难易程度等因素而确定不同管控层级的风险管控方式。

风险分级管控的基本原则是：风险越大，管控级别越高；上级负责管控的风险，下级必须负责管控，并逐级落实具体措施。

6.3.2.19 风险控制措施

风险控制措施是指为将风险降低至可接受程度，企业针对风险而采取的相应控制方法和手段。

企业在选择风险控制措施时应考虑：可行性、安全性、可靠性、经济合理性等。应包括：工程技术措施、管理措施、培训教育措施、安全到岗工程、个体防护措施及应急处置措施等。

风险控制措施应在实施前针对以下内容进行评审：

（1）措施的可行性和有效性；

（2）是否使风险降低到可容许水平；

（3）是否产生新的危险源或危险有害因素；

（4）是否已选定最佳解决方案等。

6.3.2.20 风险辨识与隐患排查的区别

风险辨识与隐患排查的工作主体都要求全员参与，工作对象都要涵盖人、机、环、管各个方面，但风险辨识侧重于认知固有风险，而隐患排查侧重于各项措施生命周期过程管理。风险辨识要定期开展，此外在工艺技术、设备设施及组织管理机构发生变化时也要开展；而隐患排查则要求全时段、全天候开展，随时发现技术措施、管理措施的漏洞和薄弱环节。

6.3.2.21 风险信息

风险信息是指包括危险源名称、类型、所在位置、当前状态及伴随风险大小、等级、所需管控措施、责任单位、责任人等一系列信息的综合。

企业各类风险信息的集合即为企业安全风险分级管控清单。

6.3.2.22 安全风险分布图的分类及绘制方法

安全风险分布图至少应包括三类：

（1）安全风险四色分布图。根据风险评估结果，将生产设施、作业场所等区域存在的不同等级风险，使用红、橙、黄、蓝四种颜色标示在总平面布置图或地理坐标图中，实施风险分级管控。

（2）作业（行业）安全风险比较图。企业中的部分作业活动、生产工序和关键任务以及各地的不同行业（领域），由于其风险等级难以在平面布置图中标示，要利用统计分析的方法，采取柱状图、曲线图或饼状图等，将企业不同的作业（工序）或各地区不同的行业（领域）的风险按照从高到低的顺序标示出来，突出工作重心。

（3）区域整体安全风险图，对于一个地区、一个城市要综合分析下一级行政区域的整体风险等级，逐级绘制街镇、县区和城市等各层级的区域整体风险图，确定监管重点。

6.3.2.23　"双重预防机制"信息化建设的注意事项

"双重预防机制"建设既产生又依赖大量安全生产数据，要克服纸面化可能带来的形式化和静态化，利用信息化手段保障双重预防机制建设显得尤为重要。要利用信息化手段将安全风险清单和事故隐患清单电子化，建立并及时更新安全风险和事故隐患数据库；要绘制安全风险分布电子图，并将重大风险监测监控数据接入信息化平台，充分发挥信息系统自动化分析和智能化预警的作用。要充分利用已有的安全生产管理信息系统和网络综合平台，尽量实现风险管控和隐患排查信息化的融合，通过一体化管理避免信息孤岛，提升工作效率和运行效果。

6.3.2.24　企业开展安全风险评估管控中常见的问题

一些企业往往将风险辨识评估任务直接分配到某个或几个部门，由部门的几名员工各自辨识本部门存在的风险，然后将风险辨识结果进行简单汇总形成安全风险辨识评估报告，没有体现全员参与，没有做到全覆盖。一些企业在风险辨识评估过程中，选取的辨识范围过于狭窄，没有覆盖全流程、全区域。有的片面理解安全生产风险管理就是预防和控制人身伤害事故，而对设备事故、自然灾害引发的事故等其他事故类型的风险辨识评估不充分、不全面，甚至没有开展风险辨识评估。一些企业因风险辨识不深入，导致制定的风险管控措施没有针对性，工作职责得不到落实，安全风险分级管控难以发挥作用。

6.3.2.25　"双重预防机制"建设的目标

构建"双重预防机制"就是要在全社会形成有效管控风险、排查治理隐患、防范和遏制重特大事故的思想共识，推动建立企业安全风险自辨自控、隐患自查自治、政府领导有力、部门监管有效、企业责任落实、社会参与有序的工作格局，促使企业形成常态化运行的工作机制，政府及相关部门进一步明确工作职责，切实提升安全生产整体预控能力，夯实遏制重特大事故的基础。

6.3.2.26　隐患排查治理和安全风险分级管控的关系

隐患排查治理和安全风险分级管控是相辅相成、相互促进的关系。

安全风险分级管控是隐患排查治理的前提和基础，通过强化安全风险分级管控，从源头上消除、降低或控制相关风险，进而降低事故发生的可能性和后果的严重性。隐患排查治理是安全风险分级管控的强化与深入，通过隐患排查治理工作，查找风险管控措施的失效、缺陷或不足，采取措施予以整改，同时，分析、验证各类危险有害因素辨识评估的完整性和准确性，进而完善风险分级管控措施，减少或杜绝事故发生的可能性。

安全风险分级管控和隐患排查治理共同构建起预防事故发生的双重机制，构成两道保护屏障，可以有效遏制重特大事故的发生。

6.3.2.27 "双重预防机制"在遏制重特大事故方面的作用

"双重预防机制"着眼于安全风险的有效管控，紧盯事故隐患的排查治理，是一个常态化运行的安全生产管理系统，可以有效提升安全生产整体预控能力，夯实遏制重特大事故的基础。基于重特大事故的发生机理，从重大危险源、人员暴露和管理的薄弱环节入手，按照问题导向，坚持重大风险重点管控；针对重特大事故的形成过程，按照目标导向，坚持重大隐患限期治理，有针对性地防范遏制重特大事故发生。

6.3.2.28 "双重预防机制"的基本工作思路

"双重预防机制"就是构筑防范生产安全事故的两道防火墙。

第一道是管风险。以安全风险辨识和管控为基础，从源头上系统辨识风险、分级管控风险，努力把各类风险控制在可接受范围内，杜绝和减少事故隐患。

第二道是治隐患。以隐患排查和治理为手段，认真排查风险管控过程中出现的缺失、漏洞和风险控制失效环节，坚决把隐患消灭在事故发生之前。

可以说，安全风险管控到位就不会形成事故隐患，隐患一经发现及时治理就不可能酿成事故，要通过双重预防的工作机制，切实把每一类风险都控制在可接受范围内，把每一个隐患都治理在形成之初，把每一起事故都消灭在萌芽状态。

6.3.2.29 构建"双重预防机制"需要把握的原则

构建"双重预防机制"需要把握的原则如下。

一要坚持风险优先原则。以风险管控为主线，把全面辨识评估风险和严格管控风险作为安全生产的第一道防线，切实解决"认不清、想不到"的突出问题。

二要坚持系统性原则。从人、机、环、管四个方面，从风险管控和隐患治理两道防线，从企业生产经营全流程、生命周期全过程开展工作，努力把风险管控挺在隐患之前、把隐患排查治理挺在事故之前。

三要坚持全员参与原则。将"双重预防机制"建设各项工作责任分解落实到企业的各层级领导、各业务部门和每个具体工作岗位，确保责任明确。

四要坚持持续改进原则。持续进行风险分级管控与更新完善，持续开展隐患排查治理，实现"双重预防机制"建设工作的不断深入、深化，促使"双重预防机制"建设水平不断提升。

6.3.2.30 "双重预防机制"的常态化运行机制

"双重预防机制"的常态化运行机制主要体现在：

第一，安全风险分级管控体系和隐患排查治理体系不是两个平行的体系，更不是互相割裂的"两张皮"，二者必须实现有机的融合。

第二，要定期开展风险辨识，加强变更管理，定期更新安全风险清单、事故隐患清单和安全风险图，使之符合本单位实际，满足工作需要。

第三，要对"双重预防机制"运行情况进行定期评估，及时发现问题和偏差，修订完善制度规定，保障"双重预防机制"的持续改进。

　　第四，要从源头上管控高风险项目的准入，持续完善重大风险管控措施和重大隐患治理方案，保障应急联动机制的有效运行，确保"双重预防机制"常态化运行。

6.3.3　风险分级管控与隐患排查治理

　　针对超深竖井工程施工工艺和施工特点，从作业过程和设备设施两个方面对竖井在建工程进行危险源辨识和风险点的划分。

6.3.3.1　风险分级管控

　　A　系统划分

　　为确保风险辨识的充分性、全面性和针对性，结合超深竖井建设特点，将系统划分为作业活动过程和设备设施两大系统。

　　B　风险点确定

　　对所有工作场所、设备设施及作业活动进行全方位、全过程的分析排查，确定风险点。风险点的确定应遵循"大小适中、便于分类、功能独立、易于管理、范围清晰"的原则。对于操作难度大、技术含量高、风险等级高、可能导致严重后果的作业活动应作为风险点。

　　C　危险源辨识

　　对整个作业场所、作业活动及设备设施等进行全面排查，依据文件的规定，按照人的不安全行为、物的不安全状态、环境因素、管理缺陷四个方面进行危险源辨识。

　　(1) 人的不安全行为：操作不当，忽视安全警告；造成安全装置失效；使用不安全设备；用手代替工具操作；物体存放不当；冒险进入危险场所；站位不到；机器运转时进行加油、修理、检查、调整、焊接、清扫等工作；注意力分散；不规范使用劳动防护用品等。

　　(2) 物的不安全状态：物体本身存在的缺陷；防护保险方面的缺陷；物的放置方法的缺陷；作业场所的缺陷；外部的和自然界的不安全状态；作业方法导致的物的不安全状态；保护器具信号、标志和个体防护用品的缺陷。

　　(3) 环境因素：生产作业环境中的温度、湿度、噪声、振动、照明或通风防尘等方面的问题。

　　(4) 管理缺陷：主要指设计不符合规程要求；无制度、无措施，制度、措施无针对性或落实不到位；现场发生变化，制度、措施更新不及时等。

　　D　风险分级

　　危险源分级是通过危险源辨识计算出风险值，按照风险等级划分标准确定危险源等级（见表6-1），并按照风险点内各危险源评价出的最高风险级别作为该风险点的级别。风险值确定方法采用作业条件危险性评价法。具体计算方法见式 (6-1)。

$$D = L \times E \times C \tag{6-1}$$

式中　D——风险值；

　　　L——发生事故的可能性大小；

　　　E——暴露于危险环境的频繁程度；

C——发生事故产生的后果严重程度。

表 6-1 风险等级划分标准

D	危险程度	风险等级
>320	重大风险（红色）	1
160～320	较大风险（橙色）	2
70～160	一般风险（黄色）	3
<70	低风险（蓝色）	4

E　风险管控

1级：重大风险（红色），由公司负责管控。由公司安全中心和各相关部门具体落实；当风险危及作业安全时，应立即停止作业，限期治理，直至风险降低后才能开始作业。

2级：较大风险（橙色），由项目部负责管控。项目部负责制定管理制度、规定及改进措施，并负责宣传和落实。

3级：一般风险（黄色），由班组负责管控。班组负责制定效果更佳的解决方案，改进现有控制措施，降低风险，并负责日常的监控运行，确保控制措施落实到位，维持安全状态。

4级：低风险（蓝色），由岗位负责管控。各岗位工负责日常的监控运行。通过设置警示标识、交接班告知等方式，提升岗位工的风险意识。

F　管控措施

按如下顺序制定控制措施：工程技术措施、管理措施、培训教育措施、个体防护措施、应急处置措施等。

（1）对确定为重大风险的，应尽可能地采取较高级的风险控制方法，并多级控制。对重大风险以外的风险，应重点对人为失误、固有危险制定控制措施。

（2）从工程技术、管理、培训教育、个体防护、应急处置等方面评估现有控制措施的有效性。现有控制措施不足以控制此项风险的应提出建议或改进控制措施。

（3）设备设施类危险源的控制措施应包括：报警、联锁、安全阀、限位、过卷等工艺设备本身带有的控制措施和消防、检查、检验等常规的管理措施。

（4）作业活动类危险源的控制措施应包括：措施的完善性、管理流程的合理性、作业环境的可控性、作业对象的完好状态及作业人员的素质等方面。

（5）不同级别的风险要结合实际采取一种或多种措施进行控制，直至风险可以接受。

G　安全风险告知

通过对岗位配发"风险管控与隐患排查本"、固定岗位制作悬挂"安全风险告知牌板"、在工业广场设置"安全风险告知栏"等形式进一步加大对员工的安全宣传教育。

充分利用"班前会""日常安全教育培训"等活动组织全体职工进行学习，使每位职工都能够熟悉自身周围存在的安全风险及相应的管控措施，真正实现风险预知、预控。

6.3.3.2　隐患排查治理

A　排查治理范围

排查治理范围：各作业场所、设备设施、作业。

B　排查治理内容

全面排查治理掘支系统、设备设施、提升吊挂系统等方面存在的安全隐患，以及安全生产体制建设、制度建设、安全管理、责任落实、劳动纪律、现场管理、事故查处等方面存在的薄弱环节。全面排查薄弱人、物，杜绝不符合岗位安全要求的人员上岗。具体包括：

（1）安全生产法律法规、规章制度、规程标准的贯彻执行；安全生产责任制的建立及落实情况。

（2）提升吊挂系统的完善情况和运行状态。

（3）掘进、出碴、支护、放炮、通风、起落吊盘等各作业活动过程中的安全状态。

（4）稳车、绞车、铲车、切割机等设备设施的安全运行状态。

（5）临时变电所、各供配电系统的安全设置和运行状态。

（6）重大危险源建档备案、风险辨识、监测预警制度的建设。

（7）事故报告、处理及责任追究情况。

（8）主要负责人、安全管理人员和特种作业人员的持证上岗情况；生产一线员工的安全教育培训情况。

（9）应急预案制定、演练和应急救援物资、设备配备和维护情况。

C　隐患排查机制

建立岗位、班组、项目部、公司四级"四位一体"隐患排查治理体系，实行岗位每班排查、班组周排查、项目部月排查、公司季排查的全面隐患排查机制。

D　隐患整改验收

（1）对于一般事故隐患，根据隐患治理的分级，由各级负责人或者有关人员负责组织整改，整改情况要安排专人确认，隐患排查组织部门要负责复查闭环。

（2）一般隐患中有些隐患如明显违反操作规程和劳动纪律，这属于人的不安全行为式的一般隐患，排查人员一旦发现，应当要求立即整改，并如实记录，以便对此类行为进行统计分析，确定是否为习惯性或群体性隐患。

（3）一般隐患难以做到立即整改的，则应限期整改。由排查人员立即上报至班组、项目部或公司，发出《隐患整改通知书》。内容中需要明确列出如隐患情况的排查发现时间和地点、隐患情况的详细描述、隐患发生原因的分析、隐患整改责任的认定、隐患整改负责人、隐患整改的方法和要求、隐患整改完毕的时间要求等。

（4）属于重大事故隐患的，项目部应当及时组织评估，并编制事故隐患评估报告书。评估报告书应当包括事故隐患的类别、影响范围和风险程度以及对事故隐患的监控措施、治理方式、治理期限的建议等内容。

6.3.4　超深竖井常规危险源辨识与风险点划分

针对超深竖井施工工艺技术和施工特点，遵循"风险分级"原则，从作业和设备设施两个方面对超深竖井建设工程危险源进行了划分，具体内容见表6-2。

表6-2 超深竖井危险源划分

风险点类型	名称	编号	作业步骤序号	名称	危险源或潜在事件	L	E	C	D	评价级别	可能发生的事故类型及后果	工程技术措施	管理措施	培训教育措施	个体防护措施	应急处置措施	管控层级	责任单位	责任人
设备设施	凿岩	1	1	空气质量检查	通风不良	1	10	15	150	3	中毒窒息	1. 安设4台37 kW风机通风; 2. 井筒内安装直径700 mm玻璃钢风筒,在吊盘以下采用同直径阻燃软风筒连接	1. 作业前当检测到 O_2 含量不低于20%, CO含量不大于 1.6×10^{-5}, CO_2 含量不大于 2.4×10^{-5} 时方可进行作业; 2. 对吊盘风筒接头处连接好完好性情况进行检查; 3. 不得无风、微风作业	对呼吸自救器、空气质量检测仪的使用方法及检测标准进行培训	戴好防尘口罩、呼吸自救器	撤离现场,加强通风	班组级	打眼班	
			2	照明检查	无照明或照明不足	3	7	3	63	4	其他伤害	1. 下吊盘安装两盏200 W LED照明灯; 2. 准备两盏100 W无线照明灯应急	1. 作业前检查照明灯亮度的符合性; 2. 做好吊盘照明灯具的防护工作; 3. 如遇故障停电,则立即打开应急照明灯	对应照明灯的使用管理进行培训	佩戴防爆矿灯	打开应急照明灯具,联系电工请求处理	岗位级	打眼工	
			3	敲帮问顶	井壁有浮石	3	6	7	126	3	物体打击	1. 研究地质资料,分析各层位岩石变化情况; 2. 如遇破碎岩层,则必须采取锚喷或锚网喷进行临时支护; 3. 配备长、短撬毛棍各一根	1. 撬毛时一人作业一人监护; 2. 撬毛时井底不得进行出渣等其他作业	对撬毛方法进行现场指导培训	戴好安全帽等个人防护用品	撤离现场	班组级	打眼班	

续表 6-2

风险点			作业步骤		危险源或潜在事件	可能发生的事故类型及后果	评分标准				评价级别	管控措施					管控层级	责任单位	责任人
类型	编号	名称	序号	名称			L	E	C	D		工程技术措施	管理措施	培训教育措施	个体防护措施	应急处置措施			
设备设施	1	凿岩	4	打眼	操作不规范	机械伤害、放炮事故、高处坠落	1	10	7	70	3	1. 上下伞时采用主提升机进行提升，打眼时采用安全绳梯钢丝绳兼做保险绳进行悬吊；2. 采用分区域打眼方式，辅助眼和周边眼深51 m；3. 下吊盘安设无线监控	1. 摘钩、夺钩人员作业时必须系好安全带；2. 每班对提升、悬吊钢丝绳的完好情况进行检查，并做好检查记录；3. 伞钻未支撑到位前严禁摘钩、打眼期间必须用保险绳进行悬吊；4. 伞钻升降时机臂过吊盘需进行专人监护；5. 班前检查是否有无残眼，如发现残眼，须在距离残眼炮孔至少300 mm的地方平行打眼，重新引爆	对操作规程进行培训	系好保险带	停止钻进，撤离现场	班组级打眼班		
	2	爆破	1	运输	雷管和炸药混装混运	火药爆炸	1	6	40	240	2	1. 配备专用运输车（皮卡），并且安装行车监控；2. 配备雷管专用箱、运输时车辆内辅设置草垫；3. 每次领取数量不得超过当班最大使用量	1. 严禁炸药、雷管同车、同吊桶运输；2. 运送民爆物品的吊桶除乘坐爆破工和安全员外，其他人员一律不得同吊桶乘坐；3. 严禁民爆物品同其他材料一同运送；4. 不得在人员上下井期间运送民爆物品；5. 及时、如实填写民爆物品管理台账，做到账物相符；6. 民爆物品运输到井口后要设置警戒，并安排专人看守，周围100 m以内不得进行动火作业	对民爆物品运输管理制度进行培训	穿戴好劳保用品、严禁穿化纤、羊毛衣服	撤离现场，设置警戒	项目级安环部		

续表 6-2

风险点类型	编号	名称	序号	名称	危险源或潜在事件	L	E	C	D	评价级别	可能发生的事故类型及后果	工程技术措施	管理措施	培训教育措施	个体防护措施	应急处置措施	管控层级	责任单位	责任人
			2	吹眼	吹炮孔时面部直对炮孔	1	5	15	75	3	物体打击	1. 配置4 m长φ20 mm镀锌管连接压风管进行吹眼作业；2. 控制风压不得大于0.1 MPa	1. 侧位站立，面部避开炮孔正面；2. 吹眼作业时附近范围内严禁站人，其余作业人员应背对炮孔	对爆破作业规程进行培训	戴好安全帽、护目眼镜	关闭压风机，撤离现场	班组级	打眼班	
设备设施	2	爆破	3	装药	边打眼边装药	1	6	15	90	3	放炮事故	采用φ45 mm 2号岩石乳化炸药和8 m半秒延期导爆管雷管，1~6段延期，正向连续装药	1. 配备专业爆破工，并持证上岗；2. 严禁边打眼边装药；3. 井筒工作面装药期间，雷管需要放在专用木箱内，并且和炸药保持一定的安全距离	对爆破作业规程进行培训	穿戴好劳保用品，严禁穿化纤、羊毛衣服	设置警戒，撤离现场	班组级	打眼班	
			4	连线	放炮母线破损、靠近导电体悬挂	1	6	15	90	3	放炮事故	单独悬吊1根MYP-3×25+1×10-660/1140放炮电缆	1. 接头3处，不超过3处，并用绝缘胶带包扎；2. 连接爆破母线前关闭所有电器设备，采用防爆头灯照明	对爆破作业规程进行培训	穿戴好劳保用品，严禁穿化纤、羊毛衣服	设置警戒，撤离现场	班组级	打眼班	

续表 6-2

风险点 类型	编号 名称/名称	作业步骤 序号	作业步骤 名称	危险源或潜在事件	L	E	C	D	评价级别	可能发生的事故类型及后果	工程技术措施	管控措施 管理措施	培训教育措施	个体防护措施	应急处置措施	管控层级	责任单位	责任人
2 爆破		5 起爆	起爆	未进行放炮警戒	1	6	15	90	3	放炮事故	1. 采用专用放炮器起爆；2. 采用全断面一次起爆方法	1. 爆破时在距离井口至少20 m的地方设置警戒线，井口周围不得有人；2. 执行班组长、安全员、爆破员三方确认制度；3. 吊盘提升到40 m以上的安全距离；4. 两个井盖门全部打开	对爆破作业规程进行培训	穿戴好劳保用品，严禁穿化纤、羊毛衣服	设置警戒、撤离现场	班组级	打眼班	
3 支护 设备设施		1 检查照明	检查照明	无照明或照明不足	1	7	3	21	4	触电伤害、其他伤害	1. 下吊盘安装两盏200 W LED照明灯；2. 准备两盏100 W无线照明灯应急	1. 作业前检查照明亮度的符合性；2. 做好吊盘照明灯具的防护工作；3. 如遇故障停电，则立即打开应急照明灯	对应急照明灯的使用管理进行培训	佩戴防爆矿灯	打开应急照明灯具，联系电工请求处理	岗位级	支护工	
		2 清理碴/浮石	清理碴/浮石	井壁、模板口等位置有浮石	3	2	7	42	4	物体打击	1. 出碴高度不得大于模板高度200 mm；2. 碴石破碎时，必须先采用锚喷网或锚网喷进行临时支护	1. 作业前对裸露井壁进行检查，发现浮石及时清除；2. 落模前清理干净模板浇筑口净油缸部位的碴石	对操作规程进行培训	戴好安全帽，背夹等个人防护用品	撤离人员	岗位级	支护工	

续表6-2

风险点 类型	名称	编号	作业步骤 序号	名称	危险源或潜在事件	L	E	C	D	评价级别	可能发生的事故类型及后果	工程技术措施	管理措施	培训教育措施	个体防护措施	应急处置措施	管控层级	责任单位	责任人
设备设施	支护	3	3	稳模	操作不规范	3	6	7	126	3	物体打击、其他伤害	1. 采用3根18×7-48-1770钢丝绳悬吊钢模；2. 模板采用三支撑油缸进行支撑伸缩	1. 落模时人员不得站在模板脚踏板上或模板正下方；2. 落模前要清理干净模板上部的碴石；3. 模板各悬吊钢丝绳要受力均匀；4. 油缸未闭合之前严禁回落钢模；5. 落模前先检查井壁模刀脚不受阻力，保证模板刀脚不受阻力	对操作规程进行培训，并在现场进行指导	戴好安全帽等个人防护用品	撤离人员	班组级	支护班	
			4	输送混凝土料	混凝土输送管堵塞或分混凝土器壁脱落	3	2	7	42	4	物体打击、高处坠落、其他伤害	1. 井口采用一台HS-90输送泵输料；2. 采用两个3 m³底卸式吊桶下料；3. 下吊盘安设两个下料漏斗，下部连接输料管，并设置保险绳；4. 下吊盘安装无线监控	1. 作业前先将混凝土器保险绳系于吊盘立柱；2. 首次下料前应先输送砂浆，确认压力正常后再放混凝土料，并且第一次输送混凝土要增加拌合料的流动性；3. 缓慢匀速下料，混凝土拌合料至少低于吊桶上边缘100 mm；4. 井上下联系可靠，下料速度要同浇筑速度相匹配，保证分层浇筑，振捣密实	对操作规程进行培训，并在现场进行指导	戴好安全帽等个人防护用品	停止作业，撤离井下人员	岗位级	支护工	

续表 6-2

风险点			作业步骤		危险源或潜在事件	评分标准				评价级别	可能发生的事故类型及后果	管控措施					管控层级	责任单位	责任人
类型	编号	名称	序号	名称		L	E	C	D			工程技术措施	管理措施	培训教育措施	个体防护措施	应急处置措施			
	3	支护	5	浇筑	踏板作业防护不到位	3	2	7	42	4	高处坠落	根据设计要求选用合格的支护材料	1. 脚踏板悬挂可靠稳定；2. 浇筑人员在踏板上作业时系好安全带；3. 下料时溜灰管下部要与浇筑口进行临时固定，人员不能站在正后方作业	对作业方法进行现场培训指导	戴好安全帽、安全带等个人防护用品	停止作业，撤离井下人员，及时进行处理	岗位级	支护工	
设备设施	4	出碴	1	检查照明	无照明或照明不足	1	7	3	21	4	触电伤害，其他伤害	1. 下吊盘安装两盏200 W LED照明灯；2. 准备两盏100 W无线照明灯应急	1. 作业前检查照明亮度的符合性；2. 做好吊盘照明灯具的防护工作；3. 如遇故障停电，则立即打开应急照明灯	对应急照明灯的使用管理进行培训	佩戴防爆矿灯	打开应急照明灯具，联系电工请求处理	岗位级	支护工	
			2	清理碴石	吊盘、模板、抓岩机等部位有碴石	2	8	4	64	4	物体打击	1. 在下吊盘安设压风管和风阀，用来清扫碴石；2. 出碴高度不得大于模板高度200 mm	1. 出碴时要对井壁浮石及时进行检查，并且确保毛和出碴不能同时进行；2. 清扫吊盘时，井底不得有人作业	对操作规程进行培训	戴好安全帽等个人防护用品	撤离现场	岗位级	出碴工	

续表 6-2

风险点			作业步骤		危险源或潜在事件	评分标准				评价级别	可能发生的事故类型及后果	工程技术措施	管控措施				管控层级	责任单位	责任人
类型	编号	名称	序号	名称		L	E	C	D				管理措施	培训教育措施	个体防护措施	应急处置措施			
设备设施	4	出碴	3	装碴	未按照规程操作	2	8	4	64	4	机械伤害，物体打击	1. 根据井筒深度选用两个 5 m³/4 m³/3m³ 吊桶出碴；2. 配置一台 HZ-6 中心回转抓岩机出碴	1. 每班出碴前对抓岩机风管、油管、马达等各部位进行检查，确认正常后方可作业；2. 抓岩人员要合理躲避，不得在运行过程中近距离接触抓岩机；3. 装碴高度要低于吊桶上边缘至少 100 mm；4. 不得超能力抓取大块碴石	对操作规程进行培训	戴好安全帽、耳塞等个人防护用品	撤离人员，设置警戒	岗位级	出碴工	
			4	提升	吊桶运行操作不规范	3	6	7	126	3	物体打击	1. 配置两台 JKZ-4×3 绞车提升；2. 根据井筒深度选用两个 5 m³/4 m³/3 m³ 吊桶出碴	1. 井底负载吊桶在提升 200 mm 时要进行稳罐；2. 提前抓取吊桶下部大块碴石，保证吊桶坐落平稳；3. 负载吊桶起吊前要对吊桶边、挂耳等位置碴石进行清理；4. 吊桶升起之前，人员要远离吊桶，不得站在吊桶与井壁之间	对操作规程进行培训	戴好安全帽等个人防护用品	停止作业，撤离人员	班组级	出碴班	

续表 6-2

风险点			作业步骤		危险源或潜在事件	评分标准				评价级别	可能发生的事故类型及后果	工程技术措施	管控措施					管控层级	责任单位	责任人
类型	编号	名称	序号	名称		L	E	C	D				管理措施	培训教育措施	个体防护措施	应急处置措施				
出碴	4	出碴	5	清底	操作不规范	3	6	7	126	3	火药爆炸、其他伤害	采用 MWY6/0.3 挖机清底，并用副提升机提升	1. 发现残药、盲炮要停止作业，设置警戒，并立即通知调度室，由专业爆破工进行处理；2. 挖机提升之前要清理干净履带等部位隐藏的碴石；3. 挖机作业时，作业半径以内不得有人	对操作规程进行培训	戴好安全帽等个人防护用品	停止作业，撤离人员	班组级	出碴班	
设备设施	5	起落吊盘	1	检查照明	照明不足或照明故障	1	7	3	21	4	触电伤害、其他伤害	1. 上、中、下吊盘各安装两盏 200 W LED 照明灯；2. 准备两盏 100 W 无线照明灯应急	1. 作业前应检查照明灯具的符合性；2. 做好吊盘照明灯具的防护工作；3. 如遇故障停电，则立即打开应急照明灯	对应急照明灯的使用管理进行培训	佩戴防爆矿灯	打开应急照明灯具，联系电工请求处理	岗位级	电工	
			2	起吊吊盘	未按照规定程序进行操作	3	6	7	126	3	高处坠落、物体打击、其他伤害	1. 吊盘采用 6 台 JZ-25/1300 稳车悬吊，其中 4 台兼稳绳，2 台兼电缆悬吊具；2. 动力电缆、通信电缆、放炮电缆以及风筒、压风管、排水管同吊盘一同起落	1. 由机修班指定专人指挥作业；2. 吊盘上作业人员须系好安全带，并底内作业人员不得有可移动的工器具；3. 吊盘升起 40 m 后对井口以上的电缆采用专用卡子固定，防止出现电缆互相缠绕的现象；4. 在井口、平台作业时，工器具要系保险绳	对操作技术规程进行培训	戴好安全帽等个人防护用品	停止作业，撤离人员	班组级	机修班、电工班	

续表6-2

风险点			作业步骤		危险源或潜在事件	评分标准				评价级别	可能发生的类型及后果	管控措施					管控层级	责任单位	责任人
类型	编号	名称	序号	名称		L	E	C	D			工程技术措施	管理措施	培训教育措施	个体防护措施	应急处置措施			
设备设施	5	起、落吊盘	3	落吊盘	未按照规定程序进行操作	3	6	7	126	3	高处坠落、物体打击、其他伤害	1. 使用三层金属结构吊盘，骨架为型钢，两层吊盘用6~7根立柱连接，并设保险钢丝绳，盘面铺设花纹钢板，上层盘和下层吊盘周边装有4对轮胎来稳定吊盘，器，确保吊盘可随时上下移动；2. 稳车采用集中控制、同步运转，稳车滚筒上缠钢丝绳时，钢丝绳圈与圈之间应防挤紧	1. 由机修班指定专人指挥；2. 落盘人员要随身携带对讲机，并及时同井口操作人员取得联系；3. 落盘作业前先由安全员对作业面空气质量进行检测，确认合格后方可进行作业；4. 吊盘落到井口以上电缆路进行固定，并确保各管路固定卡子卡箍到位；5. 调盘后进行吊桶空载运行试验，满足要求后方可作业	对作业技术规程进行培训	戴好安全帽，呼吸自救器等个人防护品	停止作业、撤离人员	班组级	机修班 电工班	
设备设施	6	电气焊作业	1	安全性检查	安全装置失效	3	6	3	54	4	火灾、其他爆炸、触电、其他伤害	1. 气瓶安装防倾倒装置、回火器；2. 氧气管为蓝色，乙炔管为红色；3. 氧气瓶和乙炔瓶之间要保持5m以上的安全距离	1. 气割作业前检查气瓶外观、安全帽、压力表、回火装置、防震圈及输气管等附属装置的完好性；2. 焊接作业前检查电焊机的接地保护、漏电保护，以及焊钳和焊把线上的完好性	对操作规程进行培训	戴护目镜、绝缘手套、穿绝缘鞋	停止作业、立即处理	岗位级	机修工	

续表 6-2

风险点			作业步骤		危险源或潜在事件	评分标准				评价级别	可能发生的事故类型及后果	管控措施					管控层级	责任单位	责任人
类型	编号	名称	序号	名称		L	E	C	D			工程技术措施	管理措施	培训教育措施	个体防护措施	应急处置措施			
设备设施	6	电气焊作业	2	运输及存放	未按规定进行运输和存放	2	6	2	24	4	火灾、爆炸	1. 瓶体倾斜角度严禁小于30°，一般为50°左右；2. 气瓶存放环境温度不得超过40 ℃；3. 气瓶与明火之间的距离必须大于10 m	1. 气瓶不宜放置在易跌落和外来物撞击之地；2. 气瓶不宜在日光下曝晒和受高温（环境温度不得大于40 ℃）；3. 存放点50 m内不得放置易燃易爆物品，并且氧气瓶和乙炔瓶之间需保持5 m以上安全距离；4. 存放地点必须配置消防器材；5. 禁止带电移动电焊机。	对操作规程进行培训	佩戴护目镜	停止作业，立即处理	岗位级	机修工	
			3	电气焊作业	未按规定进行操作	1	3	7		4	火灾、爆炸、触电、灼伤	1. 使用压力不得超过0.05 MPa，输气流量不应超过1.5～2.0 m³/h瓶；2. 使用中瓶内气体不得用尽，剩余压力应符合要求（当环境温度<0 ℃时，压力不低于0.05 MPa；当环境温度为25～40 ℃时，应不低于0.3 MPa）	1. 作业前办理《动火作业许可证》；2. 在井底及井口范围内动火时必须有人监护，并且现场配备灭火器；3. 在吊盘上进行气割或焊接作业时，周围和井底不能有油脂等易燃性物质，并且井底不能有人作业；4. 作业地点10 m范围内不得有易燃易爆物品；5. 使用时保持两瓶之间的距离在5 m以上，与明火之间的距离在10 m以上；6. 使用完毕后及时关闭阀门，并卸下输气管，收存在指定位置	对操作规程进行培训	戴护目镜、绝缘手套，穿绝缘鞋	立即采用灭火器灭火	岗位级	机修工	

续表 6-2

风险点 类型	编号	名称	作业步骤 序号	名称	危险源或潜在事件	评分标准 L	E	C	D	评价级别	可能发生的事故类型及后果	工程技术措施	管理措施	培训教育措施	个体防护措施	应急处置措施	管控层级	责任单位	责任人
设备设施	7	信号操作	1	信号检查	信号故障	1	2	15	30	4	其他伤害	1.信号室至安装声光联动信号;2.在井下吊盘装本质安全型电话机及KJ57S视频监控系统,直通井口信号房	1.班前对信号系统进行全面检查,发现故障及时向调度室汇报,请求解决;2.班前对电话、视频监控系统进行检查,发现故障立即向调度室汇报,请求解决	对操作技术规程进行培训	穿戴劳保防护用品	停止运行,立即处理	岗位级	信号工	
			2	发送信号	信号不清	3	2	7	42	4	其他伤害	1点停、2点上、3点下、4点慢上、5点慢下	1.按照操作规程正确发出信号;2.吊桶起升到卸煤位置,落至井盖门、过吊盘时要及时发出停车信号;3.人员上下井时必须发出载人信号;4.下放混凝土、伞钻、民爆物品、溜灰管、挖掘机等大件物品时要提前电话告知绞车司机;5.发点必须清晰准确,辨识清楚	对操作技术规程进行培训	穿戴劳保防护用品	停止运行,立即处理	岗位级	信号工	
			3	接收信号	信号不清	3	2	5	30	4	其他伤害	1点停、2点上、3点下、4点慢上、6点慢下	1.接收回点信号后必须要进行回点确认,确认无误后方可发出开车信号;2.接收到不明信号时要进行电话确认,严禁盲目发出开车信号	对操作技术规程进行培训	穿戴劳保防护用品	停止运行,立即处理	岗位级	信号工	

续表 6-2

风险点类型	编号	名称	作业步骤序号	名称	危险源或潜在事件	L	E	C	D	评价级别	可能发生的事故类型及后果	工程技术措施	管理措施	培训教育措施	个体防护措施	应急处置措施	管控层级	责任单位	责任人
设备设施	7	信号操作	4	其他管理		1	10	5	50	4	其他伤害	通信线路与井筒提升信号、供水电磁阀电控线路共用1根ZR-KVV-500-19×2.5信号电缆,悬挂于吊盘钢丝绳上	1. 卸矸时平台把钩工要及时稳罐,准确发出行车信号; 2. 人员乘坐吊桶时井口信号工要对乘坐人员的劳保穿戴、安全带情况进行检查使用等确认; 3. 下放物料及工器具时,井口信号工要对其装载的安全性进行检查确认; 4. 吊桶及提升物件过吊盘时吊盘信号工要做目送; 5. 井口区域内的清洁卫生井口区域内要做好	对操作技术规程进行培训	穿戴劳保防护用品	停止运行,立即处理	岗位级	信号工	
设备设施	8	电修作业	1	线路检修	带电检修	1	2	15	30	4	触电	1. 提升机采用10kV电压; 2. 地面生产用电采用380V电压,生活用电采用220V,三相四线制供电; 3. 井筒供电电压为1140V,变压器为在地面设在地面	1. 作业前停电挂牌,进行专人监护; 2. 各线路要按照要求规范敷设,电缆接头包扎绝缘性符合要求; 3. 严禁预约送电,送电前进行安全确认	对操作技术规程进行培训	戴绝缘手套,穿绝缘鞋	关闭电源,立即处理	岗位级	电工	

续表 6-2

风险点			作业步骤		危险源或潜在事件	评分标准				评价级别	可能发生的事故类型及后果	管控措施					管控层级	责任单位	责任人
类型	编号	名称	序号	名称		L	E	C	D			工程技术措施	管理措施	培训教育措施	个体防护措施	应急处置措施			
设备设施	8	电修作业	2	电气设备检修	带电检修	1	2	15	30	4	触电	1. 建立设备运行管理台账，增派设备管理人员进行设备管理；2. 对新购设备性能、原理等进行全面学习了解	1. 电工必须持证上岗；2. 对绝缘用具性能经常性检查，确保绝缘性能满足要求；3. 对井筒内电器设备进行检修时要系好保险带；4. 井下电器设备按要求做好潮湿保护	对操作技术规程进行培训	戴绝缘手套，穿绝缘鞋	关闭电源，立即处理	岗位级	电工	
			3	临时变电所管理	安全管理不到位	1	2	40	80	3	触电、火灾	1. 临时变电所须安装机械和电器闭锁装置，以防误操作，确保供电安全；2. 临时变配电所内、外配备供配电设施和设备，形成井上下高、低压供配电系统，确保生产、生活用电	1. 变电所上锁；2. 严禁配电所周围有易燃物或在配电所附近20 m以内进行明火作业；3. 变压器周围防护到位，安全距离满足要求；4. 配备消防箱1个，消防砂、消防铲2把，灭火器2个	对变电所管理方案进行培训	戴绝缘手套，穿绝缘鞋	关闭电源，立即处理	班组级	电工班	

续表 6-2

风险点			作业步骤		危险源或潜在事件	评分标准				评价级别	可能发生的事故类型及后果	管控措施					管控层级	责任单位	责任人
类型	编号	名称	序号	名称		L	E	C	D			工程技术措施	管理措施	培训教育措施	个体防护措施	应急处置措施			
设备设施	8	电修作业	4	避雷、防火系统管理	避雷设施不合格	1	1	40	40	4	触电	1. 所有电气设备的保护接地装置（包括电缆的铠装、铝皮、接地芯线）和局部接地装置，应与主接地极连接成1个总接地网。接地网上任一保护接地点的接地电阻不得超过2 Ω; 2. 井架安装避雷针，接地点不少于2处，采用厚度不小于4 mm、截面积不小于50 mm²的扁钢接地; 3. 安装火灾报警装置	1. 每年春季对避雷系统进行1次全面检测; 2. 每月对防火报警系统进行1次检查	对避雷系统的设置、检测等知识进行培训	戴绝缘手套、穿绝缘鞋	立即处理	班组级电工班		
			5	供配电系统管理	系统故障	3	2	15	90	3	触电、火灾	1. 冻结孔施工供电电源采用10 kV供电线路，供低压设备使用，低压设备均采用380 V电压供电; 2. 临时变电所内、外配备供配电设施和设备，形成井上下高、低压供配电系统，确保井筒生产、生活用电	1. 各高、低压柜按照要求进行闭锁管理; 2. 检修前关闭总电源，并严格执行挂牌制度; 3. 井筒内电路系统设置防潮保护; 4. 定期对供配电线路进行检查，防止出现老化漏电; 5. 各配电箱和用电设备按照"一机""一闸""一箱""一漏"设置	对供配电系统、检修、原理等知识进行培训	戴绝缘手套、穿绝缘鞋	关闭电源，立即处理	班组级电工班		

续表6-2

风险点			作业步骤		危险源或潜在事件	评分标准				评价级别	可能发生的事故类型及后果	管控措施					管控层级	责任单位	责任人
类型	编号	名称	序号	名称		L	E	C	D			工程技术措施	管理措施	培训教育措施	个体防护措施	应急处置措施			
设备设施	9	综合防尘	1	洒水降尘	作业面空气质量不合格	3	3	15	135	3	硅肺病	1. 安设4台37kW风机通风; 2. 井筒内安装一趟直径700mm玻璃钢风筒,在吊盘以下采用同直径阻燃软风筒连接; 3. 采用湿式凿岩法作业	1. 井筒施工期间,出碴前、出碴过程中进行洒水降尘; 2. 放炮后及出碴期间进行洒水降尘	对呼吸自救器、空气质量检测仪的使用方法及检测标准进行培训	佩戴呼吸自救器、防尘口罩	停止作业,撤离人员	班组级	出碴班、打眼班	
			2	个人防护	未正确佩戴个人防护用具	6	3	15	270	2	硅肺病	触尘作业人员配发防尘口罩,作业期间产生有毒气体的作业人员配发防毒口罩	1. 按照规定定期发放合格的个人防护用品; 2. 上班前对个人防护用品进行确认,并在作业过程中按照要求进行正确佩戴	对个人防护用品的使用、维护及检查进行培训	佩戴呼吸自救器、防尘口罩		项目级安全部		
			3	职业健康管理	未按要求进行职业健康检查	6	3	15	270	2	硅肺病	建立健全职业卫生健康管理制度	1. 按照规定组织入职、离职人员进行职业健康检查; 2. 按照规定组织一年以上触尘作业人员进行职业健康检查; 3. 建立健全职工职业健康档案	对职业卫生健康知识进行培训	佩戴呼吸自救器、防尘口罩		项目级安环部		

续表6-2

风险点			作业步骤		危险源或潜在事件	评分标准				评价级别	可能发生的事故类型及后果	管控措施					管控层级	责任单位	责任人
类型	编号	名称	序号	名称		L	E	C	D			工程技术措施	管理措施	培训教育措施	个体防护措施	应急处置措施			
	10	冻结施工	1	设备检查	安全检查不到位	3	2	40	240	2	机械伤害、其他伤害	按照设备使用及维护说明制定检查制度	1. 按照检查制度每班对设备进行检查，并按照要求填写检查记录；2. 发现设备出现异常情况要立即停机检修，并向项目部报告	对操作规程进行培训	穿防化服，戴防毒面罩	停机处理	项目级绞车班		
			2	日常操作	违规操作	3	2	40	240	2	爆炸、中毒窒息、其他伤害	1. 针对液氨性能和危害后果编制安全技术措施；2. 编制操作规程和注意事项；3. 编制应急救援预案	1. 严格按照操作规程操作，关键施工过程要安排专人监护；2. 每半年针对"液氨"泄漏事件进行1次应急处理演练；3. 定期检查应急物资，并补充更新	对操作规程进行培训	穿防化服，戴防毒面罩	停机处理	项目级绞车班		
设备设施	11	提升机操作	1	班前检查	安全检查不到位	3	3	15	135	3	其他伤害	1. 安装两台JKZ-4×3矿用提升机；2. 安装过卷保护装置、深度指示器，欠压、过流保护装置等	1. 检查各安全装置是否正常；2. 检查深度指示器所标志的位置是否与实际相符；3. 检查工作制动闸是否灵活、是否需要调整；4. 检查润滑油量是否充足、清洁、油压是否正常及各部位是否漏油；5. 检查声光信号是否正常；6. 检查各部件螺栓是否松动	对操作规程进行培训	戴安全帽及防护手套	停机处理	班组级绞车班		

风险点类型	风险点编号	风险点名称	作业步骤序号	作业步骤名称	危险源或潜在事件	L	E	C	D	评价级别	可能发生的事故类型及后果	工程技术措施	管理措施	培训教育措施	个体防护措施	应急处置措施	管控层级	责任单位	责任人
设备设施	11	提升机操作	2	提升机操作	操作不规范	3	3	15	135	3	其他伤害	1. 1点停，2点上，3点下，4点慢上，5点慢下；2. 井口盘以上50 m及井口以下50 m安装自动减速装置	1. 任何情况下无信号或信号不明不得开车；2. 吊桶起、落及穿过喇叭口、井盖门及到达卸碴平台时要按照规定进行减速；3. 运行中随时观察各部件、各仪表等，发现异常情况立即停车；4. 每班交接班前进行空载实验；5. 一人操作一人监护，开车期间思想集中，严禁与人交谈；6. 在提升伞钻、炸药等时，必须按照规定速度操作，严禁超速	对操作规程进行培训	戴安全帽和防护手套	停机处理	班组级	绞车班	
			3	停车检查	检查不到位	3	3	15	135	3	其他伤害	提升机必须安装急停保护装置	1. 提升机长时间停运，应按下"润滑液压泵停止"和"制动液压泵停止"按钮；2. 如遇特殊情况紧急停车，必须全面检查后方可再开车；3. 交接班前对机房卫生和设备油污进行全面清理，并认真填写好相关记录台账	对操作规程进行培训	戴安全帽和防护手套	停机处理	班组级	绞车班	

续表 6-2

风险点类型			作业步骤		危险源或隐患事件	评分标准				评价级别	可能发生的事故类型及后果	管控措施					管控层级	责任单位	责任人
类型	编号	名称	序号	名称		L	E	C	D			工程技术措施	管理措施	培训教育措施	个体防护措施	应急处置措施			
设备设施	12	液压伞钻	1	油压系统	油压系统故障	3	3	15	135	3	机械伤害、其他伤害	编制操作技术方案	1. 定期对油压系统进行维护检查，发现缺油及时添加液压油，添加完毕后拧紧油盖；2. 伞钻每次下井前进行一次全方位的检查，发现问题及时解决，打眼结束井提升至井口后再进行一次全面检查	对操作方案进行培训	戴好安全帽等个人防护用品	停机处理	班组级	掘进班	
			2	供水系统	供水系统故障	3	3	15	135	3	机械伤害、其他伤害	编制操作技术方案	检查钎头，钻杆水针是否畅通，钎杆是否磨直，钎头是否磨损超过规定	对操作方案进行培训	戴好安全帽等个人防护用品	停机处理	班组级	掘进班	
			3	支撑臂	支撑臂支撑不到位	3	3	15	135	3	机械伤害、其他伤害	编制操作技术方案	打眼前将支撑臂支撑到位，并由班组班长检查确认后进行作业	对操作方案进行培训	戴好安全帽等个人防护用品	停机处理	班组级	掘进班	
			4	上下井操作	上下井操作不当	3	3	15	135	3	机械伤害、其他伤害	编制操作技术方案	1. 摘钩、夺钩人员上下必须系好安全带；2. 对提升钢丝绳的完好情况进行检查；3. 定期对提升钢丝绳进行委托检测；4. 伞钻上下井提升吊点悬挂合理、牢固；5. 检查吊环是否可靠、有无松动等现象；6. 对软管收放情况进行监护，过吊盘要专人监护，防止软管挂住吊盘喇叭口	对操作方案进行培训	戴好安全帽等个人防护用品	停机处理	班组级	掘进班	

续表 6-2

风险点			作业步骤		危险源或潜在事件	评分标准				评价级别	可能发生的事故类型及后果	工程技术措施	管控措施				管控层级	责任单位	责任人
类型	编号	名称	序号	名称		L	E	C	D				管理措施	培训教育措施	个体防护措施	应急处置措施			
设备设施	13	抓岩机	1	井下操作	操作系统故障	3	3	15	135	3	机械伤害、其他伤害	编制操作技术方案	1. 检查操作手柄是否在"停止"位置；2. 检查各操作手柄的完好性；3. 检查钻杆、钻头的完好性	对操作方案进行培训	戴好安全帽等个人防护用品	停机处理	班组级	掘进班	
				检查设备	作业前进行全面检查	3	3	15	135	3	机械伤害、其他伤害	编制操作技术方案	1. 检查抓斗吊链上的吊环、链条和环上的焊缝有无开裂脱焊现象，抓片有无变形和脱焊现象，连接杆有无变形；2. 检查钢丝绳磨损及断丝情况，发现断丝、松脱应立即更换；3. 检查回转机构中方向接头的十字球接合处转动是否灵活，销轴是否折断，有无松脱现象；4. 检查缠绳轮轴套磨损是否严重，绳轮轴是否灵活；5. 检查操作阀的动作是否正确，位置是否正确；6. 检查供风管路上有无漏风和损坏的油管，管路接头是否拧紧；7. 清除抓岩机上的浮碴与杂物；8. 工作面除允许悬吊的吊泵外，其他管路缆线不许伸到吊盘以下	对操作方案进行培训	戴好安全帽等个人防护用品	停机处理	班组级	掘进班	

续表 6-2

风险点			作业步骤		危险源或潜在事件	评分标准				评价级别	可能发生的事故类型及后果	管控措施					管控层级	责任单位	责任人
类型	编号	名称	序号	名称		L	E	C	D			工程技术措施	管理措施	培训教育措施	个体防护措施	应急处置措施			
设备设施	14	稳车	1	电控系统	电控系统故障	3	3	15	135	3	机械伤害	制定操作规程	1. 每周对电控系统进行一次全面检查，并做好检查记录；2. 班中运行发现问题及时上报调度室，安排专业人员进行处理	对操作规程进行培训	戴好安全帽等个人防护用品	停机处理	岗位级	电工	
			2	钢丝绳	钢丝绳断丝、直径变小或润滑度不够	3	3	15	135	3	机械伤害	制定操作规程	1. 每周对钢丝绳的断丝情况、直径变化情况进行检查，并填写检查记录，如不符合要求立即上报项目部进行更换；2. 定期对钢丝绳添加润滑脂	对操作规程进行培训	戴好安全帽等个人防护用品	停机处理	岗位级	机修班	
			3	安全闸	安全闸制动效果不良	3	3	15	135	3	机械伤害	制定操作规程	1. 定期进行检查；2. 班中运行过程中发现问题立即停车报请项目部处理	对操作规程进行培训	戴好安全帽等个人防护用品	停机处理	岗位级	机修班	
			4	连接螺栓	各部件连接螺栓松动	1	1	40	40	4	机械伤害	制定操作规程	1. 定期进行检查；2. 班中运行过程中发现问题立即报请项目部处理	对操作规程进行培训	戴好安全帽等个人防护用品	停机处理	岗位级	机修工	

续表6-2

风险点			作业步骤		危险源或潜在事件	评分标准				评价级别	可能发生的事故类型及后果	管控措施					管控层级	责任单位	责任人
类型	编号	名称	序号	名称		L	E	C	D			工程技术措施	管理措施	培训教育措施	个体防护措施	应急处置措施			
设备设施	15	空压机及管路	1	压力装置	安全阀、压力表失效	1	1	40	40	4	容器爆炸	制定操作规程	1. 班前检查，发现失灵立即停机，汇报项目部处理；2. 定期校验	对操作规程进行培训	戴好安全帽等个人防护用品	停机处理	岗位级	机修工	
			2	储气罐	储气罐、气排气阀门失灵	1	1	40	40	4	容器爆炸	制定操作规程	班前检查，发现失灵立即停机，汇报项目部处理	对操作规程进行培训	戴好安全帽等个人防护用品	停机处理	岗位级	机修工	
			3	风包	风包内有积水	1	1	40	40	4	容器爆炸	制定操作规程	随时观察，及时放水，填写记录	对操作规程进行培训	戴好安全帽等个人防护用品	停机处理	岗位级	机修工	
			4		风包温度超限	1	1	40	40	4	容器爆炸	制定操作规程	1. 安装超温保护；2. 设遮阳棚；3. 增加喷淋装置	对操作规程进行培训	戴好安全帽等个人防护用品	停机处理	岗位级	机修工	
			5	检修	带压检修	1	1	40	40	4	容器爆炸	制定操作规程	检修前释放管路内的压力	对操作规程进行培训	戴好安全帽等个人防护用品	停机处理	岗位级	机修工	
			6	闸阀	闸阀损坏或关闭不灵活	1	1	40	40	4	容器爆炸	制定操作规程	班前检查，发现问题及时汇报工区处理	对操作规程进行培训	戴好安全帽等个人防护用品	停机处理	岗位级	机修工	

6.4　超深竖井施工中职业病的预防与控制

6.4.1　职业病的概念

职业病是指企业、事业单位和个体经济组织等用人单位的劳动者在职业活动中，因接触粉尘、放射性物质和其他有毒有害物质等而引起的疾病。

6.4.2　竖井施工中常见的职业病

在竖井施工期间，由于施工环境相对比较密闭，作业空间相对狭小，空气循环速度较慢，所以导致井下产生的有毒有害气体在短时间内不易排出，从而对井下作业人员带来一定的伤害。竖井施工期间常见的职业病见表6-3，其中硅肺病为竖井施工期间最为常见的职业病。

表 6-3　竖井施工期间常见职业病

序号	类别	受伤害部位	明目	常见群体
1	职业性尘肺病及其他呼吸系统疾病	肺部	硅肺	掘进工、出碴工
			水泥尘肺	支护工
			电焊工尘肺	焊工
2	职业性皮肤病	皮肤	电光性皮炎	焊工
3	职业性眼病	眼睛	电光性眼炎	焊工
4	职业性耳鼻喉口腔疾病	耳朵	噪声聋	掘进工、出碴工
			炮震聋	爆破工
5	物理因素所致疾病	手臂	手臂震动病	掘进工
		其他	冻伤	冻结凿井法井下作业人员

6.4.3　硅肺病及其危害后果

硅肺病是由于生产过程中长期吸入大量含游离二氧化硅的粉尘所引起的以肺纤维化改变为主的肺部疾病。随着病情进展或有并发症，可出现不同程度的症状，症状轻重与肺内病变程度往往不完全平行，其主要表现如下：

（1）呼吸困难。会逐渐出现缓慢进展的呼吸困难，以活动后为甚。首先病人感到出气不畅或胸部压迫感，在稍微用力时出现，在休息时很少有类似症状，大多是肺纤维化特别是合并肺气肿所致，也可能是合并感染引起的。气急的存在和严重程度和肺功能损害的程度及 X 线表现不一定平行。晚期患者呼吸困难极为严重，轻微活动甚至休息时也感气短，不能平卧。

（2）咳嗽、咳痰。有吸烟史者，可伴有咳嗽、咳痰等支气管炎症状，咳嗽主要在早晨，有时日夜间断发生，后期常有持续性的阵咳，可能是气管和支气管内神经感受器受硅结节块的刺激所致。无痰，或仅有少量黏痰，在继发感染时会出现脓性痰，咳嗽加重。单纯性硅肺咯血者少见。一般无哮鸣，除非合并有慢性支气管炎或过敏性哮喘，但有些病人由于气管狭窄、扭曲和因纤维化而固定，特别是晚期患者在用力呼吸时会出现哮鸣。

（3）咯血。偶有咯血，一般为痰中带血丝。合并结核和支气管扩张时，会反复咯血，甚至大咯血。

（4）胸闷、胸痛。多为前胸中上部针刺样疼痛，或持续性隐痛，常在阴雨天或气候变化时出现，与呼吸、运动、体位无关。

（5）全身损害状况。不明显，除非合并肺结核或有充血性心力衰竭，休息时有气急者应怀疑伴有严重肺气肿或肺外疾病的可能。除呼吸道症状外，晚期硅肺患者常有食欲减退、体力衰弱、体重下降、盗汗等症状。

6.4.4 硅肺病的预防措施

《中华人民共和国职业病防治法》第一章第三条规定：职业病防治工作坚持"预防为主、防治结合"的方针负责、行政机关监管、行业自律、职工参与和社会监督的机制，实行分类管理、综合治理。

用人单位要严格依照《中华人民共和国劳动法》《中华人民共和国职业病防治法》等法律法规要求，严格遵守国家职业卫生标准，落实职业病预防措施，从源头上控制和消除职业病危害。其主要措施如下：

（1）设置或者指定职业卫生管理机构或者组织，配备专职或者兼职的职业卫生管理人员，负责本单位的职业病防治工作。

（2）制定职业病防治计划和实施方案。

（3）建立、健全职业卫生管理制度和操作规程。

（4）建立、健全职业卫生档案和劳动者健康监护档案。

（5）建立、健全工作场所职业病危害因素监测及评价制度。

（6）建立、健全职业病危害事故应急救援预案。

（7）保障职业病防治所需的资金投入，不得挤占、挪用，并对资金投入不足导致的后果承担责任。

（8）采用有效的职业病防护设施，并必须为劳动者提供符合职业病防护要求的个人防护用品。

（9）对产生严重职业病危害的作业岗位，应当在其醒目位置设置警示标识和中文警示说明。警示说明应当载明产生职业病危害的种类、后果、预防及应急救治措施等内容。

（10）用人单位与劳动者订立劳动合同（含聘用合同）时，应当将工作过程中可能产生的职业病危害及其后果、职业病防护措施和待遇等如实告知劳动者，并在劳动合同中写明，不得隐瞒或者欺骗。

（11）用人单位应当为劳动者建立职业健康监护档案，并按照规定的期限妥善保存。

（12）对职业病防护设备、应急救援设施和个人使用的职业病防护用品，用人单位应当进行经常性的维护、检修，定期检测其性能和效果，确保其处于正常状态，不得擅自拆除或者停止使用。

6.5　竖井施工中的应急管理

6.5.1　应急救援体系

应急救援预案应形成体系，针对各级各类可能发生的事故和所有危险源制订专项应急预案和现场应急处置方案，并明确事前、事发、事中、事后的各个过程中相关部门和有关人员的职责，如图 6-2 所示。

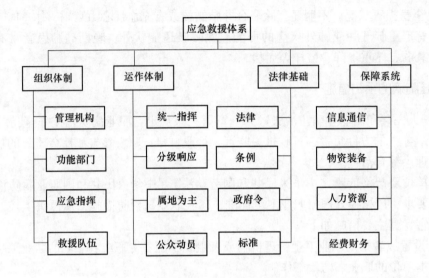

图 6-2　应急救援体系

综合应急预案是从总体上阐述处理事故的应急方针、政策，应急组织结构及相关应急职责，应急行动、措施和保障等基本要求和程序，是应对各类事故的综合性文件。

专项应急预案是针对具体的事故类别（如火药爆炸、冒顶片帮、透水、提升运输等事故）、危险源和应急保障而制定的计划或方案，是综合应急预案的组成部分，应按照综合应急预案的程序和要求组织制定，并作为综合应急预案的附件。专项应急预案应制定明确的救援程序和具体的应急救援措施。

现场处置方案是针对具体的装置、场所或设施、岗位所制定的应急处置措施。现场处置方案应具体、简单、针对性强。现场处置方案应根据风险评估及危险性控制措施逐一编制，做到事故相关人员应知应会、熟练掌握，并通过应急演练做到迅速反应、正确处置。

6.5.2　应急救援管理制度建设

施工企业应该按照"安全第一、预防为主、综合治理"的安全生产方针，规范应急管理工作，依据《中华人民共和国安全生产法》《国家突发公共事件总体应急预案》和《国务院关于进一步加强安全生产工作的决定》等法律法规要求制定应急管理制度，以此来提高对突发事故的应急救援反应速度和协调水平，增强综合处置事故的应对能力，预防和控制次生灾害的发生，保障员工和公众的生命安全，最大限度地减少财产损失、环境破坏和社会影响。

首先应成立以项目负责人为组长的应急救援工作领导小组，一旦发生安全事故，能够快速紧急启动应急救援预案，在最短时间内调动救援队伍，有条不紊地开展应急救援工作，最大限度地减少人员伤亡和财产损失，抑制事故蔓延扩大。

其次应完善各应急保障体系制度，包括应急队伍保障、应急物资保障、应急经费保障、医疗救援保障、治安保卫保障等保障体系，以此来保证应急救援预案启动后能够顺利开展救援工作。

另外要按照要求定期开展应急救援培训与演练。在演练中检验预案的可行性，对于暴露出的不足之处要及时进行补充完善，同时训练演练队伍，真正达到一旦预案启动后能够做到统一指挥、动作迅速、职责明确、科学施救的目的。

6.5.3 超深竖井施工主要危险、有害因素及事故分类

6.5.3.1 主要危险、有害因素分析

根据超深竖井施工特点，建设过程中存在的主要危险、有害因素包括：冒顶片帮、透水、火药爆炸、窒息与中毒、粉（水泥）尘、车辆伤害、机械伤害、触电、高处坠落、物体打击、火灾、噪声、溺水、食物中毒等。其中可能造成重大伤害和严重后果的因素为：冒顶片帮、炮烟中毒、触电、爆炸、机械伤害、高处坠落、物体打击。对人身健康产生长期慢性伤害的因素是：粉尘、噪声。

在项目施工过程中，还存在安全管理缺陷导致的人员伤亡和财产损失，它主要取决于人员、机械设备、施工材料、施工方法、工作环境的稳定程度，相互之间的和谐程度，以及施工过程整体系统的安全管理水平。

6.5.3.2 事故分类

A 按照事故性质分类

a 生产安全事故

项目部生产安全事故主要包括：冒顶片帮事故、透水事故、炮烟中毒与窒息事故、爆（炸）破伤害事故、触电事故、火灾事故、高处坠落事故和物体打击事故、机械伤害事故、车辆运输伤害事故、食物中毒事故等。

b 自然灾害事故

自然灾害事故主要有地震、水灾、台风、雷电、海啸等。

c 社会事故

社会事故主要有瘟疫、战争、灾难等。

B 按照伤害程度分类

按伤害程度并根据《职业安全卫生术语》（GB/T 15236—2008），职工伤亡事故按伤害程度分为：

（1）轻伤事故。指一次事故只有轻度伤害，造成损失 105 个工日以下的事故。

（2）重伤事故。指一次事故只有重度伤害，无死亡且损失工日在105个工日及以上。

（3）死亡事故。指一次事故死亡1~2人的事故。

（4）重大死亡事故。指一次事故死亡3~9人的事故。

（5）特大死亡事故。指一次事故死亡10人以上（含10人）的事故。

C　按重伤、死亡以及经济损失程度事故通常划分为：

（1）一般事故。死亡3人以下，重伤10人以下，一次性直接经济损失1000万元以下的事故。

（2）较大事故。死亡3人以上10人以下，重伤10人以上50人以下，一次性直接经济损失5000万元以下的事故。

（3）重大事故。死亡10人以上30人以下，重伤50人以上100人以下，一次性直接经济损失1亿元以下的事故。

（4）特大重大事故。死亡30人以上，重伤100人以上，一次性直接经济损失1亿元以上的事故。

6.5.4　演练与总结

建设单位每年应至少组织一次综合应急预案演练，每半年至少组织一次现场处置方案演练，如图6-3所示。责任部门应做好演练方案的策划与培训，演练结束后做好总结，并

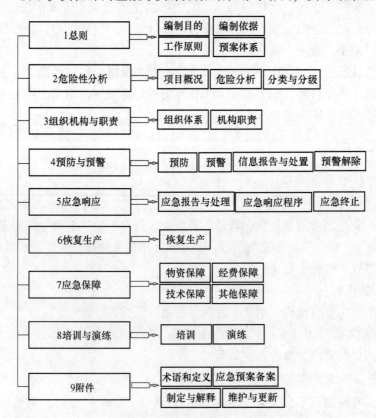

图6-3　竖井施工安全应急预案

对演练过程中暴露的问题加以分析，以及对预案中的不完善之处进行修订改进。然后按照既定流程进行审批和报审，其总结内容包括：

（1）参加演练的部门、人员和演练的地点；

（2）起止时间；

（3）演练项目和内容；

（4）演练过程中的环境条件；

（5）演练动用的设备、物资；

（6）演练效果；

（7）持续改进的建议；

（8）演练过程记录的文字、音像资料等。

7 绿色施工及标准化工地建设

7.1 绿色施工概况及管理要点

7.1.1 绿色施工的概念和现状

绿色施工作为建设全寿命周期中的一个重要阶段，是实现建筑领域资源节约和节能减排的关键环节。绿色施工是指工程建设中，在保证质量、安全等基本要求的前提下，通过科学管理和技术进步，最大限度地节约资源并减少对环境负面影响的施工活动，实现节能、节地、节水、节材和环境保护（"四节一环保"）。实施绿色施工，应依据因地制宜的原则，贯彻执行国家、行业和地方相关的技术经济政策。绿色施工应是可持续发展理念在工程施工中全面应用的体现，绿色施工并不仅仅是指在工程施工中实施封闭施工，没有尘土飞扬，没有噪声扰民，在工地四周栽花、种草，定时洒水等这些内容，它涉及可持续发展的各个方面，如生态与环境保护、资源与能源利用、社会与经济的发展等内容。

绿色施工是可持续发展思想在工程施工中的应用体现，是绿色施工技术的综合应用。绿色施工技术并不是独立于传统施工技术的全新技术，而是用"可持续"的眼光对传统施工技术的重新审视，是符合可持续发展战略的施工技术。

绿色施工并不是很新的思维途径，建设单位为了满足政府及大众对文明施工、环境保护及减少噪声的要求，为了提高企业自身形象，一般均会采取一定的技术来降低施工噪声、减少施工扰民、减少环境污染等，尤其在政府要求严格、大众环保意识较强的城市进行施工时，这些措施一般会比较有效。但是，大多数承包商在采取这些绿色施工技术时是比较被动、消极的，对绿色施工的理解也比较单一，还不能够积极主动地运用适当的技术、科学的管理方法，以系统的思维模式、规范的操作方式从事绿色施工。事实上，绿色施工同绿色设计一样，涉及可持续发展的各个方面，如生态与环境保护、资源与能源利用、社会与经济发展等。真正的绿色施工应当是将"绿色方式"作为一个整体运用到施工中去，将整个施工过程作为一个微观系统进行科学的绿色施工组织设计。绿色施工技术除了文明施工、封闭施工、减少噪声扰民、减少环境污染、清洁运输等外，还包括减少场地干扰，尊重基地环境，结合气候施工，节约水、电、材料等资源或能源，采用环保健康的施工工艺，减少填埋废弃物的数量，以及实施科学管理、保证施工质量等。

大多数承包商注重按承包合同、施工图纸、技术要求、项目计划及项目预算完成项目的各项目标，没有运用现有的成熟技术和高新技术充分考虑施工的可持续发展，绿色施工技术并未随着新技术、新管理方法的运用而得到充分的应用。施工企业更没有把绿色施工能力作为企业的竞争力，未能充分运用科学的管理方法采取切实可行的行动做到保护环境、节约能源。

7.1.2　绿色施工管理

7.1.2.1　设备选型优化与设计改进

在竖井施工中，针对不同工序所采取的设备选型优化与设计改进措施。通过使用液压伞钻、小型电动全液压挖机等新型设备，针对传统设备的不足之处进行改进，提高了施工效率、降低了劳动强度，并在安全、环保、能源消耗等方面取得了显著的优势。

（1）井筒凿岩采用液压伞钻，可改善传统气动伞钻凿岩机噪声大、钻进能力低、耗能大的缺点，凿岩过程中极大地降低了工作面的噪声和粉尘。伞钻凿岩期间，井筒工作面平均噪声低于 85 dB（A），以 YSJZ4.8 型伞钻配 4 台 HYD-200 型凿岩机为例，同时作业时所产生的共鸣、共振声频、声压强度均在可允许范围之内，工作面平均粉尘含量小于 1.0 mg·m³，同时与传统的气动伞钻凿岩机相比较，钎杆、钎头的消耗量同比下降 5% 左右。另外，液压站和钻架分开，施工期间液压站放在吊盘上，大大降低了伞钻上下井提升时的重量，降低了电能消耗量。

（2）采用 MYW6/0.3（20）小型电动全液压挖机进行清底作业，纵向与传统的人工清底作业方式相比，可大大提高工作效率，降低人工劳动强度。横向与传统柴油液压挖机相比较，具有安全性好、灵活性强、效率高、施工速度快、维修简单、耗能低、噪声小、环境污染小、成本低等一系列优点。以 6.5 m 直径井筒为例，清底作业期间，连同挖掘机司机在内，井底工作面仅需 3 人作业，正常情况下可在 1.5 h 内完成 1 次清底工作，极大地降低了该工序作业期间的安全风险。同时挖机在清底过程中还能充分利用大臂优势进行裸露井壁的浮石清理，针对岩石硬度较低或较破碎地层可直接向下挖掘 200~300 mm，有利于加大循环进尺、加快施工进度、降低成本消耗，达到安全、高效、节能、环保的目的。

（3）对卸碴溜槽进行全封闭。竖井凿井施工期间，井下爆破产生的碴石和少量涌水通过吊桶提升至卸碴平台后再通过溜碴槽卸出。碴石从吊桶内倾卸的过程中向下自由滚落撞击溜碴槽底板和侧板，然后碴石之间以无规律形式互相碰撞，瞬间会产生极大的噪声，且音量随单桶提升量的增加、岩石硬度的增加及溜槽长度的增加而增大，同时滚落的碴石飞溅后会对周围行人构成安全威胁，产生了新的安全隐患。所以，在设计初期，通过 CAD 图纸放样，对溜槽上部进行封盖，下端设计活动门，采用电动回柱绞车进行控制。加工期间在溜槽的底板和两内侧板表面铺设 2 cm 厚缓冲胶皮，以减少碴石倾落时撞击溜槽产生的噪声。

（4）对凿井井架实行半封闭。竖井施工期间，通常采用凿岩机打眼，然后采用装药爆破的工艺技术向下掘进，爆破后产生的炮轰波沿井筒向上扩散，穿过井下吊盘再出井口后释放到大气中。为了减少对周围环境的噪声污染，井架吊装完成后对天轮平台以下井架采用 YX12-130-910 型彩钢瓦（厚度为 0.8 mm）进行封闭，可大大减少炮轰波产生的噪声对周围环境的影响，同时可以起到遮挡风雪的目的，这一措施在北方冬季的效果尤为显著。

（5）用玻璃钢风筒来代替以往竖井施工常用的波纹管硬质风筒。该风筒由上下两个部分组成，使用前上下部分之间、风筒与风筒之间均采用法兰连接，组装后再用玻璃胶密封。与以往传统使用的波纹管硬质风筒相比具有材质轻、运输方便、组装简单、漏风量小、风阻小、重复利用率高的优点。

7.1.2.2　加强组织与管理创新

创新性的组织与管理措施旨在确保施工过程中的环境友好和资源充分利用。通过实现碴石零落地排放、废水净化再利用、施工现场能源规范使用等方式，有效降低了对环境的负面影响。同时，实施硬化处理、绿化植被管理、废弃物妥善处理及严格控制污染源，进一步减少了粉尘和污染物的排放，保障周边环境的清洁。分区管理与量化考核相结合的管理制度的引入，则有助于提升整个工业厂区的管理水平，通过定期检查考评，奖励表现优异的区域，惩戒表现不佳的区域，促进全面管理水平的提升。

（1）溜碴槽卸下的碴石直接排至运输车辆，做到碴石不落地，环境零污染。在厂区出、入口位置安装全自动洗车机，车辆通过时可迅速冲洗干净轮胎上的泥土，防止运输车辆对道路造成污染。

（2）安装 PD1010 反击式破碎机，对井下提升上来的部分碴石在场内进行破碎，通过筛选后可用来搅拌混凝土，搅拌好的混凝土又通过底卸式吊桶运输到井下对开挖的井筒进行支护，做到资源的重复利用。

（3）在地面安装空压机用于向井下提供动力源。空压机工作时释放大量的热，采用排风口把空压机释放的热空气输出到一个相对密闭的房间，在该房间内制作简易的晾衣架，作业人员升井后把潮湿的衣服悬挂于此，利用热风进行烘干，可实现资源的综合利用。

（4）安装污水净化设备。井下排出的废水经过排水沟进入沉淀池，经过沉淀后再进入污水净化设备内，通过药剂的净化处理后，可用作冲洗路面、冲厕所、井下养护混凝土、爆破后洒水降尘等用水，实现资源的重复利用。

（5）对厂区进行全部硬化处理，砂石料和易产生扬尘的料堆须采取加盖防止粉尘污染的遮盖物或喷洒覆盖剂等措施。

（6）施工现场使用的热水锅炉等必须使用清洁燃料。不得在施工现场熔融沥青或焚烧油毡、油漆及其他产生有毒、有害烟尘和恶臭气体的物质。

（7）建设工程工地应严格按照防汛要求，设置连续、通畅的排水设施和其他应急设施。

（8）生活区应设置封闭式垃圾容器，施工场地生活垃圾应实行袋装化，并委托环卫部门统一清运。

（9）合理、节约使用水、电。大型照明灯须采用俯视角，避免光污染。

（10）加强绿化工作，搬迁树木需手续齐全；在绿化施工中科学、合理地使用处置剩余农药，尽量减少对环境的污染。

（11）推行分区管理和量化考核管理相结合的办法，对整个工业厂区进行划分，实行分区管理，制定行之有效的考核管理办法，定期检查考评，奖优惩劣。

7.2　安全生产标准化工地建设

7.2.1　安全生产标准化建设背景及意义

2009 年 4 月 15 日，国家安全监管总局依据有关安全生产法律法规及《金属非金属矿山安全标准化规范》(AQ/T 2050.1—2016) 的规定和要求以安监总管一〔2009〕80 号印发《关于加强金属非金属矿山安全标准化建设的指导意见》。该《意见》充分说明加强金属非金属矿山安全标准化建设的重要意义、进一步明确标准化建设的总体思路和工作目标、着力构建加强标准化建设的工作体系、规范金属非金属矿山安全标准化评定程序及工作要求。

近年来，在各级安全监管部门和各类矿山企业的共同努力下，通过开展安全生产专项整治、强化安全生产许可、加强企业安全管理，金属非金属矿山安全生产整体水平不断提高。但部分金属非金属矿山开采不正规、工艺技术落后、设备设施水平低、基础管理薄弱等问题没有根本解决，导致各类生产安全事故频发，事故总量依然较大，重特大事故没有得到有效遏制，安全生产形势依然严峻。在全国范围内强制推进金属非金属矿山安全生产标准化工作势在必行，以促使各类矿山企业逐步建立以风险控制为核心，全员参与、过程控制和持续改进的动态安全管理体系，及时对矿山各个环节的风险进行辨识、预控，最大限度地消除作业过程中可能产生的事故隐患，有效降低事故总量，防范重特大事故发生。同时，加强标准化建设也是实现依法治安的必然要求，是促进金属非金属矿山企业进一步落实安全生产主体责任，逐步建立起自我约束、自我完善、持续改进的安全生产长效机制，实现安全生产形势稳定好转的有效途径。各级安全监管部门和各类矿山企业要进一步统一思想，提高认识，增强责任感、紧迫感，采取切实有效措施，全面加强标准化建设，不断提高金属非金属矿山本质安全水平。

7.2.2　安全生产标准化建设内容与要求

7.2.2.1　安全生产标准化定义

安全生产标准是指通过建立安全生产责任制，制定安全管理制度和操作规程，排查治理隐患和监控重大危险源，建立预防机制，规范生产行为，使各生产环节符合有关安全生产法律法规和标准规范的要求，人、机、物、环处于良好的生产状态，并持续改进，不断加强企业安全生产规范化建设。

7.2.2.2　安全生产标准化主要包含的内容

目标、组织机构和职责、安全生产投入、法律法规与安全管理制度、教育培训、生产设备设施、作业安全、隐患排查和治理、重大危险源监控、职业健康、应急救援、事故的报告和调查处理、绩效评定和持续改进等 13 个方面。

7.2.2.3　安全生产标准化的建设要求

安全生产标准化的建设要求如下：

（1）加强领导，强化宣传。各级安全监管部门和各类矿山企业要加强组织领导，制定和完善工作方案，落实工作责任。要加大工作力度，深入调查研究，定期研究解决重点问题，不断总结经验，改进工作方法，提高工作水平。要大力加强宣传工作，营造浓厚的工作氛围，使各级安全监管部门和各类企业正确理解和把握标准化的总体思路和目标、实施原则、创建步骤、评定方法、监督管理等内容，为正确执行《规范》提供思想保障，推进标准化建设规范、有序开展。

（2）统筹规划，分步实施。要在全面摸清矿山企业基本情况的基础上，根据全国标准化建设的总体目标，研究制定符合各地实际的工作方案，明确各年度工作具体目标。在此基础上，对辖区内企业按照经济性质、矿山种类、生产规模、开采工艺等分门别类进行排队，本着先易后难的原则，有步骤地推进标准化工作。要充分发挥典型示范带动作用，各级安全监管部门可选择本行政区域内 3~5 个不同类型的企业率先开展标准化试点，搞好对试点单位的帮扶，组织专家为试点单位提供技术服务，及时帮助解决试点过程中的困难，及时纠正可能出现的偏差，为试点单位创造良好的工作环境。通过试点积累经验，树立典型，以点带面，全面推进。

（3）突出重点，务求实效。标准化建设是一项长期持久的工作，不可能一蹴而就。在工作方向上应把重点放在促进中小矿山企业开展标准化建设上，推动中小矿山企业不断提升本质安全程度，进一步提高安全管理水平和安全保障能力；在工作方法上把重点放在率先引导规模大、管理强的矿山企业达到相应标准化水平上，发挥大企业的辐射带动作用和对中小企业的帮扶作用；在工作实施上把重点放在加强标准化建设的过程上，不能重考评轻建设、重结果轻过程。要注重工作实效，真抓实干，防止走形式、走过场、做表面文章，防止强调客观、强调困难、敷衍拖延、止步不前。

（4）严格监管，加大投入。《规范》是强制性的安全生产行业标准，金属非金属矿山企业必须严格执行。各级安全监管部门要按照属地分级监管的原则，强化对标准化工作的监管，要制定切实可行的工作规则，规范标准化考评机构行为，加大对考评机构工作过程的监督。对于违反有关规定的考评机构和有关从业人员要依法予以处罚，为标准化考评工作创造良好的工作秩序。要本着服务与监管相结合的原则，加强对各类矿山企业开展标准化工作的指导。对于未按《规范》要求开展标准化建设的企业要及时纠正；对于不按规定开展标准化建设的企业要运用法律、经济、行政的手段督促其尽快启动实施。要加强对矿山企业安全费用提取的监督检查力度，促进矿山企业集中物力、财力加大对安全标准化建设的投入，切实改善安全设施、设备和安全条件，提高安全管理水平。

8 超深竖井新技术、新工艺

8.1 深孔锅底爆破在超深竖井施工中的应用

8.1.1 工程概况

瑞海金矿 2 号措施竖井井口标高为+5 m，井底标高为−1525 m，井深达 1530 m。井筒掘进直径为 7.3 m。岩石坚固系数 $f=8\sim15$，通过注浆堵水，井筒正常涌水量小于 5 m^3/h。井筒设计永久支护混凝土厚 400 mm。采用 YSJZ-4.8 型伞钻打眼，配套 4 台 HYD-200 型凿岩机，15 t 吊葫芦吊挂在翻碴平台下。钻眼前，采用提升机下放伞钻至吊盘下（转挂至专用伞钻提吊稳车上），连接风水管，打开伞钻撑杆撑牢井壁，试钻、钻眼。装岩设备为 HZ-6 中心回转抓岩机，工作能力为 50 m^3/h。采用的防水乳化炸药主要技术参数：药卷长度为 400 mm，药卷直径为 45 mm，炸药密度为 $1.2\sim1.3$ g/cm^3，每卷药的质量为 1 kg；周边眼采用直径 35 mm、每卷药的质量为 0.6 kg、每卷长 500 mm 的防水药卷。为了满足深孔起爆，选用 7 m 长脚线、$1\sim7$ 段半秒延期导爆管雷管。

8.1.2 深孔爆破

竖井爆破中最关键的技术之一就是掏槽爆破，掏槽的好坏直接影响着其他炮眼的爆破效果。因此，必须合理选择掏槽方式和掏槽参数，使岩石完全破碎，形成槽洞，达到较高的槽眼利用率。

8.1.2.1 掏槽爆破形式

竖井掏槽爆破形式归纳起来分为 3 类：斜眼掏槽、直眼掏槽和混合掏槽。斜眼掏槽是一种掏槽方向倾斜于工作面的掏槽方式，适用于各类岩石，多采用楔形掏槽和锥形掏槽。斜眼掏槽一般炮眼数目较少，炸药用药量小，可以充分利用自由面，并且由于爆炸气体在岩石中作用时间长，炸药较集中，能充分利用爆炸能量，易将被破碎的岩石抛出，形成更大的掏槽腔，取得良好的爆破效果，但是斜眼爆破的钻眼方向难以掌握，要求钻眼工人具有熟练的技术水平。另外，炮眼深度受掘进断面的限制，小断面掘进爆破并不适用，爆破下岩石的抛掷距离较远，抛出的爆碴分散，容易损坏支护和设备，不利于出碴。

直眼掏槽是一种掏槽方向垂直于工作面的掏槽方式，能够克服斜眼掏槽受巷道断面大小限制等缺点，爆破效果也较为理想，但是直眼掏槽炮眼较多，炸药用量大。在直眼掏槽中使用较多的是两阶掏槽孔同深和两阶掏槽孔不同深两种，通过对两阶掏槽孔同深和两阶掏槽孔不同深对比试验，发现两阶掏槽孔同深的槽腔体积较大，炮眼利用率较高。

混合掏槽是两种以上的掏槽方式混合使用，一般为直眼掏槽和斜眼掏槽混合形式，两种掏槽方式的结合使用正好弥补了各自的缺点，而且爆破效果也非常好。瑞海金矿 2 号措施竖井采用混合掏槽形式，两阶直、斜眼掏槽，一阶斜眼插角为 83°。

8.1.2.2　掏槽爆破参数

本节主要介绍掏槽爆破参数。

（1）掏槽孔布置。掏槽爆破主要是利用炸药爆炸对岩石的破裂作用，使槽腔内的岩石充分破裂，因此可以利用裂隙圈半径公式确定炮眼间距 d 和炮眼布置圈径 D，通常 $d<r$，$D<2r$，r 为破裂区半径。根据爆炸应力波计算破裂区半径：

$$r = \left(b \frac{p_1}{s_T} \right)^{\frac{1}{\alpha}} r_b \tag{8-1}$$

式中　r——破裂区半径，mm；

　　　s_T——岩石动载抗拉强度，MPa；

　　　p_1——作用于孔壁的初始径向峰值应力，N；

　　　r_b——炮孔半径，mm；

　　　b——切向应力与径向应力的比值，其值与岩石泊松比有如下关系：

$$b = \frac{\gamma}{1 - \gamma}$$

　　　α——应力波衰减系数，其值与岩石泊松比有如下关系：

$$\alpha = 2 - \frac{\gamma}{1 - \gamma}$$

　　　γ——岩石泊松比。

耦合装药时：

$$p_1 = \frac{1}{4} \rho_e D_e^2 \frac{2\rho_m C_P}{\rho_e D_e + \rho_m C_P} \tag{8-2}$$

式中　p_1——耦合装药时孔壁的初始径向峰值应力，N；

　　　ρ_e——炸药密度，kg/m³；

　　　D_e——炸药爆速，m/s；

　　　ρ_m——岩石密度，kg/m³；

　　　C_P——纵波波速，m/s。

不耦合装药时：

$$p_1 = \frac{1}{8} \rho_e D_e^2 \left(\frac{r_c}{r_b} \right)^6 n \tag{8-3}$$

式中　p_1——不耦合装药时孔壁的初始径向峰值应力，N；

　　　ρ_e——炸药密度，kg/m³；

　　　D_e——炸药爆速，m/s；

　　　r_c——装药半径，mm；

　　　r_b——炮孔半径，mm；

　　　n——爆炸生成气体碰撞岩壁时产生的应力增大倍数，取 8~11。

由于掘槽炮孔直径为 50 mm，药卷直径为 45 mm，不耦合装药，因此按式（8-3）计算孔壁的初始径向峰值应力，然后代入式（8-1）中计算，得出结论：在 2 m 的圈径内都会产生裂隙。

采用 YSJZ-4.8 型伞钻打眼，最小打孔圈径为 1.6 m，根据大红山项目的经验与工程实践中的微调，最终确定一阶掘槽眼圈径为 1600 mm，共 8 个炮眼，炮眼间距为 626 mm；两阶掘槽眼圈径为 1800 mm，共 8 个炮眼，炮眼间距为 707 mm。掘槽眼均布置在裂隙区范围内。爆破参数见表 8-1。

表 8-1 瑞海金矿项目 2 号措施井深孔爆破设计参数

名称	圈径 /m	序号	眼数 /个	眼距 /mm	角度 /(°)	眼深/m		装药量			起爆顺序
						垂深	小计深度	卷/眼	小计		
									卷	kg	
掘槽眼	1.6	1~8	8	626	83	5.1	40.8	10	80	80	I
	1.8	9~16	8	707	90	5.1	40.8	10	80	80	II
一级辅助眼	2.9	17~27	11	828	90	5.1	56.1	8	88	88	III
二级辅助眼	4.0	28~40	14	898	90	5.1	71.4	7	98	98	IV
三级辅助眼	5.1	41~57	18	890	90	5.1	91.8	7	126	126	V
四级辅助眼	6.2	58~78	22	885	90	5.1	112.2	7	154	154	VI
周边眼	7.2	79~117	39	580	91	5.1	198.9	5	195	117	VII
合计			117				612.0		821	743	

（2）掘槽药量。掘槽爆破不仅要破碎岩体，而且还要把破碎的岩体抛出槽腔，形成新的自由面和掘槽腔，所以掘槽爆破的单位炸药用药量要比其他炮孔的多。掘槽药量理论上可通过体积药量计算，并在理论计算量的基础上加 20%~40%。

$$Q = \frac{\pi D^2 \eta l_{\mathrm{b}} q}{4N} \tag{8-4}$$

式中　Q ——单个槽孔装药量，kg；

　　　η ——炮眼利用率，%；

　　　l_{b} ——炮孔深度，m；

　　　q ——炸药单耗，kg/m³；

　　　N ——炮孔数，个。

综合考虑钻眼速度和钎杆磨损情况，确定炮孔深度为 5.1 m，圈径按 1.6 m 计算，炸药单耗确定为 3 kg/m³。按式（8-4）理论计算单孔装药量为 4.85 kg，因为掘槽孔比一般炮孔药量多，经过现场试验和理论计算，$f=8\sim15$，超深孔，最终确定掘槽眼的单孔装药量为 8~10 kg。

8.1.3　深孔锅底爆破技术

炮眼由井筒中心向外逐圈提高落底高度，使每个循环爆破后形成类似于锅底形工作面，统称为锅底爆破，是一种新的爆破技术。井巷施工中影响井巷掘进速度的一个重要因素就是清碴和排水排浆工作，锅底爆破后废石和水浆自动集中于锅底中央，提高了集碴速度、清底质量和排水排浆效率。锅底爆破还具有扩大自由面、减少岩石夹制作用，提高其他炮眼的利用率等一系列优点，所以在工程实践中被广泛应用。

瑞海金矿 2 号措施竖井采用锅底爆破，分区、划片钻眼，一圈掏槽眼落底高度不变，二圈掏槽眼落底高度为 50 mm，一圈辅助眼落底高度为 130 mm，二圈辅助眼落底高度为 250 mm，三圈辅助眼落底高度为 420 mm，四圈辅助眼落底高度为 630 mm，周边眼落底高度为 860 mm。为方便小型挖机清底，锅底按 8 m 曲线半径设计。锅底爆破如图 8-1 所示。

瑞海金矿 2 号措施竖井井筒共钻 7 圈炮眼，炮眼总数为 120 个。掏槽眼 2 圈，辅助眼 4 圈，周边眼眼底落在掘进轮廓线上，辅助眼均匀布置于掏槽眼和周边眼之间。采用两阶直、斜眼掏槽，大直径深孔，锅底，光面爆破、锅底爆破。

深孔锅底爆破技术大大提高了井巷掘进速度和效率，在 $f = 8 \sim 15$ 条件下，深 1500 m 的 2 号措施竖井井筒最高月进 156 m，平均进度 112 m。深孔锅底爆破在施工中起到了很好的作用，值得推广。

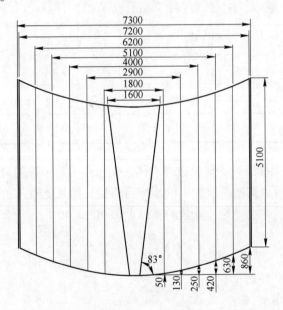

图 8-1　深孔锅底爆破示意图（单位：mm）

8.2　超深孔光面爆破在竖井施工中的试验与研究

8.2.1　工程概况

瑞海金矿 2 号措施竖井采用 YSJZ-4.8 型伞钻打眼，采用的防水乳化炸药主要技术参数：药卷长度为 400 mm，药卷直径为 45 mm，炸药密度为 $1.2 \sim 1.3$ g/cm^3，每卷药质量为 1 kg；周边眼采用直径为 35 mm、每卷药质量为 0.6 kg、每卷长为 500 mm 的防水药卷。为了满足深孔起爆，选用 7 m 长脚线，$1 \sim 7$ 段半秒延期导爆管雷管。

8.2.2 现场实验方案

光面爆破是一种爆破后使断面岩体表面平整光滑的控制爆破技术，它的好坏直接影响断面成型是否规整及能否减少爆破冲击波和应力波对周边围岩的影响，因此井筒爆破均应采用光面爆破技术，在实际施工过程中必须在理论知识的基础上对光面爆破参数进行优化。

8.2.2.1 炮孔间距

光面爆破的机理为相邻两炮孔装药同时起爆后，爆炸应力波由炮孔向四周传播，在各自炮孔壁上产生初始裂隙，然后在爆生气体"气楔"作用下使裂隙延伸扩大，最后贯穿形成平整断面。因此，合理的炮孔间距应能保证贯穿裂隙完全形成。炮孔间距可用式（8-5）求解：

$$d_1 = 2r_k + \frac{p_b}{s_T} d_b \tag{8-5}$$

式中　d_1——周边孔间距，m；

　　　r_k——每个炮眼产生的裂缝长度，mm；

　　　p_b——爆炸气体充满炮眼时的静压，N；

　　　s_T——岩石动载抗拉强度，MPa；

　　　d_b——周边孔直径，mm。

现场多依据经验公式：

$$d_1 = (10 \sim 15)d_b \tag{8-6}$$

式中　d_1——周边孔间距，m；

　　　d_b——周边孔直径，mm。

根据药卷直径为 40 mm，取炮孔直径为 45 mm，由式（8-6）作指导，通过现场试炮，确定按 $d_1 = 13d_b$。计算最优，得到 $d_1 = 585$ mm，考虑到药孔平均分布，最终确定 $d_1 = 580$ mm。

8.2.2.2 最小抵抗线和炮眼邻近系数

周边眼的最小抵抗线决定着光爆层岩石能否适当地破碎，而确定周边眼的最小抵抗线在于合理地选择装药邻近系数 m。根据工程实践经验，m 值应该根据工程中岩石的坚固性来选择，一般情况下，$m = 0.8 \sim 1.0$。理论研究和工程实践表明光爆炮孔密集系数可以适当增大，但也不宜超过 1.2。

最小抵抗线可通过式（8-7）求得：

$$w = \frac{q_b}{q d_1 l_b} \tag{8-7}$$

式中　w——最小抵抗线，m；

q_b——炮眼内的装药量，kg；

q——爆破系数，相当于单位耗药量，对 $f = 4 \sim 15$ 的岩石，q 的变化范围为 $2 \sim 6$ kg/m^3；

d_1——周边孔间距，m；

l_b——炮眼长度，m。

周边眼每孔为 8 卷药卷，炮眼内装药量 q_b 为 3 kg，炸药单耗 q 确定为 2.5 kg/m^3，d_1 为 580 mm，l_b 为 5.1 m，通过计算可得最小抵抗线 $w = 0.4$ m。在工地通过单炮孔爆破漏斗实验，确定最小抵抗线 $w = 0.5$ m。

8.2.2.3　装药结构和起爆方式

周边眼的作用主要是形成规整的断面和稳定的围岩，所以周边眼一般采用不耦合装药结构。不耦合装药结构又大致分为径向间隙不耦合和轴向垫层不耦合装药。轴向垫层不耦合装药结构多以水、空气和柔性材料为间隔介质。研究表明采用轴向垫层不耦合装药结构能够获得较好的光面爆破效果，是一种较为理想的光面爆破装药形式。

周边眼的起爆方式分为正向起爆和反向起爆，正向起爆即为起爆药位于炮孔上部，反向起爆为起爆药位于炮孔下部。

瑞海金矿 2 号措施竖井周边眼采用反向装药结构，孔内用水炮泥装填，孔口用炮泥堵塞。炸药爆炸时，水炮泥相当于水雾和空气，由于空气介质的存在，降低了冲击波的峰值压力，减少了药柱周围围岩的破碎，同时空气介质增加了爆生气体在岩石内的作用时间和应力场强度，炸药的能量得到充分利用，使岩石破碎均匀，周边眼眼痕完整，岩壁规整无裂缝。水炮泥对降低工作面温度也有较好作用。

8.2.3　爆破效果分析

通过对光面爆破关键技术的研究，提出了切实可行的技术参数，并在瑞海超深竖井施工中得到应用，$f > 15$，炮眼深 5.1 m，炮眼利用率在 90% 左右，循环进尺达到 4.5 m，周边眼眼痕率达到 82%，取得了令人满意的爆破效果，见表 8-2。

表 8-2　瑞海金矿项目 2 号措施竖井超深孔爆破效果

指标名称	单位	数量	指标名称	单位	数量
炮眼利用率	%	88	单位体积炸药消耗量	kg/m^3	4.31
循环进尺	m	4.5	单位体积雷管消耗量	个/m^3	0.637
每循环爆破实体岩石量	m^3	188.34	单位进尺炸药消耗量	kg/m	180.67
每循环炸药消耗量	kg	813	单位进尺雷管消耗量	个/m	26.67
每循环雷管消耗量	个	120	单位体积原岩炮眼长度	m/m^3	3.25

8.3　竖井钢模板液压系统保护装置

竖井施工钢模液压系统主要由液压油缸、油管、阀伸缩顶杆等组成，主要起收缩、支撑模板作用。在掘砌施工作业当中，钢模液压系统要承受爆破时产生的爆破飞石和冲击波的作用，很容易导致钢模液压系统的损坏，液压油缸、油管、阀、伸缩顶杆等都易被飞石击中而损坏，导致漏油、油缸损坏等不安全的情况，以及导致液压系统不能正常使用，增加了钢模维修量，从而影响砌壁施工进度。

瑞海公司施工的瑞海矿业进风井井筒净径 6.5 m，深 1530 m，岩石硬度系数达 10 级，井下混凝土浇筑用的大型钢模板要承受 380 多次的爆破冲击（每次 850 kg 左右的炸药爆破），这给钢模板收缩用的液压系统增加了维修量。为减少维修量，瑞海公司对液压系统防护进行了改造，做了防护处理。在液压系统的表面安装活动保护罩（用槽钢或者角钢制作的保护罩），放炮过程中可保护液压油缸、油管、阀、伸缩顶杆等不被损坏，收缩钢模板时可打开活动保护罩，操作简单，使用效果良好。进风井掘砌过程中，根据统计，井筒每掘砌 400 多米需要维修一次，主要是更换保护罩，因为在石块的长期冲击下保护罩发生了变形或者脱焊等损坏。保护罩平常基本不用维护，并且使用方便可靠。这一改进降低了钢模维修成本，节约了维修时间，提高了工作效率，为竖井快速化掘砌施工起到了降本增效的作用。

8.4 竖井三层吊盘立柱连接装置及吊盘配重装置

竖井施工时，吊盘既是掘砌工作盘，也是稳绳盘。为了竖井施工，吊盘往往至少由 2 层或 3~4 层组成，每层盘之间的连接比较关键，既要达到连接的目的又要有足够的强度保证连接可靠，还要有足够的刚度，避免在放炮冲击时盘与盘之间变形以及吊桶、材料不能正常通过。为使吊盘工作和升降时安全，增大工作空间，并能在井筒安装罐道梁时利用，设计了间距在 4.0~4.6 m 之间的框架结构。

吊盘之间的连接立柱由多种形式组成，如钢丝绳、角钢、钢管、工字钢等，每种型材的应用都有其优点和缺点，瑞海公司常用工字钢做吊盘立柱。工字钢做立柱有足够的强度和刚度，并且制作工艺简单，可以节约施工时间，实用性强，能满足施工要求。

立柱与吊盘之间、立柱与立柱之间统一用钢板连接、8.8 级高强度螺栓固定。经过多年加工制作工艺改进以及实践应用，这种标准化设计已经很成熟，并且满足多种井筒施工要求。

随着井筒的不断加深，吊盘悬吊也逐渐加深，稳罐绳摆动幅度将随着变大，所以吊盘的配重极为重要。吊盘上配有中心回转抓岩机、伞钻液压站、水泵、水箱等机械设备。一般井筒施工没有水时将用不到吊盘水泵及水箱，那么吊盘就会偏轻或者偏重，导致稳罐绳受力不一样，张紧度程度不同，摆动振幅不同，吊桶运行就会不稳定。为了避免这种问题的发生，在吊盘设计时就要考虑设备配置问题，应该合理配置设备、布置设备，使吊盘达到平衡，以确保吊桶上下平稳运行。

8.5 高效装岩清底施工技术

为提高竖井机械化施工水平，降低施工人员劳动强度，加快施工进度，井筒掘进施工采用挖掘机来完成装碴、清理井壁浮石、清底等辅助工作。一般施工的井筒因空间较小，配置的挖机也相对较小，小挖机工作效率是中心回转抓岩机的40%左右，所以在小井筒出碴时都不用挖机出碴，直接用中心回转抓岩机出碴；但是对于井筒直径较大的工作面，可用挖机配合抓岩机装碴、清理抓岩机抓不到的碴石及进行清底工作，效果良好。

井下用的挖机又分为电动（电驱动）挖掘机和柴油（柴油驱动）挖掘机，两种类型的挖掘机都适用于竖井施工。电动挖掘机没有尾气排放，减少了空气污染，给工作面人工施工创造了良好的施工环境，常规的通风就可以，但是要克服没有电源就无法移动的缺点；柴油挖掘机比较灵活，可以自由移动，没有约束力，但是有尾气排放，污染了工作面空气，需要加强工作面的通风，通风要求很高。

挖掘机在竖井施工中的优点：

（1）挖机在表土段施工时配合中心回转抓岩机开挖井壁时使用效果较好，可以很好地控制井筒超欠挖，与人工使用风镐、洋镐、铁锹等开挖井壁相比，可以省时省力，节约成本。

（2）用挖机清理基岩段井壁浮石、松碴效果较好，并且可以避免人工清理时存在的危险。

（3）挖机在井筒直径较大时，可配合抓岩机装碴。大型井筒因空间较大，虽然配置了2台及以上的抓岩机装碴，但还是有抓岩机抓碴盲区，这时就需要用挖掘机来挖掘盲区的碴土及碴石等，并协助抓岩机进行装碴工作。

（4）挖机清底有很好的效果。常规都是人工配合中心回转抓岩机清底，需要的人工多，费力费时，而且清底不彻底。清底不彻底常常会导致在打钻时卡住钎杆。而采用挖机清底不但可以减少劳动力，而且可以把工作面90%以上松动的碴石全部清理干净，给打钻创造一个很好的工作面，不论打钻还是装药效果都很好。

挖机下井注意事项：挖机外形尺寸相对于井筒各盘面通过口尺寸较大，各盘面通过空间较小，挖机在下放和提升时，工作人员必须在封口盘、吊盘喇叭口等各盘口目接目送，确保挖机顺利通过。

8.6　竖井细砂岩含水层工作面预注浆施工

8.6.1　工程概况

大贾庄铁矿位于河北省滦南县，距唐山钢铁集团有限责任公司55 km，北距京山铁路滦县车站约15.0 km，西距迁（安）曹（妃甸）铁路约4.0 km，平青大道从矿区东侧通过，交通运输十分便利。

矿区位于滦河流域平原区冲积扇及滦河河漫滩阶地上，地面标高一般在15~20 m。滦南县地处北温带，属典型的半干旱大陆性气候。冬夏季较长，冬季多西北风，风沙较大，夏季多东南风，炎热多雨，降雨量集中在6~8月份，历年平均气温10.5 ℃，最高气温41.6 ℃，最低气温-24 ℃。历年平均降水量684.6 mm，最大一日降雨量259.6 mm，蒸发量1495.67 mm。冰期在每年12月至次年3月，最大冻结深度0.8 m。

大贾庄铁矿1号回风井井筒净直径6.5 m，井筒深度409 m，井筒水窝深17 m，井筒地面标高+18.7 m，井筒布置-342 m 和-392 m 两个水平。-342 m 水平为南北双向马头门，宽 11 m。-392 m 水平为北侧单向马头门，宽 11 m。

8.6.2 施工方案

预留 10 m 保安岩柱，再浇筑 2 m 止浆垫，然后在井筒工作面打 60 m 深孔，对井筒 -327～-372 m 段细砂岩含水层进行注浆堵水，然后进行井筒正常掘砌，穿过含水层后，最后采用井筒壁后注浆，将此段含水层涌水量控制在 0.5 m³/h 之内。

8.6.2.1 预留止浆岩帽的条件

（1）根据工作面水文地质情况，在工作面预留 10 m 厚岩石作为保安岩柱、止浆岩帽。

（2）必须在预计的含水层顶板上部留有足够厚度的致密不透水层。

（3）能掌握预留的位置。

（4）有中硬或坚硬的预注浆层。

8.6.2.2 浇筑止浆垫

（1）井筒掘砌达到-317 m 预定深度时，停止掘进。

（2）井筒浇筑至-317 m。

（3）井筒清底，浇筑 2 m 厚 C30 混凝土的止浆垫；在井筒西北侧预埋涵管，便于安装风泵排水。

（4）止浆垫混凝土浇筑好后，等凝 5～7 天，混凝土强度方可满足要求。

8.6.2.3 孔口管埋设

（1）采用先钻孔、后埋设的方法。

（2）开孔采用 φ130 mm 的钻头，钻孔深 4 m。

（3）用 φ108 mm 的钢管做孔口管，长度 3.5 m；工作面留 300 mm 长，孔内埋设 3.2 m。

（4）在孔口管上缠绕黄麻后，用钻机顶入钻孔内，或用大锤锤入。

（5）孔口管插入孔底，加盖法兰盖，再继续用双液浆进行加固。

（6）养护 2～3 天，即可钻孔，进行耐压试验。

（7）打一孔，注一个孔，拆一个孔。帮部注浆管 12 个根，井筒中间注浆孔 5 个，可根据具体钻孔的涌水情况，增减注浆孔。

8.6.2.4 钻注浆孔、注浆

根据施工方案要求，井筒细砂岩段含水层在-327～-372 m，注浆段高度为 45 m。边打边注，打一个孔注一孔。

A 钻注孔设计

（1）钻注段高为 55 m；

（2）钻注孔 17 个（含中心效果检查孔 3 个），钻机开孔顺序：先注外侧钻孔，逐个打孔注浆。钻机开孔角度沿孔口管方向，并严格控制，钻孔偏斜率不大于 0.5%。

（3）钻孔终端荒断面外伸 2.5 m；

（4）钻孔量 935 m（17 个×55 m/个）。

B　工作面预注浆参数、材料

a　注浆参数

（1）注浆压力及终压。注浆压力是推动浆液在含水裂隙中运动、扩散、压实的动力，注浆压力通过人为控制，分为初期、中期、后期和终期，压力由低到高逐步达到终压，从终期往前推算，每个期间大约小 1 MPa。

注浆终压根据以往施工经验，定为 10 MPa。

（2）浆液扩散半径。为缩短施工工期，保证注浆质量，此次注浆扩散半径控制在 3~4 m。

（3）注浆钻孔布置。为了尽可能穿透注浆范围内的裂隙，提高注浆效果，采用小螺旋状的同心圆布置钻孔，切向角 β 取 150°~160°，径向角 α 取 6°~7°，注浆孔数目取 17 个，注浆孔圈径 6.5 m，注浆孔间距 1.7 m。

（4）浆液注浆量。经计算，单孔注入浆量为 10.8 m³，17 个钻孔的浆液注浆量为 183.6 m³。其中，水玻璃的用量为 183.6 m³×0.643 t/m³×20% = 23.6 t；水泥用量为 183.6 m³×0.75 t/ m³ = 137.7 t。

b　注浆材料

注浆材料有单液水泥浆、水泥-水玻璃双液浆。受注孔采用水泥单液浆，用于封堵较大裂隙出水；水泥双液浆用于加固止浆垫、跑浆、控制浆液扩散半径。此次注浆采用以单液浆为主、双液浆为辅的原则，对于含水层出水大的地段采用双液浆。

单液水泥浆配比：1.0:0.5（水灰比）；1.0:0.6（体积比）。

双液浆配比：1.0:1.0（体积比）。

8.6.2.5　基本数据汇总

（1）井筒净径 $D = 6.5$ m；

（2）井筒荒断面直径 $D = 7.3$ m；

（3）井筒壁混凝土支护厚度 $d = 0.40$ m；

（4）注浆孔深度 55 m（−317~−372 m 段）。

8.6.3　施工工艺

8.6.3.1　搭建工作平台

在止浆垫以上 1.5 m 的位置搭设钻机工作平台，平台搭设架可利用原有平台，采用 50 mm 厚木板铺好，并与井壁支撑牢固，防止摆动。工作台中部不铺木板，以便放置水泵笼头。工作台与工作面间设梯子，便于人员上下和操作注浆机具。梁下用 150 mm 圆木做顶柱，保证平台平稳牢固。确认安全可靠后，将风、水、电管线接至工作平台。

8.6.3.2　工作面预注浆

用液压钻进行钻孔作业，在钻进施工中，如发现孔口管出现涌水，及时拔出钻杆并关闭高压球阀，在球阀上安装焊接一寸管的法兰盘对出水孔口管进行注浆。注浆完成后复孔继续钻进，若再出现涌水，重复上一程序，即发现涌水，停止钻进；注浆、堵水，复孔再钻，直至达到注浆段高要求。

A　注浆工艺

为保证注浆效果，施工时根据单孔漏水及压水试验，确定浆液性质与注浆材料。需要注水泥-水玻璃双液浆时，常采取"单液—双液—单液"注浆工艺方法。接好双液注浆系统，先注单液水泥浆，过一段时间启动水玻璃泵，开始注水泥-水玻璃双液浆，经过较长时间后，在流量都接近注浆标准时，停注水玻璃，只注单液水泥浆，直至结束。注浆采用孔口压浆的方式进行。

注浆工艺流程：当钻孔钻进到终孔或出现涌水后，先进行压水试验，然后进行注浆施工作业。其流程为：涌水（终孔）—接输浆管路—启动注浆设备—浆液选用及调整注浆参数—达到注浆压力—关闭进浆阀门—进入下一循环（结束）。

B　浆液选用条件

当钻孔涌水时，应立即停止钻进提出钻具，冲洗钻孔 10~15 min，并密切观察涌水情况，及时掌握出水的稳定性及水质，并进行压水试验，以确定浆液的选用，具体条件如下：

压水试验后：

（1）注浆压力小于 4 MPa，单孔出水量大于 10 m³/h，选用单液水泥浆。

（2）在注浆过程中，若出现井壁串浆或单孔注入量大于 10 t 时，应适时选用水泥-水玻璃双液浆。

8.6.3.3　注浆作业

（1）注浆压力控制。注浆压力变化总趋势是由低到高，直到终压，达到终压时只维持 20~30 min 即可。

（2）注浆泵量控制。注浆泵量是按压力要求控制和调整的，压力升高超过设计值很多时，泵量要调小，反之压力降低很多时泵量要调大。

（3）浆液浓度和配比控制。根据压水泵量，选择浆液起始浓度。每次注浆时，水泥浆液的浓度一般先稀后浓，若压力不足，进浆量不减时，应逐级加大浆液浓度；反之，若压力上升快，应依次降低浆液浓度。在注浆过程中，如发现泵压缓慢上升，吸浆量相应减少，预计达到终压而不影响浆液注入量，浆液配比可不调整，直至终压终量为止，保持 20~30 min 结束注浆。若不能达到终压，可加浓到水灰比为 0.8∶1，直至注浆结束。

（4）注入量控制。注入量控制只能凭经验分析判断，如一个孔注入量过多，采取注注停停，或加大浆液浓度，可采用复注达到"三量"标准（即注浆终压、注浆泵量和浆液注入量），注浆终压为 10 MPa，注浆终量为 30~40 L/min。钻孔时间应超过 6 h，即该孔的复注应等待另一个孔的钻注完成后进行。在注浆过程中，经加大浆液浓度或使用双液注浆，注浆量已达到设计注浆量，但吸浆量仍很大时，应停止注浆，使浆液在孔隙中凝固 12 h，再扫孔进行复注。

（5）注浆记录整理。由技术员把本班打钻、注浆的工程量、材料消耗、施工质量等认真填写在记录本上，并整理存档，为检查和分析注浆效果提供依据。

8.7　竖井探水注浆施工的防突水顶钻装置

在遇到复杂地质含水层时，必须进行超前探水工作。为防止探水钻孔过程中突发大的涌水造成淹井事故，必须有防止突发涌水的措施。

瑞海公司根据现场情况设计了一种防突水装置，效果很好。这种防突水装置由直通闸阀、钻杆套管、旁通阀、止水法兰四部分构成，止水法兰中有防水密封圈。防突水装置及其安装如图 8-2 所示。在探水钻机、孔口管安装好后，将防突水装置通过法兰连接安装在孔口管上，钻杆穿过防突水装置、孔口管进入地层进行探水工作。正常钻进时直通闸阀、旁通闸阀都是打开的，地下涌水通过旁通阀流出。在发生超大涌水，涌水量超出排水系统流量而无法控制时，立即拧紧上部止水装置法兰螺栓，压紧法兰内密封圈，此时密封圈会将钻杆裹紧；再将旁通阀关闭，涌水就封闭在套管内，不会发生淹井事故。拆卸钻杆时，可将上部止水装置法兰螺栓回旋几圈，让钻杆可以自由通行，同时将涌水量控制在水泵流量范围内；然后启动钻机将钻杆一根一根地卸掉，卸到只剩配有钻头的钻杆时再将最下面的直通闸阀关闭，这样水就被堵在直通闸阀以下了；最后拆除防突水装置，按既定方案进行注浆堵水。

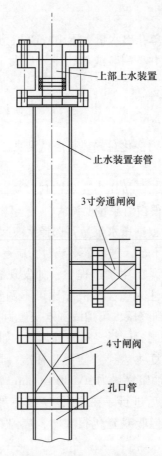

图 8-2　探水防突水装置

（3寸：对角线长 12 cm。4寸：对角线长 13.2 cm）

8.8 复杂含水层竖井施工综合探控与注浆堵水关键技术

超深竖井因具有空间范围大、水压高、水量大的特点，从施工设计开始就必须有打干井的考虑，施工中须采取防、排、堵、截等的综合治水措施。首先必须坚持"有疑必探、先探后掘"的探水原则，并保证排水能力，为安全、快速、优质施工创造条件。治水方法有工作面探水、工作面预注浆、工作面直接注浆、壁后注浆。下面以某矿措施井筒为例进行具体描述。

8.8.1 工作面探水

工作面探水分为短探及长探两种，短探采用伞钻先打 5 m 探水，再套眼加深。探 8~10 m，掘 4~5 m，预留 3~5 m 岩柱。长探采用潜孔钻机打眼，深度不大于 50 m，长探结合预注浆进行，必须预留岩帽或施工混凝土止浆垫，保证排水能力，预埋孔口管并安装高压阀止水防止发生淹井事故。

8.8.2 工作面预注浆

8.8.2.1 止浆岩帽、止浆垫施工

A　止浆岩帽预留

围岩条件较好，无明显断层及裂隙，井筒涌水量不大时，可采用预留止浆岩帽方式，先将井底余碴清理干净，沿裂隙打孔，插钢管将水导出，在井筒工作面铺设 500 mm 厚左右混凝土，将混凝土表面整平以便于布置钻孔设备。止浆岩帽高度不少于 4 m（通过计算水压确定），先手抱钻或伞钻打眼注双液浆加固止浆岩帽，再打眼探水预注浆。

B　混凝土止浆垫施工

先将井底余碴清理干净，在井筒中心布置 2 根 6~8 m 长的钢管，钢管直径为 350~450 mm，壁厚不少于 5 mm，两根钢管间距 1~1.2 m。在吊盘下采用钢丝绳悬挂，钢管下部 2 m 左右密集割孔，钢管触底（井底），周边用大块石块稳定钢管。钢管顶部焊接法兰盘用于固定封口铁板及高压阀。采用底卸式吊桶下放碎石至井底铺垫作为滤水层，滤水层高度 2 m 左右，滤水层碎石铺满井底后整平，然后下放潜水泵至中心钢管内排水至吊盘水箱内。在滤水层上先密铺一层彩条布，彩条布上密铺一层油毡，油毡上再密铺一层彩条布，将止浆垫混凝土与滤水层碎石隔开，井筒周边彩条布应围住井壁并高于滤水层 500 mm 左右。

采用底卸式吊桶下放混凝土至井底浇筑混凝土止浆垫，混凝土止浆垫厚 3~5 m，采用 C50 标号以上混凝土，内掺膨胀剂及速凝剂，防止大体积混凝土冷凝后体积收缩及加快混凝土凝固，采用振动棒振捣整平。止浆垫混凝土应高于井筒老模混凝土 500 mm 左右，使止浆垫与井壁形成整体，加大止浆垫的承压能力。

混凝土止浆垫凝固时间达 6~8 天以后，将中心钢管内的潜水泵提出，将封口铁板封好，并缓慢关闭高压阀对混凝土止浆垫试压，试压稳定 6~8 h 后才能打孔并进行探水及预注浆施工。拆除混凝土止浆垫采取放小炮的办法，以免震坏井壁。

8.8.2.2　工作面预注浆设计

A　分段式注浆段高

注浆段高应根据最佳钻孔深度、最佳注浆深度及含水层厚度而定。钻孔深度越深,注浆段高越高,钻孔难度及精度偏差越大,注浆效果越不理想。钻孔深度越浅,厚含水层分段注浆次数越多,注浆施工期越长。一般根据经验,厚含水层以 50 m 段高分段注浆较为理想。注 50 m,掘进 40~45 m,预留 5~10 m 岩帽。浅含水层可一次穿过,注浆孔穿过含水层至其底板以下不少于 5 m 为宜。

B　布孔方式

采用密集钻孔帷幕注浆方式布孔。钻孔布置为径向斜孔,钻机应尽量靠近井壁,孔中心到井壁距离(荒径)为 1 m,终孔位置在井筒掘进半径外 3 m 处,同心圆等距布孔,扩散半径取 5 m。

探水孔均分三序间隔施工,各序孔数目相同并交叉布孔。先施工第一序孔,第二序孔可作为检查孔。第二序孔未探到水注浆终止,探到水继续注,第三序孔作为第二序孔的检查孔。第一序孔沿井圈等距布置,第二、三序孔在第一、二序孔上等距加密。各孔斜插钻进,确保钻孔穿过纵向裂隙。

C　注浆孔角度

除了考虑便于打钻以外,主要根据裂隙的方向及分布情况来确定,尽量使注浆孔与裂隙相交,要有足够的浆液扩散半径来保证止水效果,为此,径向斜孔布置应超出井帮一定距离,倾斜孔在径向的倾角 α 可用式(8-8)计算:

$$\alpha = \tan^{-1}(S + A)/H \tag{8-8}$$

式中　α——倾斜孔在径向的倾角,(°);

　　　S——孔底超出荒径以外的距离,取 3 m;

　　　A——钻孔至井帮距离,取 1 m;

　　　H——注浆段长度,取 50 m。

经计算径向倾角为 4.57°,各孔垂直径向面斜插 150°,方向一致,便于穿过纵向裂隙。

D　浆液扩散半径

浆液的扩散半径是指在岩石裂隙中的扩散范围。实际上,浆液的扩散是不规则的,由于在注浆施工过程中,注浆压力、注入量、浆液浓度等参数可以人为控制、调整,所以对浆液的扩散范围可以起到一定的控制作用。一般在含水层裂隙开度为 5~40 mm 时,有效扩散半径为 5~9 m,采用单液水泥浆,按经验扩散半径可按 5 m 计算。

E　注浆压力

注浆压力是给予浆液扩散充塞、压实的能量。根据井筒工作面预注浆经验,注浆终压一般要大于静水压力,考虑井筒含水层埋藏较深,地下水静水压等因素,注浆终压一般为静水压力 p_0 的 2 倍。注浆压力达到终压后,继续静注 10 min,再停注。

F　浆液注入量

浆液注入量可根据扩散半径(5 m)及岩石裂隙率进行粗略计算,仅作为施工的参数,注浆以单液浆为主,双液浆在注浆结束时用于封孔,如普通水泥注浆效果不佳,可改用超细水泥以提高堵水效率。

G 浆液配比

单液浆起始浓度先稀后浓,当涌水量大时要及时封堵,可采用水泥-水玻璃双液浆,单液浆加入外加剂(三乙醇胺和工业食盐,三乙醇胺和工业食盐按水泥质量的 0.05% 和 0.5% 加入)。浆液起始浓度(水灰比)通常根据注浆前压水试验时钻孔的最大吸水量来选择。浆液的水灰比可根据表 8-3 来确定。

表 8-3 钻孔最大吸水量对应浆液起始水灰比

钻孔最大吸水量/L·min^{-1}	m(水):m(灰)
60~80	(1:0.4)~(1:0.5)
80~150	1:0.5
150~200	1:0.8 或 1:1
>200	0.8:1 或双液

稀浆结石率低,大量使用稀浆,必然增大扩散范围,造成浆液流失和延长注浆时间。经常使用的水泥浆液水灰比为 1:0.5、1:0.75、1:1 等(双液浆采用 1:1 等级配比),采用高压、浓浆,既能缩短注浆时间,又能加快施工进度,并且能获得良好的堵水效果。

浆液的配制在井下进行,根据井下压水试验的结果,配制所需的水泥浆液,浆液浓度是先稀后浓,若压力不上升,吸浆量变化不大,应逐渐加大浓度;反之,若压力上升快,吸浆量变小,可降低浆液浓度,以保证有足够的注入量。在涌水量较大、需要及时封堵时,可用双液浆注浆,注浆工作结束后,注入一定量清水,把管路冲洗干净。孔内浆液终凝后,再扫孔,重做压水试验。当吸水量小于 20 L/min 时,可不再注浆;大于该值时,应当复注。

8.8.3 注浆孔施工方法

8.8.3.1 注浆孔施工设备选择

选用 KQD-100 型潜孔钻机钻孔,选用 ϕ127 mm 钻头打孔安装孔口管,选用 ϕ90 mm 钻头配 ϕ50 mm 钻杆打注浆孔,采用工字钢及槽钢制作钻架固定钻机(可调钻机角度)。钻架采用抓岩机挪位,地锚固定(钻孔前,将工作面用混凝土铺平,便于钻架调平)。深部水压大时采用大钻机,小钻头,孔口应加强防喷。

8.8.3.2 孔口管的埋设

孔口管在钻进注浆管时起导向作用。孔口管固定在止浆垫或止浆岩帽内,它要承受最大的注浆压力。钻机按设计注浆孔的角度开 ϕ127 mm 的孔,孔深 3.5 m,孔口管采用 ϕ108 mm×4 m 钢管,孔口一端焊接 4 英寸(1 英寸 = 2.54 cm)高压法兰盘并安装高压球阀(高压球阀上安装橡胶缓冲装置,以防遇高压水钻杆拔不出时,缓冲装置自动挤紧钻杆，封闭管孔），孔口管两侧焊接直径为 2 英寸的支管，支管上焊接高压法兰盘并安装 2 英寸高压球阀作为泄压阀放水泄压。钻孔形成之后倒入水泥、水玻璃浆液，插入 $\phi108$ mm 钢管预埋，待水泥、水玻璃浆液终凝后，扫孔，进行耐压试验。采用注浆泵注清水试压，当注浆压力达到终压时，孔口管无松动，方可开钻。

8.8.3.3　施工顺序

钻孔→遇水注浆→凝固→扫孔钻进→遇水注浆→钻眼至全深→注浆封孔→扫孔→遇水注浆→扫孔至全深。

8.8.3.4　钻注方式

采用分段下行压入式注浆方法注浆，原则上是由上至下，涌水量超过 3 m³/h 时停钻注浆，待浆液终凝后，扫孔，如仍然有不少于 3 m³/h 的涌水，须进行复注，直到钻孔涌水量不大于 3 m³/h，再继续施工新孔。

8.8.3.5　钻进方法及防突水、排水措施

工作面超前预注浆施工是在静水位以下进行的，在高压条件下，采用无芯钻进方法，可以加快钻进速度，但需安装高压球阀，防止含水层突水，发生淹钻机事故。注浆期间，井底要有足够的排水能力以确保不发生淹井事故。

8.8.3.6　注浆施工

A　注浆设备选择

选用 2TGZ-60/210 型注浆泵，在井底工作面布置注浆泵及搅拌机，在井底现场拌料注浆。水泥、水玻璃利用吊桶下放至工作面。工作面布置装清水、水玻璃、浆液的三个铁桶。

B　压力和流量的测定及压水试验

钻孔出水后，提出钻具，接好注浆系统，关闭进浆阀和泄压阀，待压力稳定后，读出压力表数据。在注浆系统接好后，打开泄浆阀，如水量较少，用普通秒表或容积法测量钻孔涌水量。

在注浆开始之前，向钻孔压清水，检查钻孔吸水量，以确定浆液的起始浓度。压水试验应使压力控制在注浆终压范围内，加压持续 1~20 min 无异常即可注浆。

C　浆液的配制

浆液的配制在工作面进行，根据井下压水试验的结果，配好水泥浆液，浆液浓度应先稀后浓，若压力不上升，吸浆量大，应逐级加大浓度；反之，若压力上升快，吸浆量小，可降低浆液浓度，以保证有足够的注入量。在涌水量较大时，需要及时注入水泥、水玻璃双液浆。

D　注浆效果检查

后序孔可检查前序孔的注浆效果，检测钻孔涌水量，如果换算成大井法，涌水量小于 2 m³/h 时，可结束本段注浆。

E　注浆效果分析

注浆是隐蔽性的工程，为保证工程质量，获得良好的封堵效果，应从施工一开始到注浆结束，全程记录每一个孔的详细数据，为注浆效果的分析提供资料。然后对每个孔注浆中的注浆压力、流量、浆液浓度、吸水量的变化进行分析，判断注浆施工是否合格。

检查孔终孔后，如有涌水，测量水压、涌水量，换算成大井涌水量，看大井涌水量是否小于 2 m³/h。如果检查孔经计算出的大井涌水量均小于 2 m³/h，就可以认为裂隙的浆液充填饱满，密实，可结束注浆。

8.8.4　工作面直接注浆

对井筒涌水量大于 5 m³/h 但小于 10 m³/h 的地层，则根据裂隙发育情况和涌水特点，可采取工作面短段直接注浆堵水方法封水，以使井筒施工时涌水量小于 5 m³/h。

采用伞钻打眼，钻深 5~10 m。安装孔口管及止浆装置即可进行注浆，分段间预留岩帽 3~4 m。

工作面直接注浆堵水的浆液配比、注浆压力、封孔方式可参照工作面预注浆办法，按施工规范进行设计和施工。注浆孔间距视围岩裂隙情况确定，一般为 2 m 左右，孔口管可将钢管加工成鱼鳞状，外绕麻线打入，采用双液注浆方式注浆。

8.8.5　壁后注浆

当发现井壁有集中出水点和较大淋水时，采用壁后注浆堵水。注浆孔使用 YTP-28 型风钻打眼，眼径 50 mm，眼深进入井壁大于 2 m，打眼工作在吊盘上进行。

浆液材料及类型：采用水泥-水玻璃浆液，两液体积比为 1:1，水灰比控制在 (1.5:1)~(0.5:1)。

注浆压力：根据测定的静水压力 p_0 来确定。(1) 初始压力 $p_a = p_0 + 0.2$ MPa。(2) 正常压力 $p = p_0 + 0.4$ MPa。(3) 终压 $p_c = p_0 + 0.6$ MPa。

注浆结束标准：注浆孔不再吸浆，并已达到注浆终压，经检查所注浆范围内无漏水现象。

采用上述注浆堵水措施，从井筒进入地下水位以下就应该坚定实施打干井策略，用上段注浆堵水质量保下段，防止累积效应和增加后续处理难度，垂深达 1530 m 的瑞海金矿 2 号措施井井筒落底后，最终实测井筒涌水量小于 1.5 m³/h，为快速施工超深竖井提供了有利条件。

8.9　超深井筒穿越特殊地层施工关键技术

8.9.1　井筒穿越膨胀土层施工技术

井筒浅部常常存在膨胀黏土层，大部分都采用冻结施工，施工时因黏土层膨胀，易片帮、抽帮、钢筋绑扎、模板固定后，黏土层膨胀快，易造成混凝土支护厚度、强度不能达到设计要求，及冻土掉入模板钢筋内影响混凝土质量和支护厚度。如井帮位移量过大，会造成冻结管断裂，盐水泄漏，冻结壁破坏，致使混凝土井壁抵挡不住冻土冻胀力而出现井壁掉皮、脱落、开裂、漏水、淹井等事故。

（1）预防措施。加强冻结，应保证井筒深部黏土层内井帮温度符合相关设计要求规定，以提高冻结壁自身强度。

（2）先让后抗原则。在掘进周边荒径中，开切竖向卸压槽，长度为一模段高。在井帮均匀开挖卸压槽〔槽宽×槽深×槽间距＝300 mm×200 mm×（500～700 mm）〕，其内充填芦苇笆，当黏土膨胀时可流入槽内空间，体现出"卸压"的效果。加强支护强度，加密钢筋布置，同时提高混凝土的强度，体现出"抗"的原则，使黏土出现膨胀时，能抗住膨胀压力。

（3）减少井壁暴露时间，在掘进方式上组织足够人力、物力、机械进行快速台阶式掘进。先挖超前小井，使井筒中心的超前小井低于工作面 1 m 以上，然后进行刷帮，释放部分压力。在支护上设计成可调段高模板，采用短段掘进，小段高快速掘砌，段高控制在 2 m 以内，先掘出刃脚槽坑，提前立模筑壁（中间高出的 0.5～0.8 m 的挖掘与筑壁平行作业），缩短冻土井帮暴露时间，减少位移量。

（4）表土冻结段外壁混凝土中掺入抗冻高效减水剂，提高混凝土早期强度，使混凝土的强度在 24 h 内达到设计值的 50%以上，72 h 内达到设计值的 80%以上。内壁套砌时掺入防裂密实剂，增强抗渗性能，提高封水效果。

（5）掘进时井帮遇到异物要剔除，确保不因异物挤占空间致使混凝土井壁厚度不够。

（6）调节冻结方式，加大井筒外排孔冻结的流量，减小内排孔冻结的流量，使总冻结流量不变，使井帮冻结温度有所下降，减小黏土层的冻胀力，且不降低总冻结壁的厚度。

（7）加强已暴露井壁位移量的观测，掌握黏土层膨胀速度。在厚黏土层或膨胀黏土层中施工时，当井帮位移过快或膨胀量大时，在混凝土井壁与井帮之间铺设 50 mm 厚聚苯乙烯泡沫塑料板，以缓解黏土层膨胀空间和减少低温对混凝土强度的影响。

（8）进行冻结变形压力、变形量、温度、钢筋内力等的监测工作，用科学的方法和可靠的数据来指导施工。

（9）提前准备好井圈、背板等抢险物资，发现变形膨胀较大时，采取在外壁与井帮之间架设型钢井圈、背板，或增加泡沫塑料板厚度等措施。在井帮位移量过大时，每米增设一道槽钢井圈，加强外壁支护。井圈铺设在钢筋外侧井帮上，再浇混凝土以抵抗混凝土凝固初期来自井帮的压力。

（10）认真检测井帮位移量。在井筒荒径均匀布置 4 个检测点，每个段高定时测量一次。按十字线方向测量直径量，与原始直径相比，算出井帮总位移量，同时按中线量算出相应半径方向的位移差，得出每个点的位移量，做好记录。严格控制井帮位移量不大于 50 mm，超过此值应缩小段高施工。

（11）冻结段断裂预防措施：

1）冻结管不宜距井帮太近。

2）按冲积层厚度选取相应冻结管直径和厚度。

3）选用优质耐冻钢管，采用内套管焊接，并保证焊接质量。

4）做好冻结管接头的抗滑力和耐压力试验，确保连接质量。

5）冻结初期盐水应逐渐降温，防止温差过大引起冻结管断裂。

6）进行爆破作业时，要严格执行安全措施，坚持浅打眼少装药。

7）加强冻结管去、回路盐水温度观测，防止盐水在冻结管某部位形成短路而削弱下部冻结壁。

8）加强盐水水位观测监控报警，发现异常应立即关闭所有冻结管去、回路阀门，查明是否断管并切断其盐水循环，然后恢复其他冻结管的正常运行；并在断裂的冻结管内重新下一直径略小的冻结管继续冻结或采取其他经论证可行的方案。

9）采用信息化施工，加强与冻结单位及科研部门密切协作，搞好预测预报工作，掌握冻结管的偏斜情况及冻结壁的有关参数，观察检测冻结壁的位移量变化，及时采取相应施工措施。

8.9.2 井筒穿越破碎带施工技术

根据井筒检查钻孔所揭露的破碎带地层情况确定合适的施工方法，可采用的方法有：超前管棚法、预注浆法、钻井法等。

（1）短段掘支锚网喷初期支护法。如果开挖后围岩有一定的自稳时间，可素喷混凝土初期支护，或锚网初期支护，然后及时进行钢筋绑扎与现浇混凝土支护。

（2）超前管棚法。对于裂隙较发育、井帮易发生大块片帮现象的地段，井筒挖掘至距离破碎带 1 m 时，停止掘进；利用上部临时支护或井壁预埋生根钩子，架设导向井圈，依次用风钻打孔，圈间距 0.3~0.5 m；然后打入 φ40 mm×4 mm×（3~4）m 长超前钢管。超前支护后再下掘，保持超前距离不小于 1 m，边下掘边架圈打管棚，直至通过破碎层。若井帮破碎压力较大，可根据实际情况缩短掘进段长，开挖后及时打超前管棚与喷混凝土或锚网支护，达到一定长度后及时进行钢筋绑扎与混凝土浇灌。

（3）预注浆法。对于特别破碎地段，将胶结材料配制成浆液，利用泵的压力注入岩层的裂隙或孔洞中，浆液凝结硬化后，堵塞裂隙、孔隙或溶洞，达到封闭水源和加固岩层的作用。此法是在井筒范围以外形成一定厚度的封水加固帷幕，然后往下挖掘。根据所需处理破碎或含水岩层的段长可以一次或分段进行，注浆方式可用下行式（钻进一段注浆处理一段，由上往下进行的方式）或上行式（全段一次钻进，由下往上分段注浆处理的方式）。要求注浆使用的材料具有良好的注入性能，在一定时间内能凝固或胶凝，凝固或胶凝后的结石体或凝胶固体具有一定的强度和耐久性、抗蚀性、不透水性。最广泛使用的注浆材料有水泥浆液、水玻璃、水泥-水玻璃浆液、水玻璃-铝酸钠浆液、铬木素浆液、丙烯酰胺类浆液、尿醛类浆液、糖醛类浆液、聚氨酯类浆液，推荐使用超细水泥。

井筒预注浆有地面预注浆和工作面预注浆两种方法。地面预注浆的全部工作在地面进行，采用大型设备钻孔和注浆。工作面预注浆是在井筒中进行。当井筒下掘遇到裂隙破碎带或有涌水时，先打止水垫或预留岩石止水帽，预埋注浆孔口管，再进行钻孔和注浆。

8.10 超深竖井掘进岩爆特征及防治措施

8.10.1 超深竖井掘进岩爆现象

进风井井筒深度超过 1500 m 的超深竖井地温高、地压大。井筒在埋深千米以上的情况下，本身应力高达几十兆帕。为了施工，井下必须爆破掘进，爆破后井筒工作面附近的岩体就开始剧烈活动，在这之后的 1~6 h，就是岩爆的高发时期。施工爆破数小时乃至一个月内，岩石可能会随机崩爆。

岩爆是一种力学现象，开挖井筒之前，岩石都是有自己的整体性的，岩体内部的应力是一个自平衡的状态。开挖掘出一个井筒之后，相当于破坏了岩体的整体性，打破了原来的平衡，岩体内部自己的应力会重新分布，岩体里面就累积了很大的能量，这种能量会突然以岩石的迸裂方式释放出来，于是就发生了岩爆。岩爆同时伴随着高地热、高地温。打个比方，岩爆就像是拉紧的橡皮筋，施工井筒破坏岩体的整体性就像在橡皮筋中间剪一下突然弹开，产生的力突然释放，突然性比较大。

岩爆跟地震的原理一样，无法预测，具有偶发性、瞬时性，没有一定的规律性。同一井筒段的岩爆不尽相同，有时是工作面整体爆出，都是大块，井筒-1300～-1350 m 段就会出现这种现象；有时又是那种片状的石头飞出来的，一层一层的，即上面一层爆出来，下面接着一层一层剥开。井筒-1472～-1495 m 段，特别是-1472 m 管子道和-1495 m 皮带道硐室，这种现象非常明显。

深竖井三大难题：通风、地热、岩爆。作业人员最怕岩爆，因为岩爆没有规律性，是瞬时爆发的，有可能看着很稳定，但随时可能发生。对于超深竖井施工人员，如同伴随不定时炸弹在工作，对生命安全构成很大的威胁；同时岩爆会损坏机械设备，大大降低施工效率。因施工人员无法承受巨大安全风险性，人员流动性大，施工人员更换频繁。

8.10.2　岩爆防治措施

8.10.2.1　采用新技术、新设备、新工艺

通过与高校和科研院所等合作，采用国内先进技术实施岩爆预警并建成了微震监测系统。微震检测系统是对锁定有可能发生岩爆的区域进行高烈度、局部地震的检测。对岩爆等级、岩爆预警及预防等进行深入分析研究，采取预测、预防、预报相结合的处理方式，预警岩爆风险。

A　微震监测系统传感器安装

工作人员先在掘进面附近打眼，安装特制的传感器（见图 8-3），用于收集岩层内海量的震波信息；然后再根据每次岩爆后收集的影像资料和数据，分析优化软件的算法，从无

图 8-3　微震监测系统传感器安装图

数震动波中，筛选出几百组有效信号，再反向计算出震源；并且根据强度推算出接下来可能发生岩爆的可能性、烈度和时间。通过这个项目，做一些科学实验，为后续的施工提供一些更好的经验，总结一些、找一些岩爆发生的规律，发生等级，把它判别清楚，为下一步施工提供经验。而且若能做到实时监控，便可发现前方的危险情况，从而立即采取相应的措施。

B　微震监测系统监控信号收集

把特制的传感器放到井筒工作面钻孔内，收集岩层内海量的震波。从岩体内监听到的无数条震波信息，全部被传感器收集起来，作为大数据分析的基础资料。

C　分析微震监测系统数据，做出预测预报

技术员根据每次岩爆后的影像资料和震波监测数据，分析和优化算法。再利用充分数据支持下的先进算法，从无数震波中筛选出少数有效信号，反向计算出震源，可根据震源的强度预测发生岩爆的可能性、时间和强度。然后通知施工人员做好必要的避险工作，大大保障了施工的安全性，也提高了施工的效率。

8.10.2.2　加大支护强度

井筒正常段浇筑 C40 混凝土，厚度 450 mm；对可能发生岩爆的段，支护强度，采用"锚网+双层钢筋混凝土"支护方式提高支护强度。即（1）锚杆采用 ϕ22 mm×2250 mm 螺纹钢树脂锚杆，间排距为 800 mm×800 mm，矩形布置；全长锚固，配 Z2350 型锚固剂；锚杆托盘规格：长×宽=100 mm×100 mm，用厚度为 15 mm 的铁板加工。钢筋网采用 ϕ6.5 mm 钢筋，网格 100 mm×100 mm，搭接长度 100 mm。（2）绑扎双层钢筋。竖筋 ϕ20 mm× 300 mm，钢筋两端采用套筒连接；圈筋 ϕ25 mm×250 mm，钢筋搭接长度为 1075 mm；箍筋为 ϕ8 mm×500 mm。钢筋保护层厚度：外层为 70 mm，内层为 50 mm。（3）浇筑 C40 混凝土，厚度 600 mm。

8.10.2.3　增加工序时间

井筒放炮后，增加井筒出碴工序时间，炮后等 8 h，先释放围岩应力，待围岩基本稳定后人员再下井进行洒水出碴作业。

8.10.2.4　其他措施

其他措施有：

（1）采用光面爆破技术，周边眼尽量采用多打眼、少装药方式爆破，以减小对井壁围岩的破坏，增加围岩自身稳定，减少岩爆现象发生。

（2）对井筒帮部岩壁洒水，并加强通风使井筒岩壁降温，根据"热胀冷缩"原理，可消除部分因高温作用产生的膨胀应力，使岩体结构趋于稳定不发生岩爆。

（3）及时支护。井筒出碴高度 1.5 m 后，采用锚网或锚索支护井壁，给岩体因爆破后形成的压力释放重新施加一种压力，这种压力使岩爆现象不向纵深发展，减少岩爆强度产生的危害。

（4）缩短掘砌循环进尺，控制掘砌段高 3 m，采用短段掘砌，防止围岩外露风化作用诱导岩爆发生，及时进行井筒永久支护。

　　(5) 加强个人防护，作业人员都必须穿上防爆服，最大程度保护自身安全。同时在挖掘机等施工设备上安装防护网、防护钢板等，抵挡飞石伤害，尽最大可能减少岩爆危害。

8.11　超深竖井安全快速施工信息化监测监控

8.11.1　信息化监测监控系统概况

　　矿山行业经过几十年的发展，国内国外矿山由于浅层资源已渐渐枯竭，矿山深部资源开采问题日益突出，深井建设的平均深度有加速增长的趋势，特别是进入 21 世纪后，竖井建设已趋向于超深竖井设计。随着竖井建设深度的增加，施工难度逐渐增加，为确保吊桶运行安全及施工过程安全，需要实时掌握竖井施工的各工序转换及监测监控施工过程，信息化监测监控系统是保证竖井掘砌工程施工安全的重要措施和基本前提。

　　本节以瑞海项目部已安全顺利落底的 2 号措施井（直径 6.5 m、井深 1530 m 的超深竖井）井筒施工为背景，在阐述目前超深竖井建设过程存在的吊盘安全、钢模起落安全、施工实时安全等问题的基础上，提出了凿井施工过程井下气体检测、视频监控系统、吊盘关键点监控系统、提升吊桶运行监控系统、钢模天轮称重检测监控系统的信息化集成方案，以达到竖井施工安全的目的。监测监控方案的实施可为深竖井安全高效施工提供技术指导和依据。

　　所谓信息化施工，是对施工中各种数据进行定时检测，特别是施工及施工过程中与安全有关的测试数据，凡是测试数据接近或超过规范要求的应及时报警，提醒施工人员采取有效技术措施或者直接停车以预防重大事故发生。超深竖井的建设处于起步阶段，还存在很多需要研究的地方，施工过程中经常会受到一些不确定因素的制约，往往存在潜在的危险，这时信息化施工就非常必要。同时信息化施工的数据会为矿山竖井建设提供翔实的数据经验，从而为施工技术的进一步发展提供了依据和保障。

　　信息化施工在深冻结井中的应用可以起到如下的一些作用：

　　(1) 信息化施工可为加强设计单位、掘砌施工单位和冻结施工单位间的配合提供定量依据。

　　(2) 能达到既保证掘进工作面处的冻结壁和井壁的强度与稳定性又不浪费冷量的目的，从而可提高工程施工的经济性和安全性，提高施工的速度。

　　随着矿山开采需求的增加，需要建设的竖井呈现出超深的情况，导致出现许多未知的困难和问题，尤其是厚的冲积层和高的地应力，在很难详细掌握工程地质及水文地质资料的情况下，采用信息化施工是非常重要的，也是必需的。

　　信息化施工的基本原理是，在施工过程中，以控制质量为目标，通过对大量工程检测信息的分类、分析与处理，提取施工参数等影响施工质量的关键因素，通过最有效、最短的途径不断进行调整优化，指导施工全过程；同时依据前一步施工监测信息及施工参数的变化规律，推断施工工况及其对施工质量的影响与控制。该过程贯穿于整个施工过程，是一个动态的过程。

8.11.2　信息化监测监控系统施工

　　与现有井深 1000 m 左右凿井工程相比，1500~2000 m 超深竖井凿井面临的安全问题更为突出。瑞海项目部 2 号措施井井筒施工全过程的监控系统和监控设施，通过摄像系统，激光扫描系统，工业级温湿度传感器、压力传感器、受力传感器、有毒气体传感器、位移传感器，视频显示等装备，实现对超深竖井凿井全过程的监测与监控，内容包括井筒工作面施工现状、工作面温湿度状况、井下有毒气体状况、井下压风风压状况、井下供水及排水水压状况、提升容器的运行状况，吊盘受力及运行状态，凿岩、抓岩、砌壁、排水设备性能状态及运行过程，以及辅助施工设备、装置安全性能的监控与分析。在吊盘和井上调度室实现并行检测与控制。

8.11.2.1 凿井施工全过程视频监控系统

该系统利用工业远距离无线 WiFi 通信技术、数字视频技术和多媒体计算机等高新技术，对重要设备，矿井人员出入的井口、存在安全隐患的地点、二平台翻碴点、井口封口盘、井下吊盘、井下工作面、装卸矿点等地点进行实时的视频监控。

视频监控系统主要由 4 部分组成：

（1）前端摄像设备。包括摄像机、云台、防护罩、电源、照明等，负责采集监控点的视频信号。

（2）视频控制设备。主要由无线接收器、视频矩阵控制切换主机、云台控制器等组成，完成视频图像的接收与处理，遥控云台的转动，调节镜头焦距的变化以及各种输出信息的控制。

（3）无线 WiFi 传输设备。用于远距离传输视频信号。考虑到矿山工业场所分布距离远、井下环境恶劣、井下吊盘位置经常变动，加上无线传输的距离可达 15 km，且通信容量大、信号损耗低等突出优点，符合矿山视频监控信号传输特点和要求。

（4）视频输出设备。主要包括监视器、数字网络硬盘录像机等，用于显示监控图像和保存图像记录。视频控制设备和输出设备安装在生产调度中心，该系统还支持网络分控。将网络硬盘录像机接入到局域网后，登录系统的用户可通过浏览器远程控制监控系统。该系统建成后，通过监控重要设备运行情况和主要场所的工作情况，管理层能全面、快速掌握生产情况，及时发现各种违章违纪，减少事故的发生；减轻作业人员的工作量；通过回放硬盘录像机的录像，能为分析事故原因和明确责任提供证据。

8.11.2.2 吊盘上关键点位监测监控系统

竖井施工时，需要在井内设置一系列的凿井工作盘，如封口盘、固定盘、吊盘、稳绳盘及其他特殊用途的作业盘等。凿井吊盘通常随着井筒掘进工作面的向下推进而不断下放，吊盘一般采用钢丝绳进行悬吊；吊盘上监测监控系统主要由以下部分组成：

（1）各类工业传感器。1）井下 KGF2 风量风压传感器。实现井下风量及风压的测试和监控。2）CO 传感器。实现井下 CO 气体的监测监控。3）水压气压传感器。实现供水、排水及压风风压的监测监控。4）液压压力监控传感器。凿井设备如液压伞钻、抓岩机、伸缩式液压模板控制等需要对各个子系统的液压压力进行监控，在管理上布置适合量程和规格的液压传感器进行压力监测监控。5）工作面温湿度传感器。通过温湿度传感器测试工作面的温度及湿度状况。6）凿井深度监测传感器。通过激光测距等测试传感器实现凿井深度的监控。

（2）吊盘上各监测传感器信号传输电缆及二次仪表。通过信号传输电缆及二次仪表转换，实现现场测量信号和传输信号之间的转换和控制。

（3）无线通信 LoRa 模块 433M 远距离 SX1278 数传电台传输。用于吊盘至井口远距离传输测量信号。考虑到矿山工业场所分布距离远，井下环境恶劣等条件，选用绕射和穿透力好、抗干扰能力强且可靠的 LoRaK 扩频传输方式。

（4）信号处理及输出设备。主要包括计算机系统和数据处理系统，用于测试信号的分析和测试数据的记录。

8.11.2.3 提升吊桶运行过程监测及控制系统

制约超深竖井井筒施工发展的关键技术是井筒凿井提升能力的提高及其安全性，以及凿井施工设备的吊挂问题。要提高深竖井井筒施工的平均速度，必须提高井筒深部的凿井效率。吊桶在提升过程中，稳绳的长度、提升的速度、稳绳的张紧力是影响吊桶运行的关键因素，同样也是影响吊桶安全运行的关键，因此有必要监测一定深度下的吊桶运行摆动幅度。当吊桶摆幅超过一定量程时，应及时调整张紧力以保证吊桶运行安全，因此应合理考虑吊桶运行监测点的布设。针对吊桶在某一运行位置的随机摆动幅度精确监测难度比较大，基于目前的监测技术水平，通过布设监控摄像头并配合数字照相技术可实现吊桶摆动幅度的监测。因此提升吊桶运行过程监测系统考虑以下布置方式：

（1）前端摄像设备及其固定。包括摄像机、云台、防护罩、电源、光发射机等，负责采集监控点的图像信号。

（2）视频控制设备。主要由光接收器、视频矩阵控制切换主机、云台控制器等组成，完成视频图像的接收与处理，遥控云台的转动，调节镜头焦距的变化以及各种输出信息的控制。

（3）光纤传输设备。用于远距离传输图像信号。考虑到矿山工业场所分布距离远，井下环境恶劣，所以采用光纤传输。光纤具有不受电磁干扰、抗化学腐蚀、传输距离长、通信容量大、信号损耗低等突出优点，符合矿山视频监控信号传输特点和要求。

（4）视频输出设备。主要包括监视器、电视墙、网络硬盘录像机等，用于显示监控图像和保存图像记录。

（5）数据分析系统。针对监控的图像实施图像分析，计算吊桶摆动幅度。

（6）吊桶张紧力控制系统。通过分析系统，调整稳绳张紧力，实现吊桶运行控制。

8.11.2.4 钢模天轮称重检测监控系统

钢模悬吊每台稳车天轮配备定制高精度压力传感器+变送器，将天轮底座受力情况转变为 4~20 mA 信号输入井口集中控制室 PLC。PLC 对多路信号模数转换进行数据采集，完成上限和超上限（分别指超载和严重超载）报警和联锁保护功能；并通过操作台显示器实时显示各天轮受力情况。同时 PLC 内部设有保护程序，当受力达到设定超载值时报警，当达到严重超载值时，直接切断稳车电源，停止其运行。只有故障排除后，受力减小到设定值以下时方可重新运行。这样可以避免发生钢模绳断绳坠绳事故。

为了确保监测监控系统长期的稳定性和可靠性，监测时应该采用精度高、抗干扰性强、稳定性好的传感元件进行监测，测试二次仪表布置于吊盘合适位置，转换后的信号传输至井口地面监控调度室,形成凿井施工全过程视频、吊盘关键点位监测监控、提升吊桶运行过程及钢模天轮称重的监测及控制系统。

8.11.3 信息化监测监控系统的难点和问题

(1) 环境恶劣。矿建过程井下监控系统传感器面临的工作环境比较恶劣,如瑞海项目部2号进风井井下温度高,最高至41 ℃;另外项目部离海边较近,井下海水盐分很高,传感器的使用寿命和保护之间存在密切关系,但保护难度较大,严重影响了传感器的工作精度、安全度、寿命及成本,监测过程应充分考虑。

(2) 维护困难。井下各类传感器大多采用有线传输方式,矿井建设的过程中难免被粗重的东西砸伤或砸破,设计安装时要考虑线缆的合理布设及保护,另外设计时尽量考虑采用无线传输的方式。

(3) 信号纷杂。综合监测涉及各类传感器,一次传感器的信号有电信号、视频信号、振弦式信号、温度信号等,这些信号的二次转换仪表要求难度比较高,信号传输也比较复杂。

(4) 安装困难。传感器的安装应不影响各类设备仪器的正常使用和方便,传感器的安装位置要经过充分考虑和可靠性分析。监测吊桶运行传感器的安装和信号传输要经过充分的分析和选择。

超深竖井凿井全过程的监测与控制内容包括井筒工作面施工现状、工作面温湿度状况、提升容器的运行状况,吊盘受力及运行状态,凿岩、抓岩、砌壁、排水设备性能状态及运行过程,以及辅助施工设备、装置安全性能的监控与分析。整个监控系统可以分为凿井施工过程视频监控系统、吊盘关键点位检测监控系统、提升吊桶运行监控系统及钢模天轮称重监测监控系统。超深竖井凿井全过程的监测与控制是超深竖井安全高效施工的保证。信息化检测监控系统在瑞海项目部的使用效果良好,极大地改善了竖井施工过程中的安全生产状况,提高了施工企业的综合效益。该系统对提高瑞海工程集团公司的地采施工竞争力有积极意义,给超深竖井的安全高效施工提供了保障。同时该系统的应用也是今后竖井井筒施工技术的发展方向和必不可少的安全生产条件,对深部资源的开发具有十分重大的意义。

8.12 竖井人工冻土爆破方法及工程应用

8.12.1 人工冻土爆破技术研究的必要性

冻结法凿井是采用人工制冷的方法将井筒周围所含的水及流动性土层形成冻结壁,承受地压和隔绝地下水的流入,而后在冻结壁的保护下进行掘砌工作。随着冻结技术的发展,冻结法施工应用越来越普及,为防止冻结管断裂及在施工过程中发生透水、涌泥、涌砂、淹井等事故,增加冻结壁厚度和提高冻结壁强度及稳定性是常用的方法。在深厚的土层竖井冻结施工中,井筒开挖断面常常是冻实的。采用人工挖掘进度慢,劳动强度大,而采用挖掘机等机械掘进因井下空间有限,无法采用大型挖掘设备,掘进能力也受到限制,进度也难以提高。为了提高掘进速度,采用钻眼爆破法是必然的选择。由于冻土爆破是在负温度条件下，同时井筒周边存在许多低温冻结钢管，这些冻结钢管所处的温度在−25 ℃以下，脆性大，较容易被较大外力特别是爆破冲击波破坏，所以它与基岩段钻眼爆破是不同的，为了提高爆破效率，防止对冻结管的破坏，人工冻土爆破技术的研究尤为重要。

8.12.2　人工冻土爆破方法及工程应用

8.12.2.1　工程概况

瑞海项目主井井筒净直径 6.3 m，表土层厚 65 m，主要是砂土和黏土，冻结深度 87 m。双层钢筋混凝土井壁，厚 1050 mm，因此表土段掘进荒径为 8.4 m。当掘进至井深 20 m 时，因新冠疫情影响停工较长时间，井筒全断面冻实，人工挖掘非常困难，虽然配备了 MWY6/0.3 小型挖机辅助掘进，工人劳动强度仍很大，工作效率低。为了减轻工人劳动强度，提高掘进速度，经研究决定采用钻眼爆破法施工，并保证可以使冻结管不因爆破造成断裂和破裂。

8.12.2.2　爆破参数设计

采用 YT-28 型风动凿岩机和强力风煤钻联合钻眼，钻眼直径 42 mm，冻结后强度较大的砂土用风动凿岩机钻眼，当遇到较弱的黏土夹层夹钻情况严重时，改用风煤钻钻眼，并需常提钻排碴。采用 ϕ32 mm 2 号岩石乳化炸药，其主要技术参数为：炸药直径 ϕ32 mm，单只长度 250 mm，每卷药质量 200 g，炸药密度 1.0~1.25 g/cm^3。雷管选用 6 m 半秒延期导爆管雷管，1~9 段延期，正向连续装药。起爆方法：井下撤人，地面使用专用起爆器，全断面一次性起爆。在参考相关实验室模型试验的基础上，并采用经试爆调整后的爆破参数装药。采用单阶直眼掏槽，也部分地采用了锥形掏槽，掏槽爆破设计的单位耗药量约为 2.78 kg/m^3。周边眼采用药包装至眼底上部预留空气垫层装药结构，装药集中度为 150 g/m。爆破作业安全顺利，炮眼利用率平均在 90% 以上，周边眼光爆效果良好，眼痕率大于 85%，循环炸药消耗量为 0.81 kg/m^3，平均进度 2.0 m 左右，掘进速度达到了预期效果。

8.12.2.3　竖井人工冻土爆破掘进有关技术要点

A　偏斜冻结管

在冻结表土段采用钻眼爆破法的主要技术难题是保证冻结管的安全。若冻结管断裂，会给井筒施工带来极大的困难甚至使施工失败。当冻结管偏斜时，冻结壁有效厚度减薄，强度减弱，在偏斜冻结管处应谨慎爆破。放炮前应正确计算各偏斜冻结管的偏斜距离和方位，在井帮上按计算结果标出偏斜冻结管的位置，在该位置周边只打眼不装药，以保证偏斜冻结管的安全。当偏斜冻结管偏入荒径时，应距其至少 1.0 m 以外布设炮眼。

B　装药连线

装药前必须切断井下一切电源，钻眼设备应提离工作面，放在吊盘上。按规定制作炮头，严格执行爆破图表，掏槽眼、崩落眼按规定的装药量反向连续装药，各圈雷管段要符合图表要求，特别是周边眼不能多装，并采用空气柱装药结构，堵塞长度不得小于 400 mm，堵实，防止冲孔。起爆前打开井盖门，所有人员撤离井口棚，吊盘必须升到安全高度，并通知冻结站停止盐水循环，起爆后应有专人检查，确无损坏或无危险迹象时，方可恢复盐水循环。

C 施工机械

井筒基岩段施工采用了伞形钻架、深孔爆破、大绞车、大吊桶、大抓岩机等一系列综合机械化配套设备。冻结表土段采用钻眼爆破法施工，打破了人工挖掘的劳动组织结构，采用人工出碴的方法显然不合理，影响了施工速度。实践表明，对直径6.3 m的井筒，采用"四六"制作业、炮眼深度为1.0~1.2 m，一班能完成钻眼爆破作业，需两班才能完成出碴，而且劳动强度大，这样必须采用机械出碴，提高出碴速度，缩短出碴时间，减轻工人的劳动强度。通风方式，采用抽出式通风。在冻结段直接采用机械施工，简化了冻结段向基岩段施工作业的转化过程。

8.13 提升机平行折线槽滚筒衬板的应用

随着竖井井筒设计、施工越来越深，提升机趋向于大型化，大型卷筒的应用越来越多，一种能使钢丝绳卷绕整齐排列的折线绳槽卷筒应用越来越广。折线绳槽卷筒早见于国外利巴斯公司专有的利巴斯装置中，其中利巴斯卷筒就是双折线绳槽卷筒，20世纪80年代引入我国，主要在矿山卷扬机和水工起重机械上应用。

8.13.1 螺旋槽滚筒衬板在多层缠绕中面临的问题

单绳缠绕式提升机通常都是采用螺旋槽滚筒衬板。当提升机进行两层或两层以上缠绕时会出现以下几个问题：

（1）螺旋槽滚筒衬板的层间过渡效果不好，钢丝绳层间过渡不平稳，常带有异响，层间过渡往往带有挤压，上层钢丝绳会压坏下层钢丝绳，从而导致钢丝绳寿命严重缩短。

（2）钢丝绳2层或者2层以上缠绕时，钢丝绳沿着下层钢丝绳形成的凹槽缠绕，而下层凹槽的螺旋旋向与上层钢丝绳的螺旋旋向相反。因此钢丝绳在2层或2层以上缠绕时，圈间过渡不平稳，容易造成乱绳，影响安全生产。

（3）造成钢丝绳咬绳现象。钢丝绳咬绳现象多出现在第2层和第2层以上。出现咬绳现象主要有两方面的原因：

1）上下层层间过渡处挤压咬绳。

2）第2层和第2层以上的圈间过渡，因为上下层钢丝绳缠绕旋向相反，形成第2层和第2层以上的钢丝绳有交叉过渡。钢丝绳在缠绕过程中跨越交叉过渡点时，有咬绳现象。咬绳严重时会造成钢丝绳断丝，缩短钢丝绳的使用寿命，是严重的安全隐患。

（4）钢丝绳层间过渡的过渡点不确定。螺旋槽滚筒衬板的过渡块很难安装，往往需要现场反复调整。

8.13.2 使用平行折线槽滚筒衬板的优点

如图8-4和图8-5所示，平行折线槽滚筒衬板的绳槽走向不同于普通螺旋槽，平行折线绳槽滚筒衬板的每一周长范围有两段直线段和两段折线段。钢丝绳缠绕走向为直线段—折线段—直线段—折线段。其中大约75%~80%的绳槽为直线段，其余为折线段。

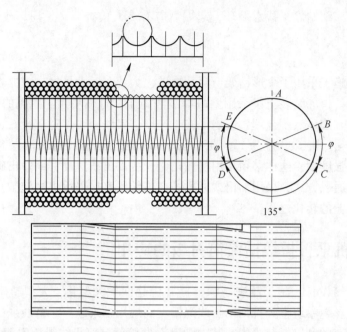

图 8-4 折线卷筒整体加工施工图

图 8-5 平行折线槽滚筒衬板

　　钢丝绳进行多层缠绕时，在绳槽直线段，上层钢丝绳完全落入下层钢丝绳两相邻绳圈形成的凹槽内，使上下层钢丝绳之间的接触得到改善，延长了钢丝绳的使用寿命。过折线段绳槽上层钢丝绳与下层钢丝绳交叉过渡位置是固定的，再配合滚筒两端过渡块，引导钢丝绳顺利爬升和返回，避免钢丝绳由于相互挤压而造成的乱绳和咬绳，减少钢丝绳磨损。

9 超深竖井施工典型案例

9.1 云南大红山废石箕斗竖井快速施工案例

9.1.1 工程概况

大红山铁矿是昆钢集团公司的重要铁矿石原料基地,大红山废石箕斗竖井位于云南省玉溪市新平彝族、傣族自治县戛洒镇。矿区往东有公路通往新平县城（81 km）、玉溪市（165 km），昆明市（271 km），往西有公路至楚雄市（178 km）、昆明市（344 km）。从矿区经新平、玉溪至昆钢本部公路距离 260 km，至戛洒生活区 10.5 km。

玉溪大红山矿业有限公司二期工程废石箕斗竖井位于 400 万吨/年采矿矿体的东南侧、小庙沟废石场的西北侧,是深部二期采矿工程的主要开拓工程,用作深部二期采矿系统持续生产 I 号铜矿带及Ⅲ、Ⅳ矿体部分废石的提升通道。废石箕斗竖井工程井口地表处标高 1200 m,井底标高-79 m,井深达 1279 m。对于净直径 5.5 m 以下的小井径竖井,尤其是超千米的超深竖井,作业空间有限,大型凿井设备不能布置,进入工程中后期,受断面限制,装岩、提升等各项工作效率和能力减小,对施工速度影响较大,而且存在较大的安全隐患。小井径超深竖井机械化快速施工技术是多年来各项此类竖井井筒施工中总结出的成功技术,该技术选用先进的施工设施设备,并对其进行合理配套和优化改进,充分利用了适应小井径井筒施工的加长改进伞钻、二阶直斜眼掏槽中深孔光面爆破、改进抓斗机抓尖、管线稳车悬挂、大段高整体金属模板、钢模液压系统保护装置、吊盘配重等十余项新技术、新工艺,注重全方位的组织管理和科学的工序安排,在实现快速掘进的同时,工程安全和质量得到了全面保证。

该工程的工艺流程图如图 9-1 所示。

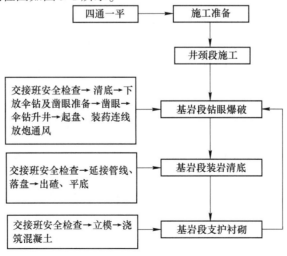

图 9-1 工艺流程图

9.1.2　施工准备

9.1.2.1　四通一平

施工进场前，做到通车、通水、通信、通电等"四通"和场地平整的"一平"。前期利用地形建高位水池供水，工业广场修建临时排水水沟，并建污水处理池处理污水。

9.1.2.2　大临（措施）工程

场地平整后，首先必须进行供配电系统、供压风系统安装以解决施工用电及用压风问题。井架安装在井筒开挖前进行，先将井架基础砌筑好，待混凝土强度达到一定程度后，采用大吊车起吊并拼装井架。稳车先安装多台用于井颈配合段施工，其余稳车在吊盘安装前安装完毕。

9.1.2.3　材料供应

施工用材料全部自行采购。所有材料必须及时采购，并事先落实好供应渠道，确保按时到货。要求供货方产品质量好、信誉高。材料进场后，施工方应自行进行必要的检验，确保质量符合要求。构成工程实体的主要材料必须抽样送到有资质的检定单位进行检定，质量符合要求并报业主及监理工程师批准后，再按规定使用。进场材料必须分类堆放，并作好标识。雨、雪天应做好材料防雨、防冻、防潮工作，施工所需主要材料应根据施工作业计划，提前组织运送到施工现场。

9.1.2.4　人员组织及培训

成立竖井施工项目组织部，负责分配工程项目的施工任务，化整为零，建立层层管理体系确保各项工作正常运转。根据施工准备网络计划和施工总体网络计划，合理配置劳动力，对人员进行进场前培训，做好竖井施工准备工作。

9.1.2.5　技术准备

做好技术准备工作是搞好工程施工的前提和基础，必须抓紧抓好。

（1）认真审核阅读施工图纸、资料和技术规范，编写开工报告。

（2）进行临时工程设施的具体设计，并根据具体设计制定采购、加工计划，对项目周边市场进行调查后，完成采购、加工计划，使临时工程设施建设顺利实施。

（3）编制实施性施工组织设计报告、施工作业规程，进行技术交底。

（4）结合本工程的特点，编写技术管理办法和实施细则。建立和完善项目部各项规章制度，包括主要的各工种岗位责任制、各设备操作规程及其他有关安全生产的各项管理制度。

（5）根据合同规定向业主和监理单位提供有关的资料和报告。

（6）根据工程的特点，组织对管理人员及施工作业人员进行进场前培训。

（7）做好开工前的测量交接，定点复测，加设施工测量控制标桩并做好测量记录。

（8）建立材料进出场（出入库）的各项管理及计划、审批制度，对构成工程实体的材料进行见证抽样送有资质的单位检验，并由有资质的单位根据送检材料进行混凝土配合比试验，并出具混凝土试验配合比作为施工依据。

（9）根据工程施工、质量认证、资料移交的需要，建立技术资料档案室，并安排专人负责技术资料档案的收集、整理工作。

9.1.3　施工方案及方法

9.1.3.1　井颈段施工

在施工准备期内，必须施工一定深度的井颈以配合吊盘、封口盘安装，为确保井筒爆破时不砸坏吊盘、封口盘及井内吊挂设施，该段井颈高度不少于 30 m。

先采用挖机开挖井口，开挖高度 4~5 m，井口组装整体钢模并利用钢模将井口砌筑好，其余井颈配合段利用已安装的井架、稳车施工。将抓岩机先装在翻碴平台下直接将碴石出至井口以外，再采用装载机转至汽车，运出排碴。当井深达到一定深度后，再将抓岩机安装在封口盘上装岩，然后通过稳车提吊桶提升、翻碴平台翻碴、汽车运输排碴完成剩余井颈配合段施工。

井深达到 30 m 后，安装吊盘，重装封口盘，并将抓岩机安装在吊盘下，完善吊挂系统，形成井筒正掘施工条件。

9.1.3.2　基岩段钻眼爆破

A　钻眼

采用 SYZ6-9 型伞钻打眼，配套凿岩机 YGZ-70 型 6 台。将 10 t 吊葫芦吊挂在翻碴平台下，钻眼前，采用提升机下放伞钻至吊盘下，连接风水管，打开伞钻撑杆撑牢井壁，然后进行试钻、钻眼。

超深竖井施工后期随着深度增加，提升时间增加，施工进度会拖后 20%~30%，为了提高后期施工进度，在云南省玉溪大红山矿业有限公司二期工程废石箕斗竖井施工中，采用了增加炮眼深度、提高掏槽效率等措施增加每掘进循环进尺的方式来加快施工进度。

为了增加钻眼深度，经与厂家协商，增加凿岩机推进器行程，由原 4.7 m 行程增加到 5.7 m 行程，钻眼深度由原 4.3 m 增加到 5.3 m，配 5.7 m 长钎杆打眼、$\phi55$ mm 十字形钻头，每循环进尺增加 1 m。在炮眼布置上改变传统竖井爆破常采用的直眼掏槽方式，采用二阶直、斜眼掏槽方式，有效地提高了井筒掘进爆破效果。炮眼布置详见图 9-2。

B　爆破

（1）起伞钻。钻眼结束后，采用绞车将伞钻提至井口，转挂至翻碴平台下。考虑到伞钻推进器行程增加了 1 m，伞钻高度相应增加 1 m，要求井架翻碴平台至井口水平距离满足伞钻悬挂要求。一般采用ⅣG 型井架，经济合算又能满足要求。

（2）装药连线。采用大并联方式连线爆破，由于井筒断面较小，露出炮眼以外的导爆管，雷管脚线密集布置，必须注意雷管脚线在工作面内的摆放位置，其周边 500 mm 范围不得有其他雷管的导爆管，否则，易炸断其他雷管的导爆管，造成拒爆。

（3）起吊盘。装药连线后起盘，在井口信号室设集中控制系统，所有吊盘提吊稳车

590
907
966
977
707
628
6200
5200
4000
2800
1800
1600
5300
5100
83°

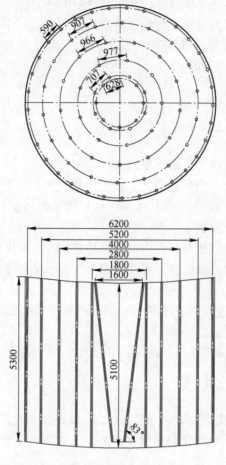

图 9-2　井筒炮眼布置图（单位：mm）

(包括管线悬吊稳车)，启动开关在信号室设置成既能联动又能分动的集中控制，起吊吊盘，集中控制系统如图 9-3 所示，吊盘起至距井底工作面 50 m 以上。

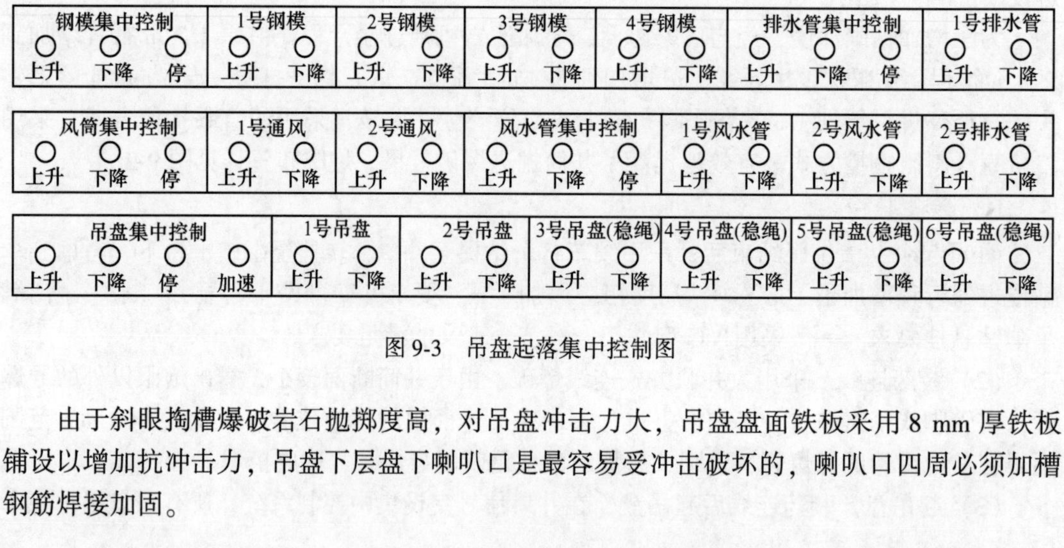

钢模集中控制
上升 下降 停
1号钢模
上升 下降
2号钢模
上升 下降
3号钢模
上升 下降
4号钢模
上升 下降
排水管集中控制
上升 下降 停
1号排水管
上升 下降
风筒集中控制
上升 下降 停
1号通风
上升 下降
2号通风
上升 下降
风水管集中控制
上升 下降 停
1号风水管
上升 下降
2号风水管
上升 下降
2号排水管
上升 下降
吊盘集中控制
上升 下降 停 加速
1号吊盘
上升 下降
2号吊盘
上升 下降
3号吊盘(稳绳)
上升 下降
4号吊盘(稳绳)
上升 下降
5号吊盘(稳绳)
上升 下降
6号吊盘(稳绳)
上升 下降

图 9-3　吊盘起落集中控制图

由于斜眼掏槽爆破岩石抛掷度高，对吊盘冲击力大，吊盘盘面铁板采用 8 mm 厚铁板铺设以增加抗冲击力，吊盘下层盘下喇叭口是最容易受冲击破坏的，喇叭口四周必须加槽钢筋焊接加固。

小井径、超深竖井施工布置特点：一是吊盘的直径较小，排水水泵及水箱布置较困难；二是井筒深，钢丝绳的伸缩量大；三是抓岩机在抓岩时，吊盘易摆动。为解决以上问题，采用三层吊盘设计，增加吊盘重量，使钢丝绳伸缩长度在最大井深时达到钢丝绳最大允许可伸缩量。同时，增加一层盘以利用该层盘布置水泵及水箱，在水泵及水箱布置上采取与抓岩机对称布置方式，即抓岩机布置在吊盘下层盘的提升方向一侧，水泵及水箱布置在吊盘中层盘提升方向的另一侧，以平衡吊盘增加吊盘的稳定性。吊盘布置如图9-4所示。

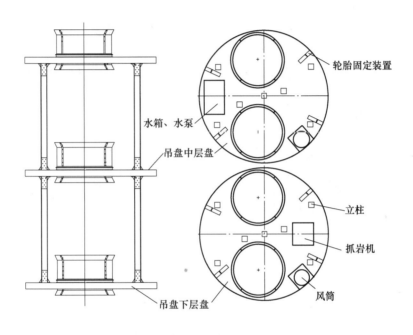

图 9-4 吊盘布置图

（4）放炮。井筒内钢丝绳悬吊电缆放炮，采用 LR-Z 型发爆器井口远距离起爆磁电雷管爆破。放炮时，井盖门必须处于打开状态，提升吊桶摆放在井盖门以外的封口盘上。

（5）排烟及降温。超深竖井施工炮烟排出时间长，在通风上采用了大功率对旋式风机配 ϕ600 mm 玻璃钢风筒通风排烟，玻璃钢风筒接口严密，漏风量小，风阻小，可采用小直径风筒通风以适应小直径深竖井施工。但风筒与吊盘之间 5~10 m 及吊盘以下风筒为防爆破砸坏费用较贵的玻璃钢风筒而采用胶质风筒。超深竖井地温很高，采用在吊盘中层盘上加装一台局部通风机接力通风增加风速，可达到降温的效果。

（6）延接管路、落吊盘。落吊盘与管线延接是同步进行的，落盘后吊盘下层盘距井底12~15 m，便于抓岩机抓岩。管线延接随管线悬挂方式不同而不同，大红山铁矿废石箕斗井净径5.5 m，采用稳车悬挂方式，在井口进行管线延接。为了减少管线延接次数及起落管线方便，井口以下及吊盘以上 10~15 m 供压风管、供水管、排水管均采用软管连接，在井口、吊盘上预留部分软管可减少钢管延接次数，一般 20~30 m 延接一次管线，大大地缩短了吊盘起落时间，加快了施工速度。

9.1.3.3　基岩段出碴与清底

A　装岩

因井筒净径较小，只能布置一台抓岩机装岩，因此采用 HZ-6 中心回转抓岩机装岩。由于国产 HZ-6 中心回转抓岩机配 0.6 m³ 抓斗受气动能力限制，抓片抓岩及抓斗提升明显力度不足，在大红山铁矿废石箕斗井施工中采用了 HZ-6 中心回转抓岩机配 0.4 m³ 抓斗装岩，加大了抓片抓岩力度及加快了抓斗提升速度，有效地缩短了出碴时间。

抓斗抓尖在抓片抓岩过程中是最易磨损的部分，需经常更换，影响施工进度。施工中对抓斗抓尖进行了改进，采用 D182 焊条堆焊，增加了整体强度，大大提高了装岩出碴的效率。

抓岩机装岩抓斗甩动时吊盘会水平晃动，抓斗抓岩、提升、卸载时吊盘会上、下跳动，施工中在吊盘中、下层盘上安装了吊盘橡胶实心轮胎稳定装置，很好地解决了这个问题。轮胎稳定装置如图 9-5 所示。

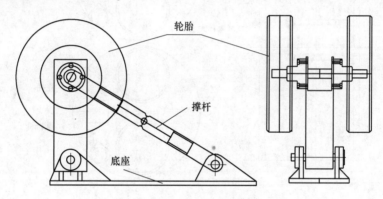

图 9-5　吊盘轮胎稳定装置图

吊盘轮胎稳定装置既稳定了吊盘又允许吊盘在水平、垂直方向存在微动，避免了吊盘刚性固定对吊盘造成的损坏，是一种很好的吊盘稳定装置。

采用远程电视监控系统，在地面值班室安装监控电视、井筒中悬挂监控电缆、吊盘上安装监控摄像头，对井底工作面出碴进行实时监控。

B　提升及翻碴

小井径井筒受井筒净断面限制，无法配置很大的提升吊桶，净径 5~5.5 m 井筒可配置 2 套提升系统，净径 5 m 以下井筒一般只能配置一套提升系统。大红山废石箕斗井净径 5.5 m，选用 2 套提升系统，经优化布置，采用 1 台 3.2 m 单筒凿井绞车、1 台 3.6 m 双筒凿井绞车，各提 2 个 3 m³ 吊桶提升，翻碴平台座钩式翻碴。

C　清底及排水

采用人工配合抓岩机清底，松软岩石采用风镐处理，井底少量积水可采用风泵将积水排入吊桶随碴一起排至地面。涌水量较大时，采用风泵将积水排入吊盘上水箱内，再采用卧泵排水。由于井径较小，吊盘上无法布置大型高压水泵将水一次排至地面，设计在井筒内设置腰泵房经二级排水管将水排至地面。

9.1.3.4 基岩段支护衬砌

基岩段井筒采用大段高整体下滑金属模板砌筑，模板高度 4.5 m，采用浇筑口无缝搭接技术，搭接高度 300 mm，砌筑段高 4.2 m。钢模采用 10 mm 厚钢板卷焊而成以抵抗爆破冲击，整个钢模预留一条搭接缝，采用液压伸缩油缸调节模板的伸缩，为防液压伸缩油缸爆破时被砸坏，必须采取保护措施，施工中采用图 9-6 中的保护装置有效地保护油缸，维修方便，简单易行。

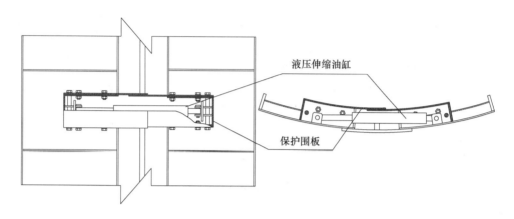

图 9-6　钢模液压系统保护装置图

整体钢模采用无缝搭接技术，模板上部 300 mm 高为模板搭接部分，稳模后，搭接部分套牢老模混凝土。在该搭接铁板高度内沿井筒周边均匀预留几个浇灌口，采用活动铁板封口，浇灌满后用铁板合拢封口，使新、老之间接口不留缝隙，确保接茬密实。

在井口地面设搅拌站，安设两台 JS-1000 型大容量搅拌机，并配备筛洗系统、电子计量装置、自动给料输送机。搅拌时，必须按有关操作规程进行，各种原材料要计量准确，搅拌充分，并采用 TD-2.4 底卸式吊桶下料。

混凝土的浇筑采用对称分层环形浇灌的方法，分层厚 300 mm，用插入式风动振动棒振捣，模板上留窗口便于操作，须振捣密实。采用浇筑口接茬板接茬，必须饱满密实，保证接茬质量。混凝土的养护视情况而定，如井筒有淋水，则自然养护，否则，应按规定洒水养护。

9.1.4　材料与设备

竖井机械化快速施工，是以机具设备的准确配套和严格完整的日常管理为前提，必须有一整套齐全、合适的机械设备，并有严格的设备管理措施来保证各种设备的正常运转。本节描述的是以玉溪大红山矿业有限公司二期工程废石箕斗竖井为参照实例的设备配套及管理。表 9-1 为施工主要材料汇总，表 9-2 为井筒施工装备汇总。

表 9-1　施工主要材料

序号	材料名称	规　　格	单位	数量	备注
1	水胶炸药		t	119	

序号	材料名称	规　格	单位	数量	备注
2	毫秒电磁雷管		万发	7.2	
3	钢钎	25 mm	t	11	
4	钻头	十字形 55 mm	个	6518	
5	水泥	425 号普硅	t	6055	
6	中砂		m³	5730	
7	砾石	20~40 mm	m³	12930	
8	整体金属模板		t	18	
9	风筒	φ600 mm 玻璃钢风筒	m	1280	
10	型钢	工字钢、钢板、槽钢、角钢等	t	75	

表 9-2　井筒施工装备

序号	项　目			机　械　装　备
1	凿岩			SYZ6-9 型伞钻、YGZ-70 凿岩机
2	装岩			HZ-6 型中心回转抓岩机（配 0.4 m³ 抓斗）
3	提升	井架		ⅣG
		绞车		主提 2JKZ-3.6 双筒绞车
				副提 JKZ-3.2 单筒绞车
		容器		3 m³、2 m³ 座钩式吊桶, 2.4 m³、2 m³ 底卸式吊桶
4	悬吊	风水管	规格	φ127 mm 压风管；φ50 mm 供水管
			稳车	25 t 稳车 2 台
		吊盘	规格	3 层吊盘，直径 5.4 m
			稳车	25 t 稳车 2 台（吊盘），25 t 稳车 4 台（稳绳稳车）
		排水	规格	φ89 mm
			稳车	16 t 双筒稳车 1 台
		其他	钢模稳车	16 t 稳车 3 台
			安全梯稳车	10 t 稳车 1 台
			风筒稳车	10 t 稳车 2 台
5	翻碴			翻碴平台座钩式自动翻碴
6	排碴			5 t 汽车

续表 9-2

序号	项 目		机 械 装 备
7	排水		BQF-50/25 风泵（井底工作面）
			DM25-50×11(6)型卧泵（吊盘）、DM25-50×11 型卧泵（腰泵房）
8	注浆		MKQJ120/40 型潜孔钻机
			2TGZ-120/105 型注浆泵
9	通风		φ600 mm 玻璃钢风筒
			ZBKJ 2×30 对旋式风机
10	测量		垂球式测量大线 1 套
11	砌壁	模板	MJY 型（模高 4.5 m）整体下滑金属模板
		搅拌站	地面集中搅拌机 JS 1000 搅拌机配 PLD2400 型自动给料输送机及电子计量系统
		混凝土输送	底卸式吊桶输送
12	压风		40 m³/min 、20 m³/min 螺杆式空压机

9.1.5 质量控制

9.1.5.1 施工质量保证体系

（1）针对小井径超深竖井施工工程的特点，建立以项目经理为核心的质量管理体系，成立全面质量管理小组（QC），设置专职质检员，同时进行全员全过程的管理，各工序班组设置兼职质检员。

（2）项目经理对项目部承担的所有工程质量负全责；项目部分管质量的技术副经理对工程质量控制运行过程负责；掘进队班队长对本队及本班施工质量负责；机电负责人及机电技术人员对设备设施运行质量负责；测量人员测量的计算成果必须经过两人复核才能作为施测依据；技术人员应认真审核图纸并组织施工人员进行现场交底；项目部专职质检员应经常对工程质量进行日常检查，并有权开出质量罚款单；班组兼职质检员对日常质量检查结果应做好质检日志，并协助技术人员组织对现场工程实体质量进行每 5 天 1 次的工程质量验收。

9.1.5.2 施工质量技术保证措施

大红山铁矿箕斗竖井施工过程中对工程缺陷等质量事故做到事事追查及改正，并对整个竖井施工全过程进行质量分析、质量监控，把工程质量问题控制在施工萌芽状态。

A 凿岩爆破质量控制

凿岩爆破施工根据现场条件变化对编制的爆破设计方案进行完善和修改，严格按爆破图表进行打眼、装药，实行定人、定钻、定眼位、定时间和定质量的"五定"措施，要求炮眼准、平、直、齐，炮泥优选黄泥材料，确保堵塞质量；爆破后周边残眼率大于70%，两茬炮之间围岩台阶型误差控制在 150 mm 以内。

B 混凝土施工质量控制

混凝土拌制前，应对所用水泥、砂石等原材料进行质量检验。在搅拌站通过电子计量装置来控制混凝土配合比，成品混凝土要取样和试验；砌壁立模稳模时，设置专职测量人员检查以确保模板中线、水平度和垂直度符合要求，定期检查、校对混凝土模板，发现尺寸变形及时调整，以保证砌壁规格；混凝土浇灌时，分层浇灌分层振捣，保证砌壁接茬质量，施工全程按规定对混凝土进行及时养护。

C 机电安装质量控制

机电设备须严把设备材料进场关，检验设备型号、规格、数量符合设计要求，三证齐全。小井径井筒快速施工机电安装应设置以下重要的质量控制点：确保提升机十字中心线、井筒提升中心线与井架天轮中心线的位置匹配，以及提升机和天轮的平行度、水平度、竖直度等符合要求；确保各管线的焊接质量及密封性，以及确保机电安装绝缘预防短路。

9.1.5.3 施工质量检测

工程质量标准以国家、行业有关建筑工程施工及验收规范为依据，大红山铁矿箕斗竖井建成后达到的质量要求：井筒总涌水量小于 6 m³/h，井壁不得有明显出水点；井壁平整不得有错茬现象，检查井壁凸凹要用 3 m 长直尺靠在井壁任何一处，直尺与井壁间隙不得超过 3 cm；井壁接茬密实不漏水。

9.1.6 安全措施

9.1.6.1 安全管理机构及制度

（1）该井筒施工过程中严格执行安全管理制度，消除违章作业等不安全因素，杜绝人身死亡事故、群伤事故和重大设备伤害事故，从开工至井筒到底，未发生人身安全事故。这与项目部安全管理机构及制度执行是密不可分的。

（2）项目部配置安全副经理和专职安全员各一名，施工班组各配置一名群安员，在安全副经理管理下，由专职安全员和群安员开展各项施工安全管理工作。

（3）根据各工序工种建立健全安全生产责任制和岗位责任制及相关技术操作规程，关键工序必须持证上岗；严格执行"一工程一措施"制度，每周每月都有定期和不定期的安全检查，坚决制止"三违"；强化各工种的安全技术培训，坚持党、政、工、青齐抓共管，定期组织施工安全知识学习和考核，提高各工序作业人员识灾、防灾的能力，做到防患于未然。

9.1.6.2 安全管理措施

（1）个人安全预防。各工序作业人员下井均须戴安全帽等个人防护用品，并须佩戴安全保险带；下井人员严禁喝酒，以良好精神状态下井，严禁井下睡觉或打瞌睡，下井后严禁打闹；竖井上下，须文明乘坐吊桶，及时扣紧保险带，须服从井口信号工安排，严禁超员乘坐；在员工间形成"自保、互保、联保"的良好氛围。

（2）爆破安全管理。爆破是竖井施工的关键工序，执行火工品领退制度，做到随用随领；在井筒运送爆破材料和装药时，只允许放炮人员、信号工、看盘工和水泵司机在井下，其他人员都须撤至地面；装药前，必须切断井下总电源，为防止杂散电流引起早爆，金属设施须提高 10 m 以上；放炮前所有人员撤到安全地点，发出放炮信号后 5 s 以上才可引爆。

（3）设备安全操作管理。根据各工序设备设施操作规程施工，相关制度规范须挂牌明示；专职人员须每天检查吊桶、天轮、井架、钢丝绳、钩头等提升装置和提升绞车的各部分，每天一检，公司机电部门每月还须组织检查一次；严格执行停、送电审批制度，停、送电必须经由分管副经理负责审批；为杜绝雷击事故，年初须编制防雷电计划，做好防雷电部署；所有电气设备都配有三大保护装置；井下供电严禁采用中性点直接接地的变压器。

（4）防治水安全管理。根据水文地质资料，坚持"有疑必探，先探后掘"的探水原则，采取以防、堵为主的综合治水方法，努力实现打干井；探水打钻前，须做好安全防范工作，即水泵排水能力大于 40 m³/h，安全梯通畅，孔口管安设好突水防喷装置，防止突水淹井事故；探水时，应由水文地测人员和防探水负责人亲临现场指挥。

（5）预防措施及紧急预案。成立应急领导小组，随时应对和处置各种突发情况。安全、生产副经理负责处置突发情况全过程的安全监督把关，保证方案、措施及其现场实施的绝对安全可靠；井下一旦发生突发情况，现场人员应立即向当班班队长和值班领导汇报，同时向项目部地面调度值班室汇报。项目经理作为应急处理的总指挥，接到紧急报告后，应迅速到达指挥岗位，立即启动应急处置预案，展开有关救援与抢险的组织指挥工作。应急领导小组成员接到警报后，应立即放下手头的工作，向指挥中心集结，同时安排本单位或部门人员作好职责范围内工作的一切准备。

（6）安全培训和监督。项目部组织定期和不定期的安全培训，对各工种职工进行安全基本知识和技术安全教育，使各工种职工既有安全基本知识又有本工种的安全知识，其主要内容是：机械设备、电气作业、高空作业、防爆防尘等安全基本知识；本工种的技术安全规程；个人劳动防护用品的安全使用知识。同时，建立施工安全监督及举报制度，适当奖励举报人，并严厉处罚对举报人报复的人员。

9.1.7 环保措施

（1）建设文明工地，开展文明施工是竖井项目施工的重要管理举措，这对于降低施工材料消耗，保证施工安全生产，起着非常重要的作用。建立文明施工保证体系，做到文明施工、文明工地、文明生活管理，创建"文明施工先进单位"，塑造工地良好形象。

（2）设立环保工农关系协调小组，对施工区周围环境、邻近的资产和居民区作合理的保护，并积极主动与当地环保部门联系，定期向他们汇报工作，取得当地环保部门的支持。加强对全体职工的环保思想教育，重视文明施工，环保小组应经常进行检查、评比、奖优罚劣，把环保工作当成重要的、经常性的工作来抓。

（3）设置污水处理系统，防止污水直接排入河流、水塘等水域。工地生活区的生活垃圾集中运至当地环保部门指定的地点堆放。

（4）施工和生活区的废物集中放置，并及时处理或运至监理工程师和业主指定的地方放置，如无法及时处理或运走，则加以覆盖以防散失。

（5）通过采取措施或改进施工方法，使施工噪声达到施工现场环境标准，其措施和方法须经监理工程师批准。

（6）施工中产生的废碴、废液，由专用车辆运往业主指定的地点排放。施工期间始终要保持工地的排水系统良好，修建一些有足够泄水断面的临时排水渠道，并与永久性排水设施相连，避免引起淤积和冲刷。

（7）组织所有施工人员学习环保知识，提高全体职工的环保意识，并自觉遵守国家和地方所有关于控制环境污染的法律和法规。

（8）所有临时设施都必须符合消防要求，并且经消防部门验收合格后方可投入使用。地面生活生产区周边必须保留有效的消防空地，配置必要的消防设施，加强日常消防管理，防止发生火灾。

9.1.8　效益分析

小井径深竖井井筒施工中存在的问题主要是井筒内平面及空间布置较困难，不宜采用大型设备设施施工；井筒深度深，施工后期，深井地温高，作业人员施工效率降低，随着深度增加，提升时间大大增加，施工进度受到较大影响。

根据废石箕斗竖井施工经验，针对小井径深竖井井筒施工中存在的问题采用加大伞钻凿岩机推进器行程、增加钻眼深度、提高掏槽效率等方法提高每掘进循环进尺，加快了深井施工进度。同时在吊盘起落上采取集中控制起落、井口及吊盘上加装软管减少管线延接次数等措施缩短吊盘起落时间；在抓岩机抓岩上采取合理配置抓岩机、改进抓尖、吊盘稳定装置稳定吊盘等措施提高抓岩效率；在通风上采取大功率对旋式风机配玻璃钢风筒供风、吊盘上加装接力风机等措施加大工作面供风风量及风速，降低工作面温度；在支护上采取大段高整体液压模板、模板无缝搭接技术、液压装置保护技术、大容量搅拌机配电子计量、自动给料机技术等措施确保混凝土浇灌质量。

经过采取以上措施，在大红山废石箕斗井施工取得了很好效果，井筒 600 m 以上平均进度达到 100 m，600~1279 m 平均进度达到 85 m。

9.2　山东某矿进风井超深竖井快速施工案例

9.2.1　工程概况

山东某矿进风井净径 6.5 m，井口标高 +7.0 m，井底标高 -1493 m，井深 1500 m，现有地坪海拔标高为 +4.6 m。一期为 -345 m 以上井筒掘砌及 -160 m、-280 m、-340 m 马头门和平巷掘砌工程；二期为 -345 m 以下井筒掘砌及 -1058 m、-1298 m、-1483 m 水平马头门掘砌工程，-1060~-1483 m 井筒装配。马头门及硐室采用光面爆破。

井筒净面积为 33.183 m^2，掘进面积为 41.854~55.418 m^2，井颈段高 85m，采用内外壁双层钢筋混凝土支护，外壁混凝土支护厚度为 550 mm，内壁混凝土支护厚度为 400 mm，内外层井壁间铺设 1.5 mm 厚单层聚乙烯塑料板；井颈以下至 -1100 m 标高，井筒正常段采用 400 mm 素混凝土支护，遇不良岩层段进行加强支护，其中，遇较破碎的Ⅲ、Ⅳ类围岩，采用Ⅰ—Ⅰ断面，即锚网一次支护+400 mm 素混凝土二次支护；遇破碎的Ⅳ、Ⅴ类围岩，采用Ⅱ—Ⅱ断面，即锚网一次支护+400 mm 双层钢筋混凝土二次支护；-1100 m 至井底段，井筒正常段按Ⅰ—Ⅰ断面设计，采用锚网+400 mm 素混凝土支护，当遇破碎不稳定围岩时，按Ⅱ—Ⅱ断面设计，改 400 mm 素混凝土为钢筋混凝土。-1058 m 标高以上各水平石门、平巷正常段均采用 100 mm 素喷混凝土支护，遇不良岩层段，改为锚网+100 mm 厚喷射混凝土支护；-1298 m、-1483 m 水平石门正常段采用锚网+100 mm 厚喷射混凝土支护，遇不良岩层段，参照井筒段要求加强支护。

混凝土强度等级要求：井颈段浇筑混凝土 C50；井颈以下至-1150 m 标高段井筒（含马头门）浇筑混凝土 C30；-1150 m 标高至井底（含马头门）浇筑混凝土 C40；喷射混凝土 C25；巷道底板及基础混凝土 C20；锚固剂强度等级 M25；钢筋的混凝土保护层厚度 50 mm（井颈外层井壁外侧钢筋保护层厚度为 70 mm）。

9.2.2 工业广场平面布置及凿井设备配套

9.2.2.1 工业广场大临平面布置

本工程生产、生活用大临工程集中布置在井口工业广场内，工业广场布置有绞车房、稳车棚、井口信号室、压风机房、进班室、值班室、工具房、砂石棚、设备维修库、机修电焊棚等生产用大临措施工程。

生活用大临设施与生产设施按使用功能要求建设、优化布置，尽量节约使用场地与费用。广场生产用大临（措施）工程布置应紧凑，不超出已设计的广场范围布置。

地面大型临时设施建设应尽最大可能具备防台风、防暴雨能力，其中生活、办公、仓库用房主要考虑租用集装箱式活动房解决。

9.2.2.2 井筒施工机械化配套方案

竖井井颈段采用 MYW6/0.3(20) 小型挖机下井开挖及装碴施工，采用 16 t 稳车或 4 m 单筒凿井绞车配 1 个 3 m³ 吊桶提升出碴，外壁采用整体液压伸缩模板砌筑支护，内壁使用金属组合式模板采用转模法从下至上砌筑施工，井筒内采用底卸式吊桶或溜灰管下料，商品混凝土浇筑。

井筒基岩段采取短掘短砌混合作业方式，实行正规循环滚班作业，掘砌段高 4 m，采用 1 台 JKZ-4×3 凿井绞车和 1 台 2JKZ-4×2.65 凿井绞车配 2 个 5 m³ 座钩式吊桶提升，液压伞钻打眼，0.6 m³ 中心回转抓岩机出碴；采用商品混凝土浇筑、3 m³ 底卸式吊桶下料，应用整体下滑金属模板砌壁、稳车地面集中控制起落等工艺，组织多工序混合作业方式，提高正规循环率。井筒施工装备详见表 9-3。

表 9-3　井筒施工装备表

项　目	机　械　装　备
凿岩	YSJZ4.8 型液压伞钻、HYD-200 凿岩机 4 台
装岩	HZ-6 型中心回转抓岩机

项　目		机　械　装　备
提升	井架	VI
	绞车	主提：JKZ-4×3 型单滚筒凿井提升机
		副提：2JKZ-4×2.65 型双滚筒凿井提升机
	容器	TZ-5.0 座钩式吊桶（井筒深度 $H \leq 1200$ m，采用 TZ-5 吊桶提升；$1200 \leq H \leq 1400$ m，采用 TZ-4 吊桶提升；$H > 1400$ m，采用 TZ-3 吊桶提升），3 m³ 底卸式吊桶提升混凝土
风水管	规格	压风管：DN160PE 管；供水管：φ40×3 无缝钢管
	悬吊	JZ-25/1300 稳车 2 台
吊盘	规格	三层吊盘，直径 6.3 m
	悬吊	JZ-25/1600 稳车 6 台（吊挂各种井筒内设备设施）
排水	规格	φ108 mm×5.5/5/4.5/4 mm
	悬吊	JZ-25/1300 稳车 2 台
钢模	规格	整体下滑金属模板，φ6.55 m，全高 4 m
	悬吊	JZ-25/1600 稳车 3 台
通风管（风筒）	规格	DN800HDPE 双壁波纹通风管
	悬吊	JZ-25/1300 稳车 2 台
翻碴		翻碴平台座钩式自动翻碴
排碴		地面汽车运输排
排水		BQF-50/25 风泵（井底）
		D25-80×10（吊盘）；D25-80×11（腰泵房）
注浆		MKQJ120/40 型潜孔钻机
		2TGZ-60/210 型注浆泵
通风		FBDNo.7.5/4×37 型对旋式风机
测量		垂球式测量大线一套
支护	混凝土输料	TD-3.0 底卸式吊桶输送，井颈段采用 φ159 mm 钢管下料
	砌筑	正常段井壁采用 MJY 型（外径 6.55 m，模高 4.2 m，段高 4.0 m）整体下滑金属模板砌壁
	锚杆架设	MQT-130 气动锚杆钻机
	压风	地面 LG-250/8G、LG-132/8G 风冷螺杆式空压机

9.2.3 施工总体方案

施工总体方案为:

(1) 进场后,先进行大临房屋工程施工,采用集装箱式住房以加快大临房施工速度,先修建部分生活用房屋,具备基本生活条件后,组织冻结施工队伍进场进行冻结施工准备,包括临时变配电所安装,冻结钻孔、冻结站安装等。

(2) 井颈段冻结,采用三圈孔一次冻全深方案冻结井颈。在井颈段冻结期间,地面相继进行压风机、稳车、绞车安装,井架基础施工及井架、天轮平台、翻矸平台、翻矸溜槽等设备设施安装。井架基础与井口环形冷冻沟槽施工、设备设施安装与冷冻作业之间应协同进行,避免相互影响。

(3) 井颈段强制冷冻期间,当水文孔冒水证实主要含水层冻结壁已交圈,根据测温资料分析,冻结壁能够达到设计需要的强度和厚度后,即可进行井颈段开挖施工。开挖期间,井颈段仍维持冷冻,确保冻结壁不解冻。

(4) 井颈段施工时,井口以下 5 m 段,直接采用大型挖机开挖,井口用载重汽车承载排矸;井深 5 m 以下,采用 16 t 稳车或投入单台凿井绞车挂 3.0 m³ 吊桶提升,形成单套提升、翻矸系统,工作面掘进开挖和装岩出矸主要由 1 台 MYW6/0.3(20) 小型挖机担负,人工持风镐辅助,当局部开挖遇到硬岩时,可采用钻爆法破除。井颈段永久支护采取先由上而下逐段砌筑外壁、后自下而上砌筑内壁分次施工的方式,外壁砌筑采用液压驱动径向伸缩的金属整体模板,由 3 台专用稳车悬吊下放,内壁砌筑采用金属组合式模板,内外壁支护均采用商品混凝土。商品混凝土罐车运送至井口后通过井筒临时悬吊的溜灰管输送入模。当井口开挖深度达到高度 4 m 时,组装下放安装外壁整体模板,进行井颈首段外壁混凝土支护,此后以此为段高,掘砌循环交替进行,逐段下行。当井筒推进至一定深度后,相继安装吊盘、井口封口盘、风水管、风筒等辅助设施,逐步形成全套凿井吊挂设备设施和安全作业条件,完成井颈段全深开挖及外壁砌筑支护。随后,从下至上采用转模法完成井颈段内壁砌筑施工。

(5) 井颈冻结固壁段掘砌完成后,在井壁解冻前,及时进行内外井壁间的注浆充填施工,确保井壁质量达到设计和施工规范要求,避免出现井壁淋水和集中涌水问题。

(6) 井颈以下井身段施工,采用 1 台 4 m 单筒绞车和 1 台 4 m 双筒绞车分别挂 1 个 5 m³ 吊桶提升,采用 1 台 HZ-6 型中心回转抓岩机装岩,YSJZ4.8 型液压伞钻配 4 台 HYD-200 凿岩机打眼,MJY 型整体下滑金属模板砌壁支护施工。基岩段井筒采用 YSJZ4.8 型液压伞钻打眼,1 台 HZ-6 型中心回转式抓岩机出矸;采用 1 台 JKZ-4×3 凿井单筒提升机提升 1 个 TZ-5 座钩式吊桶,1 台 2JKZ-4×2.65 凿井双筒提升机利用固定滚筒提 1 个 TZ-5 座钩式吊桶提升施工设备。其施工顺序及工艺如图 9-7 所示,凿井工艺流程模型如图 9-8 所示。

(7) 井筒施工至-280 m、-340 m 马头门位置时,先将-280 m、-340 m 马头门施工完

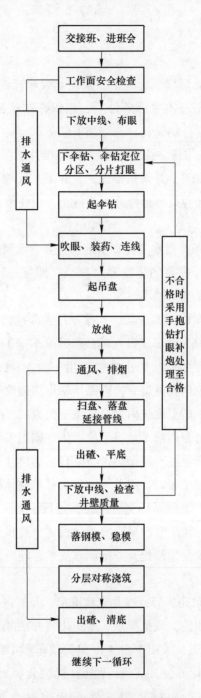

图 9-7　竖井井筒施工工艺框图

毕，然后利用凿井设备提升系统完成两水平石门及平巷施工，之后井筒再继续下掘。两水平石门及平巷采用风钻打眼、利用 P-60B 耙岩机将碴石耙至井筒内，再利用 HZ-6 型中心回转抓岩机、吊桶装岩提升至地面。

（8）井筒掘砌工程完成后，利用凿井临时稳、绞设备设施进行井筒装备施工。

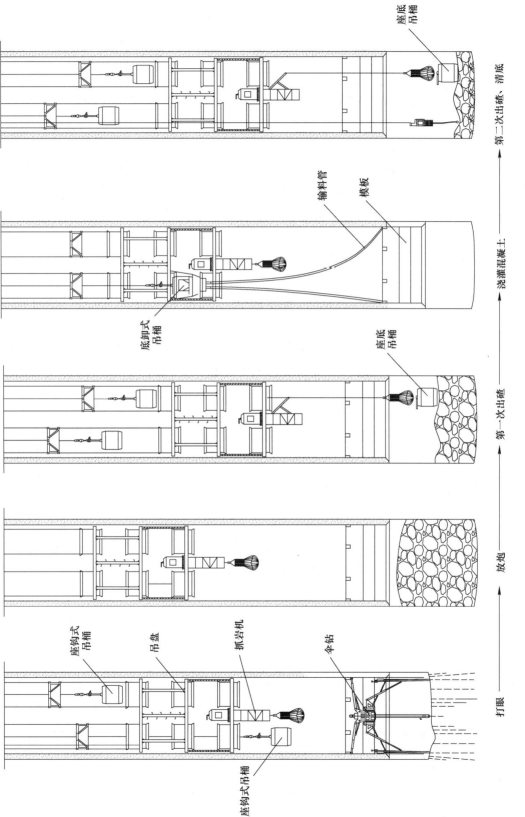

图 9-8 凿井工艺流程模型图

9.2.4　凿岩爆破作业

9.2.4.1　钻眼

A　钻眼准备

采用 YSJZ4.8 型液压伞钻打眼，配套 HYD-200 凿岩机 4 台。伞钻不打眼时采用吊葫芦吊挂在翻碴平台下，且伞钻撑腿必须撑地。钻眼前应将井底余碴清理干净，不平整处采用风镐采平，井底积水应用风泵排尽，然后，下放中垂线检查井筒荒径是否存在超欠挖，欠挖部分能用风镐处理的及时处理，不能处理的应采用风钻打眼补炮方式处理，并与此次爆破一并处理，检查是否有盲炮及瞎炮并标记好，按安全规程有关规定处理。根据中心线按照爆破图表布眼，用油漆标定各眼位，按伞钻凿岩机作业台数划定各自打眼区域，钻眼前，采用绞车提升下放伞钻至吊盘下（转挂至专用伞钻提吊稳车上），连接风水管，打开伞钻撑杆撑牢井壁、下放并联结好风水管、试钻、准备打眼。

B　钻眼作业

钻眼深度 5.1 m，净进尺 4.5 m，采取分区、划片钻眼，每台钻负责一个区域，各台钻由井帮向中心或由中心向井帮顺序钻眼，相邻两台钻钻眼顺序相反。先选几个定位定向眼打眼，插入定向棍指向，再根据定向棍指定方向打其他眼，采用木塞堵塞已钻钻孔，以防碎石落入炮眼内无法吹出造成废眼。所有炮眼打完后，将伞钻提至井口并转挂至翻碴平台下，再采用压风吹眼，将炮眼内的碎石及积水吹出眼外，以便于装药。

9.2.4.2　爆破

设计使用岩石乳化炸药，其主要技术参数为：掏槽眼和辅助眼采用直径 45 mm、炸药密度为 $1.2 \sim 1.3 \ g/cm^3$、每卷药质量为 1.0 kg、每卷长 400 mm 的防水药卷；周边眼采用直径 35 mm、每卷药质量为 0.6 kg、每卷长 500 mm 的防水药卷。为了满足中深孔的起爆，选用 7m 长脚线，1~5 段半秒及秒延期导爆管雷管爆破。采用大直径深孔光面、光底、锅底、弱冲、减震爆破。采用二阶直、斜眼掏槽，反向连续装药。

A　爆破设计

根据基岩正常段井筒掘进直径为 7.3 m、掘进断面 $S_{掘} = 41.854 \ m^2$、岩石硬度系数 $f = 8 \sim 10$，进行爆破设计，施工中根据岩石情况及时调整，并经试验选取最佳爆破参数。

a　炮眼深度

正常情况下炮眼深度为 5.1 m，取炮眼利用率为 0.88，则 $L = 5.1 \times 0.88 \approx 4.5 \ m$。

b　炮眼布置

共钻眼 7 圈，炮眼 120 个，炮眼总长度 612 m，总装药量 813 kg，炮眼布置如图 9-9 所示，爆破参数见表 9-4，预期爆破效果见表 8-2。

掏槽眼：掏槽眼两级，两级眼间距 100 mm，一级掏槽眼圈径为 1.6 m，眼 8 个，眼间距 626 mm，采用楔形掏槽方式，斜插角为 83°；二级掏槽眼圈径为 1.8 m，眼 8 个，眼间距707 mm，直眼，二级掏槽眼眼深均为5.1 m，分两段起爆，每眼装药11卷，装药系数0.86，炮泥封堵长度700 mm，采用1~2段半秒延期导爆管雷管爆破。

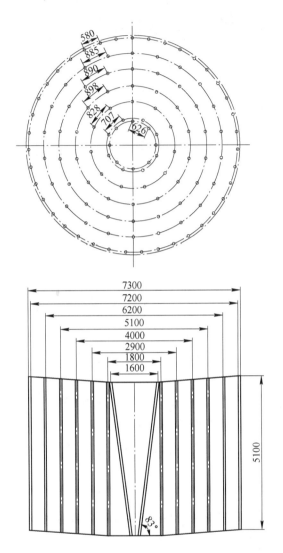

图9-9　进风井井筒炮眼布置图（单位：mm）

表9-4　爆破参数

名称	圈径/m	序号	眼数/个	眼距/mm	角度/(°)	眼深/m 垂深	眼深/m 小计深度	装药量 每眼/卷	装药量 小计 卷	装药量 小计 kg	起爆顺序
掏槽眼	1.6	1~8	8	626	83	5.1	40.8	11	88	88	Ⅰ
	1.8	9~16	8	707	90	5.1	40.8	11	88	88	Ⅱ

续表 9-4

名称	圈径/m	序号	眼数/个	眼距/mm	角度/(°)	眼深/m		装药量			起爆顺序
						垂深	小计深度	每眼/卷	小计		
									卷	kg	
一级辅助眼	2.9	17~27	11	828	90	5.1	56.1	8	88	88	Ⅲ
二级辅助眼	4.0	28~40	14	898	90	5.1	71.4	8	112	112	Ⅳ
三级辅助眼	5.1	41~57	18	890	90	5.1	91.8	8	144	144	Ⅴ
四级辅助眼	6.2	58~78	22	885	90	5.1	112.2	8	176	176	Ⅵ
周边眼	7.2	79~117	39	580	91	5.1	198.9	5	195	117	Ⅶ
合计			120				612.0		891	813	

辅助眼：分四级布置，级间距均为 500 mm、550 mm。一级辅助眼 11 个，圈径为 2.9 m，眼距 828 mm；二级辅助眼 14 个，圈径为 4.0 m，眼距 898 mm；三级辅助眼 18 个，圈径为 5.1 m，眼距 890 mm；四级辅助眼 22 个，圈径为 6.2 m，眼距 885 mm；四级辅助眼眼深均为 5.1 m，每眼装药 8 卷，均间隔不耦合装药，封泥长度不少于 300 mm，采用 3~6 段秒延期导爆管雷管爆破。

周边眼：共 39 个，按光爆要求布置，圈径为 7.2 m，眼距 580 mm，深度均为 5.1 m，外插 1°角，眼口距设计轮廓线 50 mm，眼底落在设计轮廓线上，最小抵抗线为 500 mm，每眼装药 5 卷，间隔不耦合装药，封泥长度不少于 300 mm，采用 7 段秒延期导爆管雷管爆破。

B　起伞钻、装药连线、起吊盘

起伞钻：钻眼结束后，取下伞钻钎杆，将伞钻臂收拢，收回撑杆，拆去连接管路并收上吊盘存放，下落主提升钩头，挂上伞钻吊环，拉紧主提绳并松稳车提吊绳，拆去稳车提吊绳钩头，采用 4.5 m 绞车将伞钻提至井口，转挂至翻碴平台下。

装药连线：采用大并联方式连线爆破，所有雷管随意分组，每组 6~8 个，每组导爆管各绑扎在一个引爆雷管上，引爆雷管绑扎在导爆管中间，用黑胶布缠紧，所有引爆雷管必须是同一段，然后，将引爆雷管以同样方式缠在长脚线磁电雷管上，选用 MYP-3× 35+1×16-660/1140 型电缆放炮，长度 1500 m，采用 LR-Z 型发爆器远距离起爆磁电雷管爆破。

特别注意，引爆雷管和磁电雷管在工作面内的摆放位置周边 500 mm 范围不得有其他雷管的导爆管，否则，易炸断其他雷管的导爆管，造成拒爆。

起吊盘：装药连线后起吊盘，由于装药量大，为防砸坏吊盘，起盘高度应确保下层盘距井底不少于 50 m。起盘时，在井口信号室设集中控制系统，所有吊盘提吊稳车启动开关在信号室设置成既能联动又能分动的集中控制启动装置。联动可以确保吊盘平稳上行,当吊盘偏斜时,采用分动微调各稳绳调平吊盘后再联动上行。吊盘起至最后位置时,要确保吊盘不得偏斜并处于悬空状态,且各稳绳均应拉紧。在放炮时,爆轰波冲击吊盘,吊盘能在井筒内上下移动,起到缓冲作用,防止吊盘被砸坏,起盘后,关闭各稳车电机电源再放炮。

C 放炮、排除炮烟、落吊盘、延接管路

放炮:井口以下 100 m 范围采用人工风镐无须放炮。100 m 以下放炮,地面井口 20 m 范围内要撤人并站岗警戒,特别是北侧海边必须设岗警戒。放炮时,打开井盖门,并关闭风机,放炮前放炮员必须口头警示并鸣哨三声再放炮。

排除炮烟:放炮后,开启风机排烟,由于装药量大,爆破后产生的有毒有害气体多,必须要有 30 min 的排烟时间,待炮烟吹散排尽后,先清扫井口封口盘及井口以外 3 m 范围内的碴石及杂物,检查井口设备设施是否有损坏后,人员再下井作业。

落吊盘:放炮后,人员首次下井吊桶必须慢行,以便沿途检查井筒内管线受损情况。人员下至吊盘,先清扫吊盘,再检查吊盘上的设备设施是否受损,随后,再落吊盘并延接管线及风筒,落盘后吊盘下层盘距井底 10~12 m,便于抓岩机抓岩。

9.2.5 装岩与清底

装岩:采用 HZ-6 中心回转抓岩机装岩,工作能力为 50 m³/h。装岩前,应先清理边帮浮石。装岩时,井底只留 2 人,1 人掌握信号(井底信号)并观察吊桶及抓斗,1 人指挥装岩,不得有其他闲杂人等,井底人员应躲藏在钢模下或紧靠钢模站立以躲避抓斗及吊桶。抓岩机司机应尽量确保抓斗不大幅甩动以防伤人,每次吊桶落底前,应将吊桶落位抓平便于吊桶落平落稳。1 个吊桶装碴,1 个吊桶提升,吊桶下落至吊盘以上时,应慢放,吊盘信号工应及时通知井底信号工注意(采用声响通知)。

井底有水时,采用抓岩机抓取水窝,用风泵将水排至吊盘水箱,再采用卧泵排水至地面。

装岩时,要随时掌握钢模至碴面高度,可采用标杆控制,当高度达到 4.0 m 时,停止出碴,下放中垂线,检查井筒掘进断面,欠挖处采用风镐及补炮处理,然后,采用抓岩机初平工作面,再人工细平工作面周边,下落钢模进行砌筑支护作业。

清底:抓岩机装碴见底后,先将井底大块碴石抓尽,底部碎岩必须辅以人工清底,为加快清底速度,施工队必须配备大量人力负责清底,集中精力用最短时间将碎岩堆至一处,再用抓岩机抓取装入吊桶,并采用风镐将井底整平便于打眼,同时将井底积水排干。

9.2.6 支护作业

9.2.6.1 临时支护

当围岩稳定性、整体性差,影响安全生产时,采用锚、网、喷混凝土临时支护。

9.2.6.2 基岩段井筒永久支护

基岩段井筒包含 3 种支护方式,基岩正常段为素混凝土支护方式,不良地质地段有Ⅰ、Ⅱ种加强支护方式。井颈以下至-1100 m 正常段为素混凝土支护方式,当遇较破碎的Ⅲ、Ⅳ类围岩时,采用Ⅰ—Ⅰ断面,即锚网一次支护+400 mm 素混凝土二次支护加强,遇破碎的Ⅳ、Ⅴ类围岩,采用Ⅱ—Ⅱ断面,即锚网一次支护+400 mm 双层钢筋混凝土二次支护加强;-1100 m 至井底段,井筒正常段按Ⅰ—Ⅰ断面设计,采用锚网+400 mm 素混凝土支护,当遇破碎不稳定围岩时,按Ⅱ—Ⅱ断面设计,改+400 mm 素混凝土为钢筋混凝土。

A 施工顺序

测量放线→检查并修整断面→工作面碴面平整→松模及落模→调模及稳模→商品混凝土运抵现场→底卸式吊桶下料→分层对称浇筑、振动棒振捣→松模→养护→接茬口处理→继续下一循环。

B 施工准备

出碴时,当碴面距老模混凝土高度达到掘砌段高(4.0 m)时,停止出碴,剩余碴石作为座底碴便于平整工作面,不得超出碴石以免模板悬空。下放中垂线,检查井筒掘进断面,欠挖处采用风镐或补炮处理;然后平整工作面,平整时,井筒周边应尽量控制在一个水平面,井筒中心不得有大块碴石。井底积水必须排干,以免影响混凝土质量。

C 支护材料

基岩正常段井筒为素混凝土支护,支护厚度 400 mm。混凝土材料及其配比:基岩段井筒混凝土强度等级-1150 m 以上为 C30、-1150 m 以下为 C40。

锚杆及金属网:锚杆规格为 $\phi22$ mm×2250 mm,采用水泥锚固剂端头锚固,紧固段采用辊压直螺纹,竖向间距 1 m,水平方向每圈 23 根,托板采用厚 12 mm,长和宽均为 150 mm 的热轧钢板,金属网采用 $\phi6.5$ mm 圆钢制作,网格为 100 mm×100 mm。

钢筋配筋:主筋为 HRB400ϕ25@ 250 mm,副筋为 HRB400ϕ20@ 300 mm,拉筋 ϕ8@ 500 mm×600 mm,HRB400 钢筋搭接长度为 43d mm,HPB300 钢筋两端弯钩长度为 12.5d mm(d 为钢筋直径),钢筋混凝土保护层厚度为 50 mm。

支护材料使用要求:永久支护前,必须提交商品混凝土相关材料的检验报告。混凝土的各项原材料必须满足有关标准规定,不合格材料不准进场。

D 锚网一次支护

在出碴过程中进行锚网支护,出碴时,空帮高度随岩石破碎程度而定,但为了支护方便,一般不大于 2 m 支护一次。

采用风钻打眼,将水泥药卷浸湿后送入眼内,再安装锚杆搅拌。钢筋网搭接长度 100 mm,搭接处每隔 300 mm 用扎丝绑扎。

锚杆应垂直岩层面及巷道轮廓线布置,锚杆间距应符合设计要求。锚杆外露长度不大于 100 mm,不小于 50 mm。锚杆位置偏差不大于 100 mm。

E　混凝土砌筑支护

a　模板

基岩正常段井筒砌筑用模板：采用 MJY 型整体下滑金属模板，模板外径 6550 mm，全高均为 4.2 m，砌筑段高 4 m，模板上部 200 mm 高为搭接铁板高度，稳模后，搭接铁板套牢老模混凝土，在该搭接铁板高度内沿井筒周边均匀预留 6~8 个浇灌口，采用活动铁板封口，浇灌满后用铁板合拢封口，各浇灌口不能距离太远，2 m 左右为宜，以便于接茬时进行两浇灌口之间模板内混凝土浇灌。在钢模上口以下 1.2 m 左右位置焊接固定一圈连续的活动脚踏板，便于人员行走进行混凝土浇灌操作，放炮时收拢脚踏板防止被砸坏，整个钢模预留一条搭接缝，采用液压伸缩缸控制松、紧模板，液压伸缩缸必须用胶皮保护好以防被放炮砸坏，有钢筋段整体模板不装刃脚以便于钢筋绑扎。

b　钢筋绑扎

不良地质地段钢筋混凝土钢筋绑扎与井颈段钢筋混凝土钢筋绑扎施工工艺基本相同，先进行锚网一次支护，掘进段高达到 4.0 m 时，再平底进行钢筋绑扎。锚网一次支护时，应确保后序钢筋绑扎工艺钢筋保护层厚度达到设计要求。

c　稳模

采用 MJY 型整体下滑金属模板稳模。工作面找平后，将上循环模板松模，然后开动稳车落模，落模时，由于钢模与井壁间距小，各台稳车必须均衡下放保持钢模平正，稍有偏斜钢模就卡在井壁间不能下放，钢模落底后暂不坐实碴面，下放中垂线，人力推动模板将模板调至设计位置，并调平调直模板，然后，落模坐实碴面并将模板撑开靠牢老模混凝土。稳立好模板后，钢模悬吊绳必须处于拉紧状态。

d　混凝土的搅拌和输送

项目部所用混凝土采用商品混凝土，冬季施工商品混凝土生产厂家的运输车辆灌筒须用棉蓬布保温，以保证混凝土到现场后的出灌温度在 15 ℃ 以上。每模商品混凝土供应必须每天提前计划，确保混凝土能及时到达现场浇灌（提前不利于混凝土保温，延后影响循环进度）。

e　混凝土的浇筑和接茬

采用底卸式吊桶下料，对称分层环形浇灌的方法，分层厚 300 mm。浇筑时在钢模上部搭建工作平台，人员在平台上用溜槽将混凝土料流至各浇灌口浇灌，必须对称浇灌以防钢模一侧混凝土堆积太多挤压钢模造成跑模。用插入式振动棒振捣，当混凝土浇至新老混凝土接茬处时，缓慢合拢浇灌口活动铁板，同时，用振动棒将混凝土尽可能多地压入模板内，最后合拢活动铁板并固定。

f　养护

混凝土的养护视情况而定，如井筒有淋水，则自然养护。否则，应按规定洒水养护，养护时间不少于 7 d，放炮时间不少于 4 h。

9.2.7　井筒掘砌循环作业图表

井筒掘砌循环作业进度计划表见表 9-5，工作面实行正规循环，并实行滚班作业方式，正常情况下，井深小于 1000 m 时，基岩正常段井筒 21 h 完成一个循环，循环进尺 4.5 m，正规循环率取 0.85，月进度：30×24×0.88/21×4.5≥135 m。

表 9-5　井筒掘砌循环作业进度及进度计划表

班别	工序名称	工时 h	工时 min	时间											
				2点	4点	6点	8点	10点	12点	14点	16点	18点	20点	22点	24点
凿眼班	交接班及安全检查	0	15												
	下伞钻及凿眼准备	0	30												
	凿眼	3	15												
	伞钻升井	0	30												
出碴班	起盘装药连线放炮通风	1	15												
	交接班及安全检查	0	15												
	接管子、松模及落盘	2	15												
	出碴、刷帮及清底	9	00												
浇混凝土班	交接班及安全检查	0	15												
	立模	0	30												
	浇筑混凝土	3	00												
合计	一循环时间	21	00												

9.2.8　马头门施工

9.2.8.1　马头门、石门掘进

A　井筒马头门段掘进

井筒施工时，在马头门上 20 m 的井壁布置一个标高桩，控制井筒开挖深度，当井筒施工接近马头门时，利用标高桩测算可浇筑混凝土模数，当井筒完成马头门以上最后一模混凝土浇灌后，将井筒一次掘至马头门底部，马头门段井筒暂不永久支护，由于段高较高，必须进行锚网喷临时支护。

B　马头门、石门掘进

（1）测量放线。在马头门中线方向沿井壁从井口下放两根垂线，根据垂线在马头门顶部已砌筑段井筒壁上对称布置两个临时标桩控制马头门施工方向（由于精度较差，后期平巷施工时，必须进行陀螺仪定向），利用标桩吊线及井筒中心中垂线放线进行马头门开挖。

（2）先小断面掘进。将马头门（小断面）及其石门延长段一次掘出，掘进碴石先由抓岩机直接抓取装入吊桶排出，抓岩机抓不到时，下放安装耙碴机将工作面的碴转至井筒内，并通过吊桶提升。

（3）马头门扩刷。由内向外进行，马头门与井筒连接处尽量采用多打眼少装药方式爆破。挑顶、刷帮后如遇围岩失稳，应及时进行锚网喷初次支护。马头门喷浆支护采用吊桶下放混凝土料、喷浆机贴近工作面就近作业方式进行，掘进及临时支护完成后，应及时将马头门及井筒内碴石全部出尽。进风井各水平马头门石门延长段的永久支护型式均为素喷混凝土或锚网喷，此部分支护工作应在对马头门及其井筒进行混凝土砌筑支护之前完成。

9.2.8.2　马头门混凝土砌筑支护

A　施工准备

马头门主体开挖以后，先测量放线，在马头门拱部及墙部布置中、腰线标桩，然后将马头门模板下放至马头门内。

B　钢筋绑扎

措施井马头门采用钢筋混凝土支护，先掘进马头门，马头门全部掘出后，马头门与井筒一并绑扎钢筋。

C　稳竖井筒及马头门模

（1）井筒稳立钢模。下放钢模至马头门底部位置，钢模拆去刃脚，并调平、找正稳立好钢模。

（2）马头门稳模。人员从整体钢模观察窗进入马头门内，先稳立马头门墙模及拱部碹胎，为方便模板之间的连接，马头门与井筒连接部位均采用木质模板，马头门与井筒钢模之间的模板连接要密实、牢靠，并内外加撑撑牢，以防漏浆。

D　混凝土浇筑

模板稳立好后，开始浇灌混凝土，井筒、马头门一起浇灌混凝土，分层均匀对称浇灌，分层厚度 300 mm，振动棒振捣，采用溜槽板转接混凝土至马头门模板内。当混凝土浇灌至马头门拱基线（低端）时，加装马头门拱部碹胎板及端头木挡板，浇筑马头门拱部混凝土。当混凝土浇至井筒钢模顶部时，停止浇灌混凝土。待混凝土达到一定强度（一般 6~8 h）后，钢模松模，将钢模上提套上井筒老模混凝土后，撑开模板稳好钢模，完成剩余井筒及马头门混凝土浇灌。

9.2.9　施工辅助系统

9.2.9.1　井筒平面布置

设 2 套提升装置，吊桶布置于井筒两侧。HZ-6 型中心回转式抓岩机 1 台布置在另一侧。

井筒布置有：4 根稳绳兼吊盘钢丝绳，2 根吊盘专用钢丝绳。2 根专用绳，其中 1 根悬吊 1 趟 MYP-3×70+1×25-660/1140 动力电缆，同时悬吊 1 趟 ZR-KVV-500-19×2.5 信号电缆，另 1 根悬吊 1 趟 MYP-3×70+1×25-660/1140 动力电缆，同时悬吊 1 趟监控电缆。

布置 DN800HDPE 双壁波纹通风管（风筒）1 趟，DN160PE 供风管及 ϕ40 mm×3 mm 供水管各 1 趟，通风管（风筒）、供风及供水管均采用钢丝绳悬吊。布置 MYP-3×35+1×16 放炮电缆 1 趟，由钢丝绳单独悬吊。布置 ϕ108 mm 排水管 1 趟，为钢丝绳悬吊。布置 2 趟 MYP-3×70+1×25-660/1140 腰泵房动力电缆，1 趟 ZR-KVV-500-8×2.5 型通信电缆，以上电缆均采用钢丝绳悬吊。另外，还布置 1 趟安全梯。

9.2.9.2　压风

在地面建一空压机站，供井筒施工压风用，施工期间，压风最大需要量出现在马头门施工时，中心回转抓岩机在井筒出碴，抓岩机耗风量为 22 m³/min；马头门用 3 台风钻打眼，1 台风泵排水，风泵耗风量为 4.5 m³/min；风钻耗风量为 3×4.5＝13.5 m³/min，总耗风量为 35.5 m³/min。

9.2.9.3　通风与排水

采用地面单机压入式通风，导风筒选用 DN800 mm HDPE 双壁波纹管风筒，通风机选用 FBDNo.7.5/2×37 型高效对旋风机，风筒采用 2 根钢丝绳悬吊。

采用二级排水方式。在井筒 -784 m 水平设转水泵房和临时水仓（腰泵房），井底涌水通过风泵排至吊盘水箱内，由吊盘水泵抽排至 -784 m 水平临时水仓，再由 -784 m 水平临时水仓水泵排至地面。

选 D25-80×11 卧泵两台，安装于 -784 m 临时泵房，一台工作，一台备用。D25-80×10 卧泵两台，吊盘上安装一台，另一台在地面备用。

井筒排水管路腰泵房以上采用钢丝绳悬吊，以下部分采用井壁吊挂，管径为 ϕ108 mm× 5.5/5/4.5/4 mm 无缝钢管。

当工作面水量较小时（小于 5 m³/h），采用 BQF-50/25 型风动潜水泵排水，其排水方式为：工作面风泵→吊桶→提升至翻矸台连同矸石一起翻入溜槽→沿地面水沟外排。涌水大于 5 m³/h 时，排水方式为：采用卧泵二级排水，即工作面涌水通过风泵→吊盘水箱→吊盘卧泵→排水管路 1→-784 m 水平临时水仓水泵→排水管路 2→地面。

9.2.9.4　翻矸与排矸

采用座钩式自动翻矸装置，吊桶提至翻矸平台上方后，下放吊桶至座钩装置上，自动倾覆，矸石进入溜槽，经溜槽下口闸门，放入汽车内，通过汽车运输排矸。

根据施工经验，翻矸平台翻矸时，噪声很大，为防噪声传播惊扰附近居民，翻矸溜槽内采用钢轨固定橡胶垫，以减少矸石与溜槽铁板的摩擦声。

9.2.9.5　供配电

在广场设临时变电所，10 kV 电源在业主指定位置引入，在变电所内装表计量。变电所设 6 个高压开关柜，其中，电源进线高压开关柜 2 个，型号为 G×N2-10Z/07T，要求采用机械和电器闭锁；其余 4 个高压开关柜，型号为 G×N2-10Z/03T，分别控制 2 台 JKZ-4×3 提升机、1 台 S_{11}-800/10/0.4 地面动力变压器、1 台 KS$_{11}$-500/10/0.4 矿用变压器。设置 3 块 GGD 型低压屏，其中 1 块为电源屏，2 块为负荷屏。

9.2.9.6　通信与信号

A　通信

井下与井口的通信联络，通过在井下吊盘装本质安全型电话机及 KJ57S 视频监控系统直通井口信号房来实现。通信线路与井筒提升信号、供水电磁阀与电控线路共用 1 根 ZR-KVV-500/750V-19×2.5 信号电缆，悬挂于吊盘钢丝绳上。

B　信号

井口设信号控制室，各配备一套独立的声光信号系统。采用 KJT×-S×-1 型煤矿井筒通信信号装置，井下信号系统必须达到防淋水要求。

9.2.9.7　凿井井架

设计选用Ⅵ型凿井井架，经计算满足凿井需要。井架主要技术参数见表 9-6。天轮平台、翻矸平台四周应按实际情况设置防护围栏。井架整体安装后，须设防雷接地保护装置。

表 9-6　凿井井架主要技术参数

型号	适应井筒		允许悬吊重量		主架体角柱跨度 /m×m	天轮平台规格 /m×m	基础面至天轮平台距离 /m	倒矸台上平面高度 /m
	直径/m	井深/m	工作量 /kN	主提断绳时 /kN				
Ⅵ	8~10	1600	5000	2168	18.34×18.34	9.5×9.5	27.5	11

此外，为明确管理责任、强化现场实施力度，确保各项目标的顺利实现，本工程实行项目法施工，将组建驻矿项目部，并建立项目组织管理机构，配备和完善各部室、施工队的力量。项目部下辖工程技术部、质量安全部、综合经营部、生产调度室和综合办公室，下设竖井专业掘砌施工队、机电维修队和辅助提升运输队。施工准备期间，地面均实行"三八制"作业方式；竖井掘砌施工期间，井下工实行"滚班制"作业方式，地面辅助工均实行"三八制"作业方式。

9.3　河北马城铁矿冻结井筒施工案例

9.3.1　工程概况

马城铁矿是我国冀东地区少有的待开发特大型铁矿之一，矿区位于河北省滦南县境内，距唐钢 55 km，北距京山铁路滦县车站约 15.0 km，西距迁（安）曹（妃甸）铁路约 4.0 km，平青大公路从矿区西侧通过，交通运输十分便利。矿区水系发达，东侧有滦河流过，西侧有灌区流经矿区，区内地层中第四季表土层厚 60~150 m，含水丰富，为我国少有的大水难采大型铁矿床之一。

矿山设计采用分区开采形式，确定开采范围为 -180~-900 m，并划分为 2 个采区，其中 -180~-540 m 为上部采区，-540~-900 m 为下部采区。矿山采矿设计采用由下而上、阶段空场嗣后充填的地下开采工艺进行矿石开采，采用竖井开拓方案进行开拓，共设置主井、副井、风井等 12 条、采区斜坡道 6 条。竖井最深为 1141 m、最浅为 556.5 m；井径最大为 8.0 m，最小为 6.5 m。

9.3.2　井筒技术特征

3 号主井井深 1141.5 m，井筒净直径 6.50 m；井口标高 +16.56 m，井底标高 -1125 m；冷冻段深度 312.56 m，冻结标高 -297.00 m，其中：+16.56 m 至 -217 m 为冷冻段，采用双层井壁+钢筋混凝土支护，壁厚 950 mm；-217 m 至 -297 m 为冻结延伸段，采用双层钢筋单层井壁支护，壁厚 700 mm，冻结最大开挖荒径 8.55 m；井筒基岩段采用普通法施工，采用浇灌混凝土支护，井壁厚 450 mm，荒径 7.40 m。

9.3.3　井筒地质特征

3 号主井（GK3-1）岩土层的分布及特征性质见表 9-7。3 号主井处场地内自上而下主要岩土层分布为：上部为第四系全新统（Q4）冲洪积成因的粉质黏土、粉细砂、中砂、圆砾；中部为上更新统（Q3）冲洪积成因的粉质黏土、中砂、圆砾、卵石；下部为中更新统（Q2）冲洪积粉质黏土、粉细砂、中粗砂、粗砾砂、砾砂、卵石。底部为太古界单塔子群白庙子组混合花岗岩、斜长角闪岩、蚀变混合花岗岩、黑云变粒岩、混合质斜长角闪片麻岩、混合岩。

表9-7 3号主井（GK3-1）岩土层的分布及特征性质

地层单位	层序号	高程/m	深度/m	层厚/m	岩石名称	地层单位	层序号	高程/m	深度/m	层厚/m	岩石名称
Q	1	14.660	0.90	0.90	耕土		26	-157.340	172.90	7.10	强风化混合花岗岩
	2	12.960	2.60	1.70	粉细砂		27	-186.040	201.60	28.70	微风化混合花岗岩
	3	9.060	6.50	3.90	中砂		28	-189.940	205.50	3.90	混合花岗岩
	4	2.460	13.10	6.60	圆砾		29	-191.640	207.20	1.70	混合花岗岩
	5	-9.440	25.00	11.90	卵石		30	-209.840	225.40	18.20	混合花岗岩
	6	-11.440	27.00	2.00	粉质黏土		31	-214.840	230.40	5.00	黑云变粒岩
	7	-16.440	32.00	5.00	中砂		32	-220.840	236.40	6.00	混合花岗岩
	8	-52.940	68.50	36.50	卵石		33	-237.340	252.90	16.50	混合花岗岩
	9	-58.040	73.60	5.10	粉细砂		34	-243.440	259.00	6.10	混合花岗岩
	10	-61.640	77.20	3.60	粉质黏土		35	-250.340	265.90	6.90	混合花岗岩
	11	-74.240	89.80	12.60	中粗砂		36	-259.040	274.60	8.70	混合花岗岩
	12	-75.740	91.30	1.50	粉质黏土		37	-262.040	277.60	3.00	混合花岗岩
	13	-77.640	93.20	1.90	中粗砂	Ar	38	-268.040	283.60	6.00	混合花岗岩
	14	-79.240	94.80	1.60	粉质黏土		39	-283.540	299.10	15.50	混合花岗岩
	15	-84.040	99.60	4.80	中粗砂		40	-285.540	301.10	2.00	混合花岗岩
	16	-85.640	101.20	1.60	粉质黏土		41	-288.540	304.10	3.00	混合花岗岩
	17	-90.940	106.50	5.30	粗砾砂		42	-292.040	307.60	3.50	混合花岗岩
	18	-96.440	112.00	5.50	粉质黏土		43	-303.340	318.90	11.30	混合花岗岩
	19	-98.840	114.40	2.40	粗砾砂		44	-315.240	330.80	11.90	混合花岗岩
	20	-103.040	118.60	4.20	粉质黏土		45	-321.240	336.80	6.00	混合花岗岩
	21	-104.740	120.30	1.70	粗砂		46	-330.240	345.80	9.00	混合花岗岩
	22	-112.940	128.50	8.20	粉质黏土		47	-336.040	351.60	5.80	混合花岗岩
	23	-122.840	138.40	9.90	砾砂		48	-345.540	361.10	9.50	混合花岗岩
	24	-138.540	154.10	15.70	黏土		49	-372.940	388.50	27.40	混合花岗岩
Ar	25	-150.240	165.80	11.70	全风化花岗岩		50	-375.740	391.30	2.80	混合花岗岩

9.3.4　井筒水文地质条件

9.3.4.1　含水层（段）的分布与划分

A　第四系孔隙含水层

3号主井处第四系孔隙含水层与矿区第四系孔隙含水层分布基本一致，唯一存在的差异是第二砂砾卵石极强含水层与第三砂砾卵石极强孔隙水含水层之间的第二隔水层缺失，在该拟建场地附近形成天窗。根据场地第四系孔隙含水层分布特征并结合工程实际需要，第四系分段抽水试验成果汇总见表9-8。

表 9-8　第四系分段抽水试验成果汇总

抽水段含水层性质	抽水试验段/m	含水层特征	抽水试验参数及成果					
			水位埋深/m	含水层厚度/m	降深 S/m	涌水量 Q/m³·d⁻¹	单位涌水量 q/L·(s·m)⁻¹	渗透系数 K/m·d⁻¹
第四系孔隙潜水	0~25.0	岩性为中砂、粉细砂、圆砾，属上部砂层孔隙含水层和第一砂砾卵石含水层。其中 21.2~25.0 m 为粉质黏土，在计算含水层厚度时予以剔除	3.42	17.20	1.84	1965.254	12.362	69.484
第四系孔隙承压水	25.0~84.5	岩性为粉细砂中砂、圆砾、卵石，属第二砂砾卵石含水层与第三砂砾卵石含水层，其中 23.7~25.6 m 为粉质黏土（属第一隔水层），84.1~84.5 m 为粉质黏土（揭露厚度，属第三隔水层），以上部分在计算含水层厚度时予以剔除	3.57	58.50	1.10	1889.827	19.885	27.4033

B　基岩风化裂隙含水层

3号主井（GK4-1）钻孔揭露 165.80~172.90 m 为强风化混合花岗岩；172.90~205.50 m 为中风化-微风化混合花岗岩。以上2层风化岩构成基岩风化裂隙含水层（段），抽水试验结果表明：该层（段）属风化裂隙承压含水层，水质类型为 $HCO_3^- + Cl^-$—Na^+ 型水，属于弱富水含水层（段）。

C　基岩构造裂隙及破碎带含水层（段）

3号主井（GK4-1）基岩累计进行分段抽水试验2次，分述如下：

（1）钻孔揭露 205.90~299.10 m 为构造裂隙含水层，岩性主要为混合花岗岩、黑云变粒岩，抽水试验结果表明：该层段属构造裂隙承压含水层（段），水质类型为 $HCO_3^- + Cl^-$—Na^+ 型水，属于弱富水含水层（段）。

（2）钻孔揭露 299.10~1145.30 m 为破碎带、构造裂隙含水层，岩性主要为混合花岗岩、斜长角闪岩、混合质斜长角闪片麻岩。抽水试验结果表明：该层段属构造裂隙承压含水层（段），水质类型为 $HCO_3^- + Cl^-$—Na^+ 型水，属于弱富水含水层（段）。

3号主井基岩分段抽水试验成果汇总见表9-9。

表9-9　3号主井基岩分段抽水试验成果汇总

抽水段含水层性质	抽水试验段/m	含水层特征	抽水试验参数及成果					
			水位埋深/m	含水层厚度/m	降深 S/m	涌水量 Q/m³·d⁻¹	单位涌水量 q/L·(s·m)⁻¹	渗透系数 K/m·d⁻¹
基岩风化裂隙含水层/段	165.8~205.9	岩性：165.8~172.9 m 为强风化混合花岗岩；172.5~205.5 m 为中风化-微风化混合花岗岩，黄褐色-灰色，岩芯呈柱状-短柱状-碎块状-砂土状，原岩结构基本破坏—微破坏，节理裂隙发育，闭合—张开，铁质、泥质钙质充填。岩石基本质量等级Ⅳ、Ⅴ级。该含水层（段）含有较多黏性土成分（特别是全风化混合花岗岩），富水性、透水性均较差，但持水性强，主要富水、透水部位集中在强风化、中风化岩裂隙发育部位	4.44	40.10	48.09	71.539	0.017	0.0443
构造裂隙承压含水层/段	205.9~299.1	岩性：混合花岗岩、黑云变粒岩，岩石裂隙发育，裂面闭合—张开，主要充填物为钙质、泥质、铁质。岩石基本质量等级Ⅱ~Ⅳ	12.79	32.50	57.22	5.357	0.0011	0.0030
破碎带和构造裂隙承压含水层/段	299.1~1145.3	岩性：混合花岗岩、斜长角闪岩、混合质斜长角闪片麻岩、混合岩。岩石裂隙发育，裂面闭合—张开，见钙质、绿泥石、泥质充填。岩石基本质量等级Ⅳ~Ⅴ	4.20	43.80	66.20	9.504	0.0017	0.0036

9.3.4.2　隔水层（段）的分布与划分

A　第一隔水层

3号主井在底板埋藏深度25.00~27.00 m，厚度2.00 m，土层为粉质黏土，深灰色，呈可塑状态。属矿区第一隔水层，该土层厚度在勘查区范围内分布较连续稳定，但在矿区局部地段因缺失而形成天窗，基本起不到隔水作用。

B　第二隔水层

矿区内介于第二和第三砂、卵砾石极强含水层之间的由黏土、粉质黏土、淤泥质粉质黏土构成第二隔水层，3号主井及邻近场地附近该层缺失，形成天窗。

C　第三隔水层

3 号主井在底板埋藏深度 73.60~77.20 m，厚度 3.60 m，土层为粉质黏土，黄褐色，呈可塑—硬塑状态，含少量砂粒。此层位于第三砂、卵砾石含水层之下，属中更新统上段的顶板，属矿区第三隔水层，勘查区范围内未见天窗，是良好的隔水层。

此外，在第三隔水层以下的下部砂层中等孔隙水含水层中，3 号主井底板埋藏深度 99.60~101.20 m，厚度 1.60 m，土层为粉质黏土，黄褐色—灰褐色，呈可塑—坚硬状态，含少量砂粒；3 号主井底板埋藏深度 114.40~128.50 m，厚度 14.10 m，土层为粉质黏土、黏土，黄褐色—褐黄色，呈硬塑—坚硬状态，夹砾砂混黏性土层（以透镜体和不连续层状分布），砂粒被黏性土胶结；3 号主井底板埋藏深度 138.40~154.10 m，厚度 15.70 m，土层为黏土、粉质黏土，红褐色—黄褐色，呈硬塑—坚硬状态，含砂粒。以上 3 层黏性土分布连续、稳定，是良好的隔水层，对阻隔上部极强富水含水层以及对下部含水层的补给起到重要的作用。

D　第四隔水层

3 号主井钻孔揭露在 207.2 m（绝对标高 -191.64 m）以下分布的太古界单塔子群白庙子组混合花岗岩、斜长角闪岩、混合质斜长角闪片麻岩、混合岩之中，存在岩体基本质量等级 Ⅰ、Ⅱ 级的岩体，节理裂隙不发育，呈长柱状，较完整，可视为相对隔水层。

9.3.5　冻结施工方案

9.3.5.1　设计思路

根据冲积层松散，黏土层冻土弹性模量小，单轴抗压强度低，既要满足抵抗外界水压，防冻结壁变形，又要在确保冻结壁安全的情况下，控制冻土向内发展，为井筒施工提供良好的施工条件。

（1）保证冻结钻孔的施工质量，控制钻孔偏斜率不大于 0.25%，向内偏斜不得大于 300 mm，表土段最大孔间距控制在 1.8 m，基岩段控制在 2.2 m。

（2）监测井帮温度数据，及时进行冻结分析，有针对性地采取控制措施。

（3）冻结与掘砌密切配合，加强沟通，根据冻土发展情况、井帮温度数据实时调整冻结运转参数和掘砌段高。

9.3.5.2　方案设计要点

（1）采用单排孔长短腿差异冻结加上部加强孔冻结施工方案。

（2）冻结初期采用低温大流量冻结，积极冻结期盐水温度为 -30~-32 ℃，维护冻结期盐水温度为 -20~-22 ℃。

（3）实时监测冻结壁的发展情况，既保证施工安全，又确保少挖冻土。

9.3.5.3　冻结技术参数的确定

A　冻结参数

根据井筒工程地质条件确定如下：

（1）冻结深度定为 321 m。

（2）冻结壁平均温度为-8 ℃，积极冻结期盐水温度为-30～-32 ℃，维护冻结期盐水温度为-20～-22 ℃。

B 冻结壁厚度设计

采用有限长黏塑性体按强度条件 $E=3^{1/2}(1-\varphi)h \cdot P \cdot K/\sigma_s$ 计算冻结壁厚度。

计算参数及结果见表 9-10。

表 9-10 冻结壁计算参数

序号	参数名称	单位	3 号主井
1	控制层底板埋深	m	154.10
2	地压	MPa	1.96
3	冻结壁平均温度	℃	-8.0
4	冻土极限抗压强度	MPa	4.41
5	冻土允许抗压强度	MPa	2.21
6	安全系数		2.0
7	段高	m	2.5
8	约束系数	0～0.5	0.25
9	冻结壁厚度	m	2.88

根据计算结果和类似地质条件井筒冻结施工经验，确定 3 号主井冻结壁厚度为 3.0 m。

C 钻孔布置设计

偏斜率控制在不大于 0.25%，向内偏斜不大于 300 mm，最大孔间距控制在 1.8 m。钻孔布置参数见表 9-11，钻孔平面布置图及剖面图如图 9-10 和图 9-11 所示。

表 9-11 钻孔布置参数

序号	项目		单位	3 号主井
1	冻结孔布孔圈直径	主孔	m	12
		加强孔	m	10.8
2	冻结孔孔间距	主孔	m	1.254
		加强孔	m	1.129
3	冻结孔数	主孔	个	15/15
		加强孔	个	30
4	冻结孔深度	主孔	m	321/260
		加强孔	m	30

序号	项目	单位	3 号主井
5	测温孔	个/m	316、260、50
6	水文孔	个/m	1/24、1/106
7	钻孔工程量	m	11271

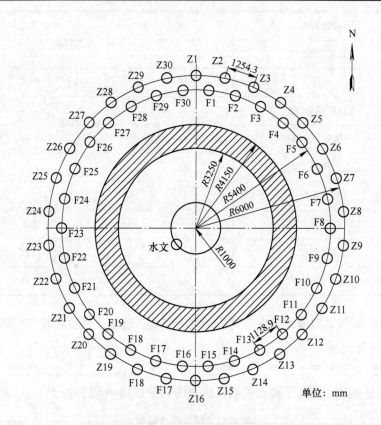

图 9-10　冻结孔平面布置图

（水文孔位置为示意位置，具体位置以不影响现场施工为准）

D　冻结孔布置圈直径的确定

基岩段中采用钻爆法施工时，冻结孔布置圈直径计算式为：

$$D_0 = D'_1 + 2(1.2 + Q'_f h_0) \tag{9-1}$$

式中　D'_1——冲积层和基岩中井筒最大掘进直径，m；

　　　Q'_f——冲积层、基岩段的冻结孔允许偏斜率；

　　　h_0——井筒冻结深度，m。

计算结果：

$$D_0 = 8.55 + 2 \times (1.2 + 0.0025 \times 313) = 12.52(\text{m})$$

依据计算结果，冻结孔布置圈直径取 12 m。

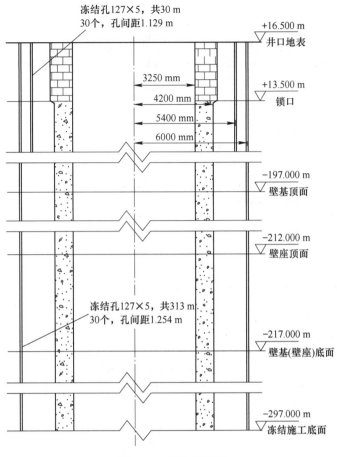

图 9-11 井筒剖面图

E 冻结孔孔数的确定

冻结孔孔数计数方法见式（9-2）。

$$N = \frac{\pi D_0}{L_s} \tag{9-2}$$

式中 D_0——冻结孔布置圈直径，m；

L_s——冻结孔开孔间距，当冻结深度小于 300 m 时，采用 1.00~1.30 m。

计算结果：

$N = \pi \times 12 / (1.20 \sim 1.30)$ （依据施工经验，孔间距取 1.20~1.30 m）

$= 30.14$

依据计算结果，冻结孔孔数取 30 个，冻结孔开孔间距为 1.254 m。

F 井筒冷量计算

a 参数选取

冻结管散热系数取 1046.7 kJ/h，冷量损失系数取 1.15。

b 井筒冷量计算

井筒冷量计算见表 9-12。

表 9-12　井筒冷量计算

项目	单位	3 号主井
冻结管散热能力	kJ/h	4.02×10^6
井筒冻结需冷量	kJ/h	4.62×10^6

G　冷冻机选型及数量

计算结果见表 9-13。

表 9-13　冷冻机配备

型号	单位	3 号主井
LG25L250/20S220-YZ	台	3
总装标准制冷能力	kJ/h	2.17×10^7

H　附属设备选型

经计算附属设备选型及数量见表 9-14。

表 9-14　附属设备选型及数量

序号	名称	型号	单位	3 号主井
1	干式蒸发器	GZF-250	组	3
2	冷凝器	EXV-Ⅱ-340	组	4
3	热虹吸散热器	HZA-3.5	台	1
4	集油器	JY-300	台	1
5	混合罐		台	1

I　盐水系统设计

冻结站设计积极冻结期盐水温度为 $-30 \sim -32$ ℃，维护冻结期盐水温度为 $-20 \sim -22$ ℃，盐水密度为 1.27 g/cm³。

(1) 盐水总循环量：

根据 $W = Q_c/(\Delta t \times \gamma \times C)$ 计算，需盐水循环量均为 205 m³/h。

按每孔盐水流量 11 m³/h 分配，盐水总循环量均为 330 m³/h。

(2) 供液管选择：选用 ϕ75 mm×5 mm 聚乙烯塑料供液管。

(3) 根据盐水总流量，选用 ϕ273 mm×8 mm 无缝钢管作为盐水干管及配集液圈 (一去一回)。

(4) 盐水泵选择：选用 10SH-9A 型水泵 2 台 (使用 1 台，备用 1 台) ($Q = 468$ m³/h，$H = 40.5$ m，$N = 75$ kW)。

J 冷却水系统设计

（1）冷却水总循环量：30m³/h，选用 10SH-13A 冷却水循环泵 2 台（备用 1 台）（Q = 342 m³/h，H = 22.2 m，N = 37 kW）。

（2）新水补充量：25 m³/h，选用 200QJ32-26/2 型水泵 2 台（备用 1 台）（Q = 32 m³/h，H = 26 m，N = 4 kW）。

9.3.5.4 冻结管结构设计

冻结孔 200 m 以上下置 ϕ127 mm×5 mm 无缝钢管，200~300 m 下置 ϕ127 mm×6 mm 无缝钢管，300 m 以下下置 ϕ127 mm×7 mm 无缝钢管，均采用外接箍连接，接箍为 ϕ140 mm×5 mm、ϕ140 mm×6 mm、ϕ141 mm×5 mm 无缝钢管。

9.3.5.5 测温孔设计

为了准确掌握冻结温度场变化情况，设计测温孔 3 个，ϕ108 mm×5 mm 无缝钢管，外接箍连接，接箍为 ϕ121 mm×6 mm 无缝钢管。

测 1 号孔布置在地下水流上方冻结孔外侧主面上，距主冻结孔布孔圈径 1 m，孔深为 313 m。

测 2 号孔布置在终孔间距最大处圈径外侧界面上，距主冻结孔布孔圈径 1 m，孔深为 220 m；

测 3 号孔布置在地下水流下方冻结孔内侧界面上，距主冻结孔布孔圈径 1 m。

9.3.5.6 水文孔设计

为了准确报道冻结壁交圈情况，根据地层资料，设计 2 个水文孔，水文管采用 ϕ108 mm×5 mm 无缝钢管，外接箍为 ϕ121 mm×6 mm 无缝钢管。

（1）水文孔滤水管位置：见表 9-15。

（2）封止水位置：1 号水文孔封止水位置 0~3 m；2 号水文孔封止水位置 24~28 m、73~77 m。

封止水材料为海带黏土，封止水材料下置后要进行效果检查，不合格应重新下置，直至合格为止。

表 9-15 水文孔滤水管层位

水文孔号	孔深/m	滤水层位/m
1 号	24	10~13, 20~23
2 号	106	30~33, 65~68, 85~88, 102~105

9.3.5.7 冻结壁形成预测

A 主要含水层冻结壁交圈时间

冲积层含水层最大孔间距按 1.80 m 计算，含水层冻结壁交圈时间约为 40 d。

B　井筒开挖标准

（1）水文孔冒水后证实主要含水层冻结壁已交圈。

（2）根据测温资料分析，井筒掘砌至各水平时，冻结壁能够达到设计需要的强度和厚度。

C　井筒开挖时间

冻结段掘砌速度按每月 50 m 计，冻结壁满足抵抗外界水压所需要的厚度和强度，参考国内类似冻结施工资料对冻结温度场进行计算，开冻至开挖时间为 50 d。井筒于 2014 年 3 月 1 日试开挖。

D　冻结壁平均温度

根据预测的冻结壁厚度和井帮温度，利用成冰公式对冻结壁平均温度进行计算，冻结壁平均温度能够达到设计要求。

9.3.5.8　主要技术参数

冻结主要技术参数见表 9-16。

表 9-16　冻结主要技术参数

序号	项　目		单位	3 号主井
1	井筒净直径		m	6.50
2	冻结段最大掘进直径		m	8.55
3	冲积层厚度		m	153.10
4	井筒深度		m	1141.5
5	冻结深度		m	321
6	控制层位		m	154.10
7	冻结壁平均温度		℃	−8.0
8	冻结壁厚度		m	3.0
9	最大孔间距	表土段	m	1.8
		220 m	m	2.0
10	冻结孔布孔圈径	主孔	m	12
		加强孔	m	10.8
	冻结孔孔数	主孔	个	15/15
		加强孔	个	30
	冻结孔开孔间距	主孔	m	1.254
		加强孔	m	1.129
	冻结孔孔深	主孔	m	321/260
		加强孔	m	30

续表 9-16

序号	项 目	单位	3 号主井
11	水文孔	个/m	1/24、1/106
12	测温孔	个/m	1/316、1/260、1/50
13	冻结管		$\phi127×5/\phi127×6/\phi127×7$
14	供液管		$\phi75×5$
15	钻孔工程量	m	10371
16	积极冻结期盐水温度	℃	$-30\sim-32$
17	维护冻结期盐水温度	℃	$-20\sim-22$
18	开机至开挖	d	50
19	开挖至停机	d	273
20	冻结最大需冷量	kJ/h	$4.62×10^6$
21	总装标准制冷能力	kJ/h	$2.24×10^7$
22	新水补充量	m^3/h	15

9.3.6 供配电设计

9.3.6.1 钻孔施工负荷

3 号主井打钻设备负荷统计见表 9-17，冻结孔施工选用钻机 3 台同时施工。设备总装机容量均为 636 kW。

表 9-17 3 号主井打钻设备负荷统计

设备名称 规格型号	数量		设备容量/kW		功率 因数	需用 系数	计算负荷		
	总台数	工作数	总计	工作容量			有功功率 /kW	无功功率 /kvar	视在功率 /kV·A
钻机 DZ-1000	3	3	165	165	0.75	0.5	82.5	61.88	103.13
泥浆泵 TBW-850/50	3	3	270	270	0.75	0.5	135	101.25	168.75
砂浆泵 3PNL	3	3	66	66	0.75	0.4	26.4	19.80	33.00
电焊机 BX-500	3	3	90	90	1.33	0.35	31.5	41.90	52.42
照明及其他			45	45			45		45.00
合计	12	12	636	636			320.4	224.82	402.29

9.3.6.2　制冷施工负荷

3号主井冻结制冷设备负荷统计见表9-18，冻结站施工选用 LG25L250/20S220-YZ 制冷机（双级单机压缩）3台。设备总装机容量为 1597 kW。

表 9-18　3号主井冻结制冷设备负荷统计

设备名称 规格型号	数量		设备容量/kW		功率 因数	需用 系数	计算负荷		
	总台数	工作数	总计	工作容量			有功功率 /kW	无功功率 /kvar	视在功率 /kV·A
LG25L250/20S220-YZ	3	3	1290	1290	0.9	0.85	1096.5	986.8	1125.65
干蒸器 GZF-250	3	3	45	45	0.8	0.75	33.75	27	43.2
冷凝器 EXV-Ⅱ-340	4	4	84	84	0.85	0.75	63	53.6	82.69
盐水泵 10SH-9A	2	1	110	55	0.75	0.8	44	33	55
清水泵 200QJ32-26/2	2	1	8	4	0.75	0.8	3.2	2.40	4.00
照明及其他			60	60			60		60.00
合计	15	12	1597	1597			1300.45	1102.8	1370.54

9.3.7　施工工艺及主要技术要求

9.3.7.1　施工工艺

在施工工艺上，冻结与凿井密切配合，可以保证冻结和凿井施工安全顺利。冻结工程工艺内容包括：施工准备、冻结钻孔施工方法、冻结制冷施工方法、施工工艺顺序。

9.3.7.2　施工准备

施工筹备人员进驻现场后，在计划准备期内完成组织准备、物资准备、技术准备。按照施工平面布置完成冻结施工的钻场基础、泥浆泵房、测斜室、供排浆系统施工、冻结施工的冻结站、配电室等生产大临工程和生活临建工程，以及供水、供电等，为冻结工程施工创造条件，满足施工要求。

9.3.7.3　钻孔施工方法

（1）采用 DZ-1000 型钻机施工，配备 TBW-850/50 型泥浆泵。钻孔测斜采用 JDT-5 型陀螺仪，实现不提钻测斜。采用 JDT-3K 型陀螺仪定向、随钻可提式导向器和 5LZ146-7.0 型螺杆钻纠斜。

（2）钻场施工。首先要以井筒为中心量出场地范围，然后平整场地：分层铺设夯实三七灰土（厚350 mm），三七灰土上部浇筑 C30 混凝土（厚300 mm），并预留钻孔位置和砌筑泥浆循环沟槽。

（3）确定孔位。以井筒中心为基准，测定孔位。钻孔孔位采用钉桩法设立明显标志。

（4）钻机安装。按设备的安装要求进行，并配套好泥浆设施。接通水、电，安装夜间照明，检查钻具，做好各项准备工作。

（5）钻孔。采用ϕ89 mm钻杆，ϕ159 mm加重杆，ϕ171.4 mm、ϕ190.5 mm牙轮钻头组成的加重钻具。采用回转式钻进泥浆护壁的方法，以及分班连续作业方式。

（6）泥浆配制。正常钻进时，泥浆性能参数见表9-19。

表9-19 泥浆性能参数

地层名称	黏度/Pa·s	密度/g·cm^{-3}	含砂量/%	胶体率/%
砂土	20~47	1.20~1.40	<4	>97
砂砾石	22~50	1.30~1.50	<4	>97
黏土	18~22	1.10~1.25	<4	>97
风化带	22~38	1.20~1.40	<4	>97
基岩	22~30	1.20~1.40	<4	>97

砂土层施工时，为防止砂土层垮塌，开孔前配一定量的土粉浆。添加量：土粉15%，纯碱按土粉量的5%添加。泥浆性能：黏度为22~24 Pa·s，密度为1.1~1.15 g/cm^3。

黏土层施工时，由于黏土层造浆严重井壁较稳定，为防止黏钻要提高泥浆的润滑性，降低失水量。添加量：广谱护壁剂0.5%，磺化褐煤树脂1%。泥浆性能：黏度为18 Pa·s，密度为1.05~1.10 g/cm^3。

基岩风化带施工时，由于风化带较容易垮塌，漏失量较大，要提高泥浆黏度和密度，降低失水量，加强井壁保护。添加量：广谱护壁剂1.5%，磺化褐煤树脂1%。泥浆性能：黏度为20 Pa·s，密度为1.10 g/cm^3，失水不超过8 mL。

基岩地层施工时，地层较稳定，如有掉块现象，为了防止黏钻、岩粉沉淀卡钻，要保证泥浆携岩正常，岩粉能及时沉淀，固相含量低，失水量小，润滑性好。添加量：广谱护壁剂1%，磺化褐煤树脂1%。泥浆性能：黏度18 Pa·s，密度为1.05~1.1 g/cm^3，失水8~10 mL。

（7）钻进参数，见表9-20。

表9-20 钻进参数

地层名称	钻压/kg	泵量/L·min^{-1}	转速/r·min^{-1}
砂土	500~600	500~600	52, 84
黏土	600~800	400~600	84, 145
风化带	800~1000	500	84, 145
基岩	>1000	500	52, 84

9.3.7.4 制冷施工方法

根据冻结站的总体设计，按照先设备后管路的安装程序和施工图的技术要求，将三大循环系统分别进行安装，并按《煤矿井巷工程质量验收规范》（GB 50213—2010）要求试压、检查验收。冻结站主要采用液氨 LG25L250/20S220-YZ 双级压缩制冷，以氯化钙盐水溶液为冷媒剂，运用仪器监测冻结壁温度场变化情况和验算冻结壁的厚度。

A　冻结站安装

冻结站安装包括氨系统、盐水系统及冷却水系统安装，要求根据冻结站的总体设计，按照先设备后管路的安装程序和施工图的技术要求，将三大循环系统分别进行安装，并按《煤矿井巷工程质量验收规范》（GB 50213—2010）要求试压、检查验收。

冻结站设备、压力容器及阀门在安装前必须进行清洗和压力试验，盐水系统管路采用 20 号低碳钢无缝钢管［按《输送流体用无缝钢管》（GB/T 8163—2008）］，盐水箱安设液面自动报警装置。冻结站管路试压合格后，对低温管路和站内盐水管路进行保温包扎。

B　冻结沟槽施工及冻结器安装

冻结钻孔竣工后，进行冻结沟槽施工和冻结器安装。冻结器安装完毕要对沟槽进行清理，做到沟槽清洁、操作方便。沟槽内要安装盐水流量检测和冻结器流量控制装置，以便按时检测和调整各冻结器的盐水流量。冻结器头部要安装回路温度检测探头以便检测冻结器运行是否正常，并安装放空装置。盐水系统试压合格后要按设计要求对盐水管路进行保温包扎。

C　化盐水

按照设计的密度配制盐水。配制盐水时，要防止异物混入，以免使冻结器堵塞影响井筒的正常冻结施工。

以上各工序进行完毕即可进行充介质（氟）试运转。试运转期间，要认真调试各系统的运转参数，并进行对各冻结器盐水流量的检测和调整工作，使冻结器的盐水流量符合设计要求。

D　正常运转、设备检修和检测监控

冻结期间，要按设计的开机台数控制各项运转参数，并对水文孔水位、参考井水位、测温孔温度、井筒掘进期间的井帮温度、冻结壁位移等进行严格的检测监控，以便为井筒的掘进施工提供可靠的依据。

9.3.7.5 冻结施工工艺

A　冻结钻孔施工顺序

施工准备→钻场基础施工、临建施工→钻机安装及定位→调制泥浆→正常钻进→测斜、纠斜、测深→下管→试压→钻孔验收。

B　制冷冻结施工顺序

施工准备→基础施工→设备就位及管路和地沟槽安装→试压保温包扎→配制盐水→清

水、盐水系统试运行→充介质、试运转→冻结正常运转→监测、监控→试挖→正式掘砌→维护冻结→停机→冻结验收。

冻结钻孔施工工艺流程如图9-12所示，制冷冻结施工工艺流程如图9-13所示。

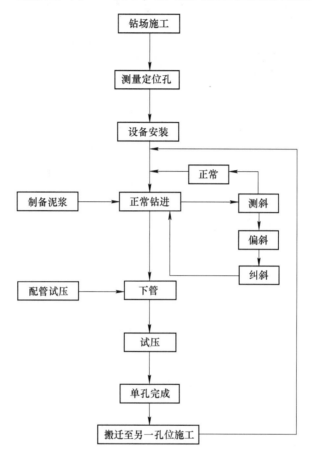

图 9-12 冻结钻孔施工工艺流程

9.3.8 施工主要技术要求

为使井筒冻结壁按时达到设计厚度和强度，确保井筒按时开挖和连续掘砌施工，冻结施工过程必须严格按照《煤矿井巷工程质量验收规范》(GB 50213—2010)、《冶金矿山井巷工程施工质量验收规范》(YB 4391—2013)、《煤矿井巷工程施工标准》(GB/T 50511—2022)和该工程设计要求进行施工。主要施工技术要求按冻结钻孔施工和冻结制冷施工两个分项工程进行分述。

9.3.8.1 钻孔施工主要技术要求

钻孔施工主要技术要求如下。

(1) 孔位。严格按设计孔位开孔施工，开孔孔位与设计孔位偏差不得超过 30 mm。

(2) 孔径。孔径应大于所下置冻结管管径（10~20 mm）。

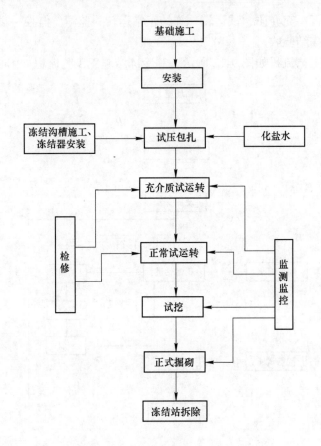

图 9-13　制冷冻结施工工艺流程

（3）孔深。各类孔必须确保设计下管深度，不得有负值。

（4）钻机安装。必须保证天轮中心、转盘中心、孔位中心三点一线，并垫实钻机底盘，保证钻机稳固。

（5）泥浆制备。选取优质黏土，并经试验确定其各项指标，正常钻进时，泥浆性能为：密度 $1.10 \sim 1.40 \ \mathrm{g/cm^3}$，含砂量不超过 4%，失水量不超过 25 mL，胶体率不小于 97%。施工中应加强对泥浆性能的监测，经常测定泥浆指标，根据冲积层和基岩的地层特点调整泥浆指标以保证钻孔护壁效果。

（6）钻孔。钻进时，立轴平稳旋转不能晃动，按钻孔深度及地层情况合理选择钻进参数、钻速、钻压及冲洗量。钻进中严格控制钻机转速，以防止钻孔偏斜。严格控制钻孔偏斜率及相邻钻孔孔间距，使其符合"规范"和"设计"要求。

（7）钻孔测斜。为检查钻孔偏斜情况，要求每钻进 20 ~ 50 m 测斜一次，在易偏斜地层加密测斜次数，并每隔 50 m 绘制钻孔实际偏斜方位图以指导施工。

（8）钻孔质量要求。

1）冻结孔：冻结钻孔偏斜率不大于 0.25%；靶域半径不大于 0.50 m，不得向内偏斜。主要控制水平冻结孔最大孔间距要求见表 9-21。

表 9-21 主要控制水平冻结孔最大孔间距要求

控制水平/m	孔间距要求/m
表土	≤1.80
150~260	≤2.20
260~321	≤3.50

2）测温孔：偏斜率不大于 0.25%。

3）水文孔：各水平落点不超出井筒净断面。

（9）下管。

1）所有管材均选用 20 号低碳钢无缝钢管［《输送流体用无缝钢管》（GB/T 8163—2008）］，下管前要重新丈量钻具全长和校验孔深，确保下管深度符合设计要求。

2）根据每个孔的深度进行配管，并对管子逐根进行准确丈量、编号、配组，且做好原始记录。

3）冻结管、测温管、水文管设密封底锥和加强隔板。冻结管的底锥焊接必须是双层，焊接后必须在地面打压合格后，方可使用。要求底锥钢板和加强隔板厚度不小于各类管壁厚，材质与各类管相同。焊接采用与管材材质相符的 J422 焊条，焊接厚度不得小于各类管壁厚，焊接必须严密。

4）冻结管采用内接箍连接，测温管、水文管均采用外接箍连接。焊接时要求管材、管箍、焊条的材质必须一致，焊接厚度不低于冻结管壁厚，无砂眼，无裂纹，并且要求管端必须对正，保证同心度。此外，焊接要严格按焊接工艺进行。

5）下管结束经打压合格后，管口加盖封牢固定，以防止杂物或泥浆进入管内，才能转入下一个孔施工。

（10）冻结管耐压试验。冻结管下置完成后，必须按"规范"要求进行水压耐压试验，深冻结孔试验压力为 3.2 MPa，浅冻结孔试验压力为 2.6 MPa；加强孔试验压力为 2.0 MPa。试压 30 min 内如压力不降，或压力只下降 0.05 MPa，再延续 15 min，直至压力保持不变为合格。打压必须设专人，并做好原始记录。打压合格后加盖密封管口，以防杂物掉入或泥浆灌入管内。

（11）水文孔施工。

1）滤水孔孔径为 20 mm，孔距横向 100 mm，纵向 100 mm，梅花形排列。管外焊 φ6 mm 垫筋 4 根，外缠 22 目铁砂网 2 层，并用 14 号铅丝按 5~6 mm 间距均匀扎紧，以及用 8 号铅丝固定。

2）水文孔底部必须加焊底锥。

3）水文管连接处必须严实，不渗漏并保证同心度。

4）水文管下置后必须认真洗孔，以出清水为准。

（12）各类钻孔施工，均要认真做好原始记录，要求全面、详细、准确。严格按 ISO 9001：2000 标准，做好各环节、各过程控制，确保施工质量。

（13）冻结钻孔施工竣工后应提交的资料：1）钻孔施工数据总表；2）钻孔偏斜总平

面图；3）冻结检查孔柱状图；4）水文孔施工结构图；5）冻结孔施工竣工报告；6）各水平冻结壁交圈平面图。

9.3.8.2　制冷施工主要技术要求

制冷施工主要技术要求如下。

（1）基础施工。根据平面布置图测量放线，按基础图规格、尺寸要求施工。

（2）冻结站安装。冻结站安装形式为高、低压双级压缩系统。安装前应检修好所有的设备、阀门，清理干净各种管路，准备齐全所用的机具，做好设备就位、找平、找正工作。

（3）冻结盐水系统安装中，应特别注意供液管安装质量，按设计的配重连接下放供液管。去、回路羊角及短节鱼鳞管要按工程科下达的规格加工，其插入、连接方式也要符合规范要求，确保安装牢固，防止脱落。

（4）试压、保温。制冷三大循环系统安装完毕后，严格按《煤矿井巷工程质量验收规范》（GB 50213—2010）要求进行压力试验和真空试漏。试压合格后对冷冻机低压管路和盐水系统管路、盐水箱、中冷器等低温管道、设备、阀门等进行隔热保温包扎，确保隔热性能。

（5）充氨、试运转。试运转前先按设计密度配制氯化钙溶液（盐水冷媒剂），在冷却水系统、盐水系统工作正常后进行充氨试运转工作。试运转正常即可开始积极冻结运转。

（6）温度测试。设专人进行测温，冻结站开机前要检查一遍原始地温、参考井水位、水文孔水位、水温，并做好记录。在积极冻结期间测温工作要每天进行一次，维护冻结期间每两天进行一次，所测资料阶段性上报有关部门。

（7）冻结器运转初期要检测各孔盐水流量，并观测冻结器结霜情况，每五天检测一次冻结器回路温度，确保每个冻结孔畅通且流量基本均匀。

（8）加强车间管理，使盐水温度尽快达到设计要求。

（9）在冻结期间，冻结井周围抽水影响半径内的水井一律停止使用，以保证冻结井筒冻结壁按时交圈。

（10）井筒开挖。通过测温孔、水文孔数据计算分析冻结壁发展状况，综合分析确认冻结壁已满足开挖条件后才能开挖。开挖过程中，继续加强井帮温度等各项检测工作，严格控制段高和井帮暴露时间。根据冻土发展状况和冻结壁温度，在冻结壁已满足井筒掘砌施工安全的前提下，适时减少开机台数和供冷量，转入维护冻结。

（11）应按"规程"和设计要求，根据不同地层严格控制掘进段高。

（12）冻结段井筒需放炮施工时，在放炮前，掘进单位应通知冻结站值班人员，以便检测盐水系统是否正常运行。冻、掘双方有关人员要密切配合，经常下井观测冻土发展情况及不同地层的井帮温度，做好原始记录，出现异常情况双方应积极采取措施，确保井筒安全通过冻结段。

（13）冻结施工人员应严格按各项规程施工，认真执行 ISO 9001 程序，坚持把好各工序及施工过程质量关，确保冻结工程达到优良标准。

9.3.9 主要技术措施

9.3.9.1 冻结管防偏斜和纠偏措施

钻进过程中采取防偏、纠偏综合措施来保证冻结孔施工质量，通过陀螺侧斜定向仪定向，螺杆钻测斜等设备实现钻孔的偏斜控制。

9.3.9.2 防偏斜措施

（1）钻场基础的修筑和设备的安装应合乎质量要求，勤找正；保持钻机水平；保持三点在一条铅垂线上。导向装置垂直和不挤不抗。及时更换卡瓦；及时修补或更换转梁及转盘拌橛。

（2）掌握地层变化，调节给压的大小；修复制动闸，使之灵活好用；精心操作电控或液控装置，实现稳压匀速钻进。

（3）合理使用加重管、扶正器和接头；实现孔底给压，使中和点落在加重杆上。

（4）使用符合要求的钻具、钻头；发现不进尺立即提钻，更换钻头。

（5）采取减压慢转的钻进方法。

（6）掌握好开孔；在变层处钻进时，每 20 m 测斜一次，发现问题及时处理，操作应一致。

（7）加强泥浆管理，做到用优质泥浆护孔，提钻灌孔，增大泥浆循环量。

（8）使用扭矩大的钻机、大流量的泥浆泵、刚度大的钻具。

（9）测斜前先将钻具提出，下入测斜管测斜，防止钻具埋钻或钻孔黏钻。

9.3.9.3 纠偏措施

纠偏措施：

（1）垫。将钻塔塔脚用垫铁垫起来。

（2）扫。利用翼片较多的扫孔钻头或在钻杆上焊上翼片，慢慢从偏斜处上方往下扫孔，如有台阶不要滑掉。

（3）扩。换用比原来钻头大的钻头扩大孔径，修直钻孔。扩至原深度再换用原钻头，将钻具悬吊 1 m 左右，慢慢下放开出一个新孔，钻进 1~2 m 测斜合格后再转入正常钻进。

（4）纠偏。用斜向纠斜槽或液动螺杆钻（Dyna 钻具）纠偏。

（5）移孔。在设计允许前提下，参考上段（或邻孔）偏斜情况，可向偏斜方向移孔纠偏。

9.3.9.4 井筒冻结与掘砌配合措施

为确保井筒安全顺利掘砌施工，冻结井壁可为掘砌创造如下条件：

（1）用有足够的冻结壁厚度和强度的冻结圆筒体抵抗外界水压，可以确保井筒掘砌施工安全。

（2）井筒开挖前，积极降低盐水温度，确保井筒按时开挖。

（3）井筒开挖期间，坚持在每个段高监测井帮温度，及时了解冻结发展情况，在确保井筒施工安全的情况下尽量少挖冻土。

（4）下井监测人员要服从掘砌单位的指挥，同时掘砌单位也应为冻结下井人员监测提供有利条件。

（5）根据冻结发展情况适时调整冷冻机组开机台数、盐水温度和流量，为掘砌创造良好的条件。

（6）采用信息化施工，及时收集冻结资料，定期分析冻结发展情况。

9.3.10　质量保证措施

9.3.10.1　钻孔施工质量管理措施

采用钻、测、纠相结合的冻结孔钻进技术，严格控制冻结孔向井内偏斜，确保钻孔垂直度，缩小相邻冻结孔间距，加快冻结壁形成速度，为缩短凿井工期创造条件。

（1）冻结钻孔布置采用经纬仪或钢尺测定孔位，孔位不得随意移动。

（2）合理选择钻进技术参数，定时测定泥浆指标，根据不同地层及时调整泥浆技术指标，防止孔壁坍塌掉块，确保泥浆护壁效果。

（3）提升钻具时，应向孔内注入新浆，防止塌孔、黏钻，终孔用新鲜泥浆循环，把岩粉全部排出。

（4）预防钻孔偏斜措施。钻机安装稳定，立轴不晃动。开孔钻进时应轻压、慢转。随着钻进深度的不同，随时增减加重钻具。所有钻具要详细检查，弯曲和磨损过大的钻具严禁使用。钻进中加尺或更换钻头时，适当提钻具扫孔，但不允许将钻具停在一个深度长时间冲孔，减少自然偏斜。

（5）为检验钻孔偏斜情况，按要求间隔深度及时测斜，对发生较大变化的地层或易偏斜地层应加密测点，逐点把关并及时上图校验。发现偏斜超限立即纠偏。

（6）冻结管下置前要在地面配组，丈量冻结管长度，清除管内杂物，下管后复测深度，确保冻结管下置深度符合设计要求。

（7）认真检查冻结管质量，严禁使用弯曲、变形、夹皮、薄厚不均等有缺陷的冻结管。

（8）焊接冻结管时，管端要端正，确保同心度，每道焊缝至少要焊三遍，焊缝厚度不小于管壁厚度。

（9）采用先进的定向纠偏钻具技术，对超偏钻孔进行人工定向纠偏，冻结孔间距超过规定时，必须补打孔。

（10）冻结钻孔施工期间，若发现钻孔漏浆，特别是在井筒强出水段发现漏失泥浆的现象，应立即对钻孔进行灌浆充填，并确保充填灌浆效果，以减少泥浆的漏失和减缓井筒地下水的流速，这对下一步冻结制冷至关重要。

9.3.10.2　冻结施工质量管理措施

冻结施工质量管理措施如下。

（1）基础施工。根据平面布置图测量放线，严格按图纸要求施工。

（2）冻结站设备容量要满足井筒需冷量要求，并有一定数量的备用，安装质量要符合设计要求。运转过程中要合理配组，及时调整各项运转参数指标，使盐水温度尽快达到设计值。

（3）冻结站安装。安装前应检修所有的设备、阀门，清理干净各种管路，准备齐全所用的机具，做好设备就位、找平、找正工作。

（4）试压、保温。循环系统安装完毕后，严格按《煤矿井巷工程质量验收规范》（GB 50213—2010）要求进行试漏。试压合格后对冷冻机低压管路和盐水系统管路、盐水箱等低温管道、设备、阀门等进行隔热保温包扎，确保其保温性能。

（5）冻结沟槽要安装流量检测和调控系统，以便随时检测和调整各冻结器的盐水流量。

（6）充介质、试运转。试运转前先按设计密度配制盐水，在冷却水系统、盐水系统工作正常后进行充介质试运转工作。试运转正常即可开始积极冻结运转。

（7）冻结运转期间，运转1个月左右时间检测各冻结器的纵向温度，对测温孔各水平温度、水文孔的水位变化情况逐日定时检测，以便及时掌握冻结壁发展状况。

（8）加强盐水温度、冻结壁温度、冻结壁变形等技术参数的监测、监控，并及时分析预测冻结壁的发展情况，为安全施工做好技术保障。

（9）用单点温度检测系统检测冻结器纵向温度分布，以便判断冻结器是否运转止常，并据此分析不同地层中冻结发展状况及地下水流动对冻结壁造成的影响。

（10）及时调整冻结站运转状态，并在冻结施工中加强冻、掘动态管理。冻结站合理配置，提高制冷效率，加快盐水降温速度，促使冻结壁尽快发展。

（11）井筒开挖。通过测温孔、水文孔观测数据，计算、分析冻结壁发展状况，综合分析确认冻结壁已满足井筒开挖条件后，才能开挖。

（12）加强冻结壁检测、监控，每月定期根据测温资料分析冻结壁温度场，预测各水平冻结壁形成的情况，为冻结、掘砌施工提供依据，确保冻结、掘砌施工安全。

（13）加强对基岩地层井帮温度的检测，对冻结壁状况进行分析，为掘砌施工提供依据，保证安全。

（14）根据井下实测及冻结壁发展状况，确定可靠的段高和井帮暴露时间，保证井筒掘砌施工的安全。

9.3.10.3 钻孔施工质量检测

冻结孔施工质量主要检测项目是钻孔深度和钻孔垂直度。

（1）监测目的是使冻结孔深度符合设计要求、偏斜值符合规定。采用钻、测、纠相结合的冻结孔钻进技术，严格控制冻结孔向井内偏斜，确保钻孔垂直度，缩小相邻冻结孔间距，加快冻结壁的形成，可以为缩短凿井工期创造条件。

（2）监测手段和方法。钻进过程中每个孔均要按要求间隔深度及时测斜，对发生较大变化的地层或易偏斜地层应加密测点，逐点把关并及时上图校验，发现偏斜超限立即纠偏。采用先进的定向纠偏钻具技术，对超偏钻孔进行人工定向纠偏，下好冻结管后要进行成孔复测。

（3）孔深监测。每次下入钻具之前，要用钢尺进行测量并记录，在每个钻孔终孔前对孔内所有钻具进行复测，以复核钻孔深度。

（4）冻结管深度监测。根据每个孔的深度进行配管，并对管子逐根进行准确丈量、编号、配组，并做好原始记录，确保冻结管深度不小于设计深度。

（5）监测成果。整理数据后，按设计水平绘出偏斜总平面图及各水平冻结壁预想交圈图。冻结壁交圈水平见表9-22。

表9-22　冻结壁交圈水平

序号	水平/m	岩性
1	20	卵石
2	50	卵石
3	85	中粗砂
4	105	粗砾砂
5	130	砾砂
6	150	黏土
7	170	强风化混合花岗岩
8	200	微风化混合花岗岩
9	260	混合花岗岩
10	321	混合花岗岩

9.3.10.4　冻结施工质量检测

A　冻结施工监测目的

由于地质及水文地质条件的复杂性和施工过程的多变性，对于在设计计算中未能计入的各种因素，通过检测结果，及时反馈井筒冻结施工中有关信息，进一步完善设计和指导冻结施工，是判断冻结壁是否达到设计标准的重要手段和依据。施工现场根据检测数据分析，判断冻结壁是否交圈，确定井筒开挖和施工中的冻结壁厚度和强度，及时调整冻结施工参数，以保证井筒掘砌安全，并为以后的冻结工程提供较为可靠的技术参数。

B　监测内容

冻结施工质量监测内容见表9-23。

表9-23　监测内容

序号	监测内容
1	原始地温及水位水温
2	冻结站制冷系统运转指标
3	盐水温度、盐水流量、盐水箱水位
4	冻结壁温度场
5	水文孔、参考井水位水温
6	工作面井帮温度

C　传感器布置

测温孔内传感器布置原则：主要针对冲积层含水层交圈情况布置测点，以准确掌握这些关键地层的冻土发展状况（见表9-24）。

表 9-24　测温孔测点布置水平

序号	水平/m	岩性
1	10	圆砾
2	20	卵石
3	50	卵石
4	85	中粗砂
5	105	粗砾砂
6	130	砾砂
7	150	黏土
8	170	强风化混合花岗岩
9	200	微风化混合花岗岩
10	220	混合花岗岩
11	260	混合花岗岩
12	321	混合花岗岩

D　监测方法

（1）水位、水温。在冻结开机前，用电测水位仪或皮尺对水文孔、参考井原始水位进行测量，用数字点温计对水温进行监测，以及时掌握井筒地下静止水位标高及水温，为分析冻结过程中的水位、水温变化作参考。

（2）运转系统。在运转系统管路中安设测温元件、压力计等实现对运转系统各项指标的监测。通过对冻结站系统中的温度、压力等监测，分析运转指标的合理性，以确保冻结站的制冷效率，及时调整机组。

（3）原始地温。利用测温孔在冻结开机前对原始地温进行测量，用于与开机后测得的数据进行比较，掌握地层冻结温度变化规律。

（4）盐水温度。在盐水去、回路干管上配集液圈头，在尾部设置测温点并安设温度计，在冻结器上设置检测回路温度装置，测量盐水去、回路温差，掌握冻结器的工作状况。

（5）流量。安装一套流量监测系统，对每个冻结器盐水流量进行监测，且每个冻结器均设置流量调节阀，确保各冻结管盐水流量基本保持均匀，并能满足设计要求。

（6）盐水箱水位。监测盐水水位及漏失情况。

（7）温度场。及时对测温孔进行检测，掌握冻结温度场变化情况。

（8）工作面。在段高刚刚开挖后，及时在井帮四周均布4~8个测点，利用刃脚悬挂垂线，测量垂线与测点距离变化，检测井帮位移量。在工作面沿径向从井帮往井心方向布置 2~3 个测点，检测冻土在荒径内的扩展情况；检测仪器是数字单点温度计与水银玻璃棒温度计的结合。

E　监测措施

（1）冻结站设专人进行检测工作，负责技术资料的整理，并按质量标准化要求上报有关部门。

（2）积极冻结期间，参考井水位、水文孔水位及测温孔温度每天检测 1 次；维护冻结期间，测温孔温度每两天检测 1 次。

（3）采集测温孔温度数据，监测冻结壁温度场变化情况和验算冻结壁的厚度。

（4）冻结器运转初期和中期要对各个冻结器的盐水流量进行检测，并观测冻结器结霜情况，确保每个冻结孔畅通且流量基本均匀。

（5）在从冻结运转开始至结束的全过程中，应对运转设备及循环系统各部位进行连续监测。

（6）根据冻结发展情况，采用数字点温度计，对冻结管内盐水纵向温度进行监测，以确定冻结器是否畅通，分析冻结壁在各水平的冻结状况。

（7）井筒掘进期间，对井帮温度、冻结壁位移要进行监测监控，为井筒的掘进施工提供可靠的依据。主要控制层位，每段高检测 1 次，其他层位根据开挖情况适时检测，地层变化时，及时测量。

9.3.11　效果评价

马城铁矿 3 号主井于 2013 年 8 月 1 日进场进行井筒大临设施施工、井筒冻结钻孔及井筒冷冻施工，2014 年春节期间进行井架安装，2014 年 3 月 1 日冻结符合要求后进行井筒开挖，2014 年 5 月 5 日完成表土段施工进入风化基岩段施工，2014 年 6 月 7 日完全通过风化岩段正式进入冻结基岩段施工，2014 年 6 月底完成冻结段壁座进入套内壁施工，2014 年 7 月 25 日完成全部套内壁工作（包括后期改造吊盘、安装管路、清理工作面沉积混凝土）进入冻结延伸段施工，2014 年 8 月底顺利完成整个冻结段施工，圆满完成井筒冻结工作，2015 年 9 月 1 日进入井筒基岩段施工。

9.4　思山岭大直径超深竖井快速施工案例

9.4.1　工程概况

辽宁本溪龙新矿业有限公司思山岭铁矿是目前我国在建的超大规模、超深井铁矿项目之一。矿山开拓系统由 7 个直径 6~10 m、深度超过 1200 m 的竖井群组成。其中，混合井直径 10 m，深 1355 m，是目前国内第 1 个已完工的超大直径、超深竖井。

思山岭铁矿混合井由中国恩菲工程技术有限公司设计，它承担矿山矿石、人员、设备和材料的提升任务。井筒净直径 10 m，井口标高 +215 m，井底标高 -1140 m，井深 1355 m。井筒配置 3 套提升系统，即 1 套主提升，2 套副提升。主提升为 1 t 双箕斗，互为配重。2 套副提升中一套为 8000 mm×3500 mm 双层罐笼，配平衡锤；另一套为 1200 mm×900 mm 交通罐，配平衡锤。井筒采用空心方钢罐道。井筒内布置 2 根直径 299 mm 排水管，1 根直径 219 mm 供水管，1 根直径 219 mm 供压气管和 1 根直径 114 mm 排泥管，并铺设有电缆。

井筒设有 -187 m 和 -1080 m 中段等 12 个单侧马头门、-480 m 中段 1 个双侧马头门，以及 1 个 -1140 m 水平井底粉矿回收马头门。在 -480 m 和 -1010 m 马头门上方，设有管子平台。

9.4.2 凿井设备选型及井筒平面布置

混合井施工采用 600 t 特制特型亭式井架。主提采用 2JK-4.5×2.4/20 型矿井提升机，双钩提升 6 m³ 吊桶；井深 800 m 后，改为 5 m³ 吊桶。副提采用 2JK-4.5×2.1/20 型矿井提升机，单钩提升 5 m³ 吊桶；井深 800 m 后，改为 4 m³ 吊桶。采用 YSJZ-6.12 型 6 臂液压伞形钻架，配 HYD200 型液压凿岩机凿岩。抓岩采用 2 台 HZ-6 型中心回转式抓岩机。

9.4.3 井筒及马头门掘砌施工

9.4.3.1 井筒

A 凿岩爆破

井筒掘进采用钻爆法，掘砌混合作业，中深孔爆破，炮眼深度 5 m。凿岩采用 YSJZ-6.12 型液压伞形钻架，配 6 台 HYD200 型液压凿岩机，定人、定机、定眼位。液压凿岩机配 5525 mm 长的 LG 32 mm 中空六角成品钢钎杆和 ZQ45-R32 型柱齿合金钎头。工作面炮眼采用等深锅底形布置，双阶等深直眼掏槽。掏槽眼和辅助眼采用 45 mm 岩石乳化炸药，连续装药；周边眼采用 35 mm 岩石乳化炸药，不耦合装药，均使用非电毫秒导爆管雷管起爆。施工时，根据现场围岩情况和爆破材料性能，随时调整爆破参数，以取得理想的爆破效果。井筒基岩段炮眼布置如图 9-14 所示，爆破参数见表 9-25，预期爆破效果为：掘进直径，11.2 m；掘进断面积，98.5 m²；岩石普氏系数，$f = 8 \sim 10$；炮孔利用率，90%；每循环进尺，4.5 m；每循环炮眼数，172 个；每循环崩落量，443.3 m³；每循环装药消耗量，962.1 kg；每循环雷管消耗量，172 个；单位岩石炸药消耗量，2.17 kg/m³；单位岩石雷管消耗量，0.39 个/m³。

表 9-25 井筒基岩段爆破参数

圈别	圈径 /m	眼数 /个	眼深 /m	炮眼倾角 /(°)	炮眼间距 /m	装药长度 /m	每圈药量 /g	雷管段数	起爆顺序
1	1.8	8	5.2	90	689	4.5	64.80	1	Ⅰ
2	2.4	10	5.0	90	744	4.5	81.00	2	Ⅱ
3	4.0	16	5.0	90	780	3.5	110.80	3	Ⅲ
4	5.8	22	5.0	90	826	3.5	138.60	4	Ⅳ
5	7.6	28	5.0	90	851	3.5	176.45	5	Ⅴ
6	9.4	34	5.0	90	868	3.5	214.26	6	Ⅵ
7	11.0	54	5.0	92	640	3.0	186.37	7	Ⅶ
合计		172							

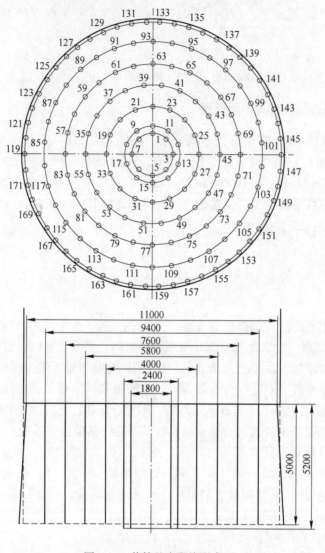

图 9-14 井筒基岩段炮眼布置

B 装岩及排碴

采用 2 台 HZ-6 型中心回转式抓岩机装岩。配备 MWY6/0.3 型小型电动挖掘机,辅助装岩。碴石由吊桶提升至地表后,经设置在井架二层翻碴平台上的座钩式自动翻碴装置卸入溜槽内;再由 20 t 自卸汽车,排至指定的碴石场。

C 支护

根据井筒结构、岩性和构造发育程度,采用不同的支护形式。锁口段采用 1000 mm 厚的双层钢筋混凝土支护;井颈段以下至井深 880 m 正常岩层段,采用 600 mm 厚的混凝土支护;较破碎岩层段,采用锚网一次支护+600 mm 厚的混凝土支护;破碎岩层段,采用锚网一次支护+600 mm 厚的双层钢筋混凝土支护。井深 880 m 至井底。

井筒段,采用锚网一次支护+600 mm 厚的钢纤维混凝土支护。锚网一次支护、锚杆和钢筋网按设计要求,在地表预加工。钢筋网分片制作,网片规格 1.5 m×2.25 m。采用 YT-

28 型气腿式凿岩机打锚杆孔；采用自制压气注浆罐，向孔内注砂浆。锚杆采用 YT-28 型气腿式凿岩机配特制装置，打入孔内。钢筋网紧贴井筒岩壁，竖向展开，用锚杆托板压牢，网片搭接长度不小于 150 mm。有钢筋支护的井筒段，竖向钢筋长度根据支护段高确定，每根长 4.4 m，两端用电动钢筋套丝机套成螺纹；井下安装钢筋时，用钢筋连接套连接。环向钢筋采用搭接方式连接。在模板浇筑窗口处，浇筑混凝土前，垫好钢筋保护层，以确保钢筋保护层厚度不小于 50 mm。

采用 MJY-10/4.5 型液压整体移动式金属模板砌壁，短段掘砌混合作业，一掘一支。每循环支护段高 4.4 m，浇筑混凝土 87.9 m^3。

在井口设 1 座自动计量搅拌站，安装 1 台 JS-1000 型搅拌机，搅拌混凝土，1 台 PLD-1600 型配料机配料，2 个 100 t 水泥仓储存、计量水泥。采用主副提单钩提升 2 个 3.5 m^3 底卸式吊桶，下放混凝土到井下吊盘上，然后卸载到吊盘接料斗，并通过输料管入模，用插入式振捣器振捣。

钢纤维混凝土强度等级为 C40，掺入异型联排钢纤维，掺入量为 50 kg/m^3。钢纤维长 25~50 mm，等效直径为 0.3~0.8 mm，长径比为 40~100，抗拉强度大于 900 MPa。

9.4.3.2 马头门

井筒设计有 12 个单侧、1 个双侧（充填泄压中段）和 1 个井底粉矿回收马头门。

A 凿岩爆破

采用 YT-28 型气腿式凿岩机，配 2.5 m 长的 22 mm 六角中空成品钢钎杆和 40 mm 柱齿合金钎头凿岩。

B 装岩及排碴

马头门开挖初始阶段，采用小型电动挖掘机配合中心回转式抓岩机装岩。转入马头门后部巷道（约 10 m 长）掘进时，采用 2JP-30 型电动绞车，将碴石耙到井筒，然后由中心回转式抓岩机装入吊桶，提至地面排放。

C 支护

马头门采用锚网一次支护+600 mm 厚的双层钢筋混凝土支护。采用大型异形马头门钢模板+组合式金属支架支模。从马头门底板开始，先墙后拱，分两次完成衬砌施工。混凝土自溜灰管下放，直接入模。

9.4.4 地温、地压、地下水与防治措施

9.4.4.1 地温

思山岭铁矿所处地区的地层恒温带深度为 100 m 左右。恒温带温度为 11.6 ℃，平均地温梯度为 1.66 ℃/100 m。地温无明显异常变化，岩石温度在 27 ℃ 左右。井筒施工过程中，应采取正常的通风降温措施。

9.4.4.2 地压

思山岭铁矿地应力由中国地质科学院地质力学研究所负责测量。测量结果显示：矿区 SH—SH 和 SH—SV 差应力水平在 0.6~18.35 MPa 之间，平均为 7.54 MPa，大致有随深度

增加的趋势，属于差应力水平偏高的地区，岩石容易产生变形和破坏。

井筒掘进过程中，未遇到较为明显的变形和破坏现象；只是在深度超过 1000 m 之后，个别岩层段产生了轻微岩爆现象（听到较小的"噼啪"岩石破裂声响，有极少的岩块剥落现象）。按照施工图设计的正常支护形式，顺利完成了全井筒支护施工，地压未对井筒施工产生不利影响。

9.4.4.3 地下水

根据井筒工程地质勘查成果，预测井筒施工将穿越 8 个含水层，涌水量为 4.95 ~ 12.27 m³/h。实际施工中遇到的含水层有 5 个，涌水量为 4.13 ~ 46.87 m³/h，含水层实际位置与预测位置也有变化。井筒工勘预测含水层与实际揭露含水层变化情况对比见表 9-26。

表 9-26 井筒工勘预测含水层与实际揭露含水层变化情况对比

序号	工勘预测含水层		实际揭露含水层		工勘孔预测平均涌水量/m³·h⁻¹	实际涌水量/m³·h⁻¹
	起止深度/m	厚度/m	起止深度/m	厚度/m		
1	30.75 ~ 38.55	7.80				
2	160.60 ~ 193.20	32.60	152.30 ~ 193.20	40.90	12.27	46.87
3	220.00 ~ 237.20	17.20	217.86 ~ 345.80	127.94		16.29
4	277.20 ~ 324.00	46.80				
5			636.20 ~ 653.80	17.60		12.04
6			695.70 ~ 722.70	27.00		40.49
7	794.00 ~ 820.00	26.00	791.75 ~ 817.75	26.00		4.13
8	962.50 ~ 1036.50	74.00			4.95	
9	1144.00 ~ 1152.70	8.70				
10	1234.00 ~ 1238.00	4.00				

井筒施工地下水防治措施：首先依据工程地质和水文地质勘查资料、井筒实际施工揭露岩层及地质构造发育程度与赋水情况，进行超前探水；然后采取工作面预注浆措施，进行治水。井壁淋水治理采用壁后注浆技术。

9.4.5 施工辅助系统

（1）通风。采用压入式通风。选用 1 m 玻璃钢风筒，2 根 35 W×7-42-1960 不旋转钢丝绳和 2 台 JZ-40/1800 型凿井绞车悬吊；配 2 台 FBD-2×55 kW 对旋式风机，其中 1 台备用。

（2）压气与供水。采用 159 mm×4.5 mm 压气管和 57 mm×3.5 mm 供水管，选用 2 根 35 W×77-42-1960 不旋转钢丝绳和 2 台 JZ-40/1800 型凿井绞车悬吊；采用 3 台 26 m³/min 供气量的螺杆式空压机供压气。

（3）排水。采用二级接力排水方案，排水管为 108 mm×4 mm 无缝钢管。一、二级转水站分别设在 -602.5 m 中段马头门内和吊盘上。

（4）供电。通向吊盘的 2 根动力电缆分别随 2 条悬吊中心回转式抓岩机的钢丝绳敷设。通向 -602.5 m 中段转水站的动力电缆，随排水管钢丝绳固定下放。10 kV 双回路电源，引自地表 10 kV 变电站。

（5）照明。在吊盘上，设置 DG-10380/36 V 照明变压器 1 台。380 V 电源取自吊盘上的 KSG9-160/1.141.14 kV/0.4 kV 干式矿用电力变压器二次侧。

（6）通信、监控和信号。主、副提升机分别采用 24 V 电压等级的 PLC 控制提升信号装置 2 套，该提升信号装置同时具备信号、视频和通信三位一体传输功能。在井筒内敷设 MGXTSV8b14 芯型光缆 2 条，即可满足提升机房和井口及井下之间的提升信号、视频监控和电话联络需求。配备大功率 UPS 不间断电源供电。视频监控区域为翻碴平台、井口、测量平台、吊盘、井底工作面等。

9.4.6　劳动组织与正规循环作业

井筒施工实行项目经理负责制。井筒正常基岩段进行一掘一支作业，每循环掘进进尺 4.5 m。模板高 4.5 m，每模成井 4.5 m。采用综合机械化配套施工技术，劳动组织采取综合施工队形式，按专业化班组配置。井下共分 3 个班组，即凿岩爆破班、出碴班和浇筑支护班，滚班作业。其中，出碴班每循环要完成 2 次出碴任务。井筒基岩段（600 m 以内）掘砌正规循环作业进度计划表见表 9-27。

井筒施工进度与井深、支护形式、马头门等附属工程多少有关。井深 600 m 以内，正常段月成井 115 m，锚网段月成井 90 m，锚网和双层钢筋段月成井 72 m；井深 600~1000 m 段，正常段月成井 105 m，锚网段月成井 80 m，锚网和双层钢筋段月成井 60 m；井深 1000~1355 m 段，正常段月成井 70 m，锚网段月成井 58 m，锚网和双层钢筋段月成井 45 m。

单侧马头门 16 d/个，双侧马头门 28 d/个，其中包含每个中段再掘进 10 m 平巷。

该井筒于 2018 年 4 月 15 日掘砌到底，完成施工；扣除因 2015—2017 年矿业经济形势影响导致的被迫停工时间，实际工期 31 个月，与计划工期相当。

9.4.7　关键技术总结

思山岭铁矿混合井为国内第 1 个直径 10 m、深度 1355 m 的超大直径、超深竖井，其施工完成为我国超大直径、超深竖井施工积累了经验，形成了涵盖深竖井施工装备、工艺技术和安全保障的成套技术。

（1）荷载能力达 600 t 以上的新型亭式特型凿井井架填补了国内适用于 12 m 净直径、1600 m 深度的竖井凿井井架空白。

（2）2 层吊盘+马头门整体支护模板装备创新了大型马头门模块化快速支模浇筑工艺，比传统马头门施工技术节约工期 40% 以上，实现了大断面马头门安全高效施工。

（3）实现了国内首台 6 臂液压伞形钻架现场高效应用。

（4）根据不同井深和不同的岩层状况，采用的诸如单层钢筋混凝土、双层钢筋混凝土、钢纤维混凝土等不同的支护形式，以及在破碎岩层段和井深 880 m 以下采用锚网一次辅助支护，确保了施工安全和工程质量。

表9-27　井筒基岩段（600 m以内）掘砌正规循环作业进度计划表

序号	工序名称	工时/min	凿岩爆破班/h	出碴班（一次出碴）/h	浇筑班/h	出碴班（二次出碴）/h
			1 2 3 4 5 6 7	8 9 10 11 12 13	14 15 16 17 18 19 20 21	22 23 24 25 26
1	交接班	10				
2	下钻定钻	20				
3	打眼	180				
4	伞形钻架升井	20				
5	装药连线	40				
6	放炮、通风	30				
7	交接班	10				
8	安全检查、扫盘	20				
9	一次出碴	360				
10	平底	60				
11	收落模板、立模找正	120				
12	安装浇筑漏斗	30				
13	浇筑混凝土	180				
14	拆浇筑漏斗	30				
15	卷扬调绳	30				
16	交接班、出碴准备	30				
17	二次出碴	180				
18	清底	120				

9.5　山东临海竖井冻结法施工案例

冻结法凿井主要是采用人工制冷的方式，使地层土层中的自由水呈冻结状态，在已封闭的井筒内形成冻结壁以抵抗低压并且隔绝地下水与井筒之间的关系，并且在冻结壁的保护之下可以进行掘砌作业的一种成熟施工方法。这一施工方法在一些不稳定的地层施工井筒中有适应能力强、支护结构十分灵活、隔水性好等一系列的优点。本节将以山东临海某施工项目为例，分析该施工项目中竖井冻结法应用情况，旨在进一步提高竖井冻结法施工水平。

9.5.1　冻结法竖井施工技术

首先是冻结壁，冻结法竖井的掘砌作业一般是在冻结壁的保护下进行的。因此，冻结壁的安全合理是保障冻结法凿井安全、快速的关键所在，也是冻结法竖井建设过程中的基础和前提。但施工的主要目的仍然是要满足井筒的安全掘砌，也能实现井筒的提前挖掘，更能保证冻结壁内部的均匀性。在为井筒施工创设出良好条件的同时也能缩短凿井的周期。

其次是井壁结构，一些特殊地层及冻结施工工艺往往会使冻结的竖井井壁结构区别于普通的竖井，一般来讲，双层复合井壁是目前国内十分常见的冻结法竖井井壁结构，其主要原理是竖井冻结开挖期间由外壁作为临时的支护承受冻结压力，冻结压力、温度、应力在外壁掘砌结束以后会恢复到原始的状态，并且内壁和外壁会共同地承受地压。

9.5.2　砂层竖井冻结法施工案例

9.5.2.1　工程概况

莱州市瑞海矿业有限公司 2 号进风井工程位于莱州市区北 26 km，莱州湾东南岸边，三山岛街道西岭村北 2 km，莱州市三山岛北部海域金矿区东侧。施工位置如图 9-15 所示。

图 9-15　山东临海竖井冻结施工井架图

进风井：净径 6.5 m，井口标高+7.0 m，井底标高−1523 m，井深 1530 m，现有地坪标高为+4.5 m。包含−160 m、−280 m、−340 m、−540 m、−1058 m、−1298 m、−1483 m 等 7 个马头门。井筒净面积为 33.183 m²，掘进面积为 41.854～55.418 m²，井颈段高 85 m，采用内外壁双层钢筋混凝土支护，外壁混凝土支护厚度为 550 mm，内壁混凝土支护厚度为 400 mm，内外层井壁间铺设 1.5 mm 厚单层聚乙烯塑料板，井筒采用 400 mm 素混凝土支护。进风井井筒及钻孔设计概况见表 9-28，施工主要设备见表 9-29。

表 9-28　进风井井筒及钻孔设计概况

井口中心坐标	井口标高 /m	井底标高 /m	井筒净直径 /m	马头门方位角 /(°)	钻孔深度 /m	孔口标高 /m
X：4142793 Y：40499057	+7	−1523	6.50	300	1065	4.94

表 9-29　施工主要设备

序号	设备名称	规格型号	数量	额定功率/kW	性能	制造年份	生产厂家	备注
1	钻机	DZJ-500/1000	3	55	完好	2011	石家庄	自有
2	泥浆泵	TBW-850/50	3	90	完好	2011	石家庄	自有
3	立式泥砂泵	3PNL	3	22	完好	2006	石家庄	自有
4	电焊机	BX-500	4	30	完好	2007	北京	自有
5	氟利昂压缩机	JYSLG20F	2	223	完好	2005	武汉	自有
6	循环盐水箱	15 m³			完好			自有
7	冷却塔	DBNL3-200	2	17	完好	2006	北京	自有
8	盐水泵	10SH-13A	2	37	完好	2006	北京	自有
9	盐水泵	10SH-9A	2	75	完好	2006	北京	自有
10	清水泵	200QJ32-26/2	2	4	完好	2008	北京	自有

9.5.2.2　施工方案

施工方案为：

（1）该冻结工程由于水文地质条件极其复杂，距海很近，地下水流速大、含盐量高，冻结难度大，采用主冻结孔冻结全深，在主孔内外分别设 1 圈辅助冻结孔，即采用 3 圈孔冻结施工方案。冻结初期尽快降低盐水温度，实现井筒早日开挖，并使井筒连续掘砌施工。冻结制冷过程中采取低温大流量盐水冻结，积极冻结期盐水温度为−26～−28 ℃，维护冻结期盐水温度为−20～−22 ℃。冻结与掘砌密切配合，根据冻土发展情况、井帮温度数据实时调整冻结运转参数和掘砌段高。

（2）冻结深度的确定。根据施工要求，确定进风井主冻结深度为96.60 m，外圈辅助孔冻结深度为42 m，内圈辅助孔冻结深度为42 m。

（3）冻结技术参数的确定。主冻结孔偏斜率控制在不大于0.3%，向内偏斜不大于200 mm，终孔最大孔间距为1.80 m。

（4）冻结壁平均温度为-8 ℃，积极冻结期盐水温度为-26～-28 ℃，维护冻结期盐水温度为-20～-22 ℃。

（5）根据计算结果和施工经验，井筒冻结壁厚度取2.30 m。

（6）冻结孔布置圈直径的确定。基岩段中采用钻爆法施工时，冻结孔布置圈直径计算公式为

$$D_0 = D_1' + 2(1.2 + Q_f' h_0) \tag{9-3}$$

式中　D_0——冻结孔布置圈直径，m；

D_1'——冲积层和基岩中井筒最大掘进直径，m；

Q_f'——冲积层、基岩段的冻结孔允许偏斜率；

h_0——井筒冻结深度，m。

依据计算结果，冻结孔布置圈直径取11.40 m。

（7）冻结孔孔数的确定。冻结孔孔数计算见式（9-4）。

$$N = \frac{\pi D_0}{L_s} \tag{9-4}$$

式中　N——冻结孔孔数；

L_s——冻结孔开孔间距，当冻结深度小于300 m时，依据施工经验采用1.10～1.20 m。

依据计算结果，进风井冻结孔孔数取31个，进风井冻结孔开孔间距为1.153 m。

9.5.2.3　施工步骤

（1）在进场以后，工作人员需要先修建部分生活房屋，在满足基本生活条件后，再组织冻结施工队伍进场来准备冻结施工，包括冻结钻孔、冻结站安装等。

（2）井颈段冻结，采用三圈孔一次冻全深方案。在井颈段冻结期间，地面相继进行压风机、稳车、绞车等设备设施安装。设备设施安装与冻结作业应协同进行，避免相互影响。

（3）井颈段施工时，井口以下5 m段直接采用大型挖机开挖，工作面掘进开挖和装岩出碴主要由1台MYW6/0.3（20）小型挖机担负，人工持风镐辅助。当局部开挖遇到硬岩时，可采用钻爆法破除。

（4）井颈冻结固壁段掘砌完成后，在井壁解冻前，及时进行内外井壁间的注浆充填施工，确保井壁质量达到设计和施工规范要求，避免出现井壁淋水和集中涌水问题。

（5）井颈以下井身段施工，采用1台4 m单筒绞车和1台4 m双筒绞车分别挂1个5 m³吊桶提升，采用1台HZ-6型中心回转抓岩机装岩，采用MJY型整体下滑金属模板进行砌壁支护施工。

（6）井筒施工至-280 m、-340 m马头门位置时，先将-280 m、-340 m马头门施工完毕。两水平石门及平巷采用风钻打眼、利用P-60B耙岩机将碴石耙至井筒内，再利用

HZ-6 型中心回转抓岩机装岩,以及用吊桶将岩石提升至地面。

（7）井筒掘砌工程完成后,利用凿井临时稳、绞设备设施进行井筒装备施工。

9.5.2.4　施工难点与解决办法

由于进风井距海边较近,在井筒冻结过程中,地下孔隙水流速加大,井下孔隙水流速达到每昼夜 28 m,远超过设计规范要求的每昼夜 5 m,冻结难度较大。项目部集思广益,在井筒中间布设一圈内孔,其半径为 2000 mm,深度为 42 m。开启 4 台机组同时冻结,加大冻结能力,顺利完成了冻结段施工。

参 考 文 献

［1］ 李夕兵，周健，王少锋，等．深部固体资源开采评述与探索［J］．中国有色金属学报，2017，27（6）：1236-1262.

［2］ POLLON C. Digging deeper for answers［J］. CIM Magazine, 2017, 12（2）：36-37.

［3］ 全国安全生产标准化技术委员会非煤矿山安全分技术委员会．超深竖井施工安全技术规范：AQ 2062—2018［S］．北京：应急管理部，2018.

［4］ 赵兴东．超深竖井建设基础理论与发展趋势［J］．金属矿山，2018（4）：1-10.

［5］ SCHWEITZER J K, JOHNSON R A. Geotechnical classification of deep and ultra-deep Wifwatersrand mining areas, South Africa［J］. Mineralium Deposita, 1997, 32（4）：335-348.

［6］ TOLLINSKY N. Companies tackle challenges of deep mining［J］. Sudbury Mining Solutions Journal, 2004, 1（2）：6.

［7］ WILLIES L. A visit to the Kolar Gold Field, India［J］. Bulletin of the Peak District Mines Historical Society, 1991, 11（4）：217-221.

［8］ 程志彬．超深立井施工关键技术探讨［J］．建井技术，2021，42（3）：1-6.

［9］ 杨晓东．地铁隧道联络通道工程中冻结法的具体应用［J］．工程技术研究，2020，5（18）：80-81.

［10］ 马维清．大断面超深竖井施工进度及成本控制研究［D］．西安：西安建筑科技大学，2018.

［11］ 刘同有．国际采矿技术发展的趋势［J］．中国矿山工程，2005（1）：35-40.

［12］ 古德生．金属矿床深部开采中的科学问题：科学前沿与未来会议论文集（第六集）［C］．北京：中国环境科学出版社，2002：192-201.

［13］ Gold Fields Limited. South deep gold mine technical short form report［R］. Johannesburg：s. n., 2012.

［14］ 中国有色金属工业协会．有色金属矿山井巷工程施工规范：GB 50653—2011［S］．北京：中国计划出版社，2012.

［15］ 赵兴东，李洋洋，刘岩岩，等．思山岭铁矿1500 m深副井井壁结构稳定性分析［J］．建井技术，2015，36（S2）：84-88.

［16］ 李伟波．大台沟铁矿超深地下开采的战略思考［J］．中国矿业，2012（S1）：247-256.

［17］ 曾宪涛，杨永军，夏洋，等．会泽3#竖井岩爆危险性评价及控制研究［J］．中国矿山工程，2016，45（4）：1-8.

［18］ 刘石铮，董华斌．千米深井开采问题探讨［J］．河北煤炭，2010（3）：7，15.

［19］ 龙志阳，桂良玉．千米深井凿井技术研究［J］．建井技术，2011，32（Z1）：15-20.

［20］ 赵兴东．井巷工程［M］．北京：冶金工业出版社，2010.

［21］ 孙显腾．思山岭矿深竖井施工方法及井壁围岩稳定性分析［D］．沈阳：东北大学，2015.

［22］ 杜利平．高富水构造带超深竖井防治水技术［J］．建井技术，2018，39（4）：8-11.

［23］ 边振辉．大直径超深竖井成套施工技术［J］．建井技术，2018，39（5）：1-6.

［24］ 周晓敏，徐衍，刘书杰，等．金矿超深立井含水围岩注浆加固的应力场和渗流场研究［J］．岩石力学与工程学报，2020，39（8）：1611-1621.

［25］ 秦庆新．鸟山煤矿千米竖井注浆技术应用研究［D］．阜新：辽宁工程技术大学，2013.

［26］ 付士根，张兴凯，李红辉．超深竖井掘进岩爆特征及防治措施［J］．中国安全生产科学技术，2016，12（12）：48-52.

［27］ 王渭明，张力．立井地压反算原岩应力问题的初步研究：第三届华东地区岩土力学学术讨论会21世纪的岩土力学专题讨论会论文集［C］．武汉：华中理工大学出版社，1995：351-357.

［28］刘志强. 快速建井技术装备现状及发展方向［J］. 建井技术，2014（C1）：4-11.

［29］周晓敏，管华栋，罗晓青，等. 竖井圆形冻结壁弹性设计理论的对比研究［J］. 岩土力学，2013，34（S1）：247-251.

［30］周晓敏，贺震平，纪洪广. 高水压下基岩冻结壁设计方法［J］. 煤炭学报，2011，36（12）：2121-2126.

索　引